GUIDE COMPLET DU BRICOLEUR

LA MENUISERIE

*L'abc de la menuiserie et
des réparations courantes*

Chris Marshall

Traduit de l'américain par Louise Sasseville et Jean Storme

Une compagnie de Quebecor Media

Note de l'Éditeur: Avant d'entreprendre les travaux de bricolage et de rénovation expliqués dans le présent ouvrage, il est important que vous preniez soin de vous informer auprès de votre ville ou de votre municipalité de la réglementation concernant ce genre de travaux, des lois du code régional et des restrictions s'appliquant à votre localité. Il est aussi prudent que vous respectiez toutes les mesures de sécurité prescrites dans ce livre et que vous fassiez appel aux conseils et à la compétence d'un professionnel en cas de doute ou de difficulté.

Infographie : Chantal Landry

Catalogage avant publication de Bibliothèque et Archives nationales du Québec et Bibliothèque et Archives Canada

Marshall, Chris, 1967-
   La menuiserie : l'abc de la menuiserie et des réparations courantes
   Nouv. éd. rev. et améliorée.

(Guide complet du bricoleur)
Traduction de: The complete guide to carpentry for homeowners.
Comprend un index.

ISBN 978-2-7619-2644-7

1. Menuiserie - Manuels d'amateurs. 2. Habitations - Réfection - Manuels d'amateurs. I. Black & Decker Corporation (Towson, Mar.) II. Titre. III. Collection.

TH5607.C6514 2009   694'.6   C2008-942377-1

03-09

© 2008, Creative Publishing international, Inc.

Traduction française :
© 2009, Les Éditions de l'Homme,
division du Groupe Sogides inc.,
filiale du Groupe Livre Quebecor Media inc.
(Montréal, Québec)

Tous droits réservés

L'ouvrage original a été publié
par Creative Publishing international, Inc.,
sous le titre *The Complete Guide to Carpentry for Homeowners*

Dépôt légal : 2009
Bibliothèque et Archives nationales du Québec

ISBN 978-2-7619-2644-7

Directeur artistique en chef : Brad Springer
Directeurs artistiques : Jon Simpson, Mary Rohl
Directeur de la photographie : Tim Himsel
Photographe principal : Steve Galvin
Coordonnatrice de la photographie : Joanne Wawra
Directeur d'atelier : Bryan McLain
Directrices de la production : Linda Halls, Laura Hokkanen, Stasia Dorn
Infographie : Danielle Smith
Photographes : Andrea Rugg, Joel Schnell
Coordonnateurs adjoints à l'atelier : Dan Anderson, Tami Helmer, John Webb

DISTRIBUTEURS EXCLUSIFS :

- Pour le Canada et les États-Unis :
MESSAGERIES ADP*
2315, rue de la Province
Longueuil, Québec J4G 1G4
Tél. : 450 640-1237
Télécopieur : 450 674-6237
Internet : wwwa.messageries-adp.com
*filiale du Groupe Sogides inc.,
  filiale du Groupe Livre Quebecor Media inc.

Pour en savoir davantage sur nos publications,
visitez notre site : **www.edhomme.com**
Autres sites à visiter : www.edjour.com
www.edtypo.com • www.edvlb.com
www.edhexagone.com • www.edutilis.com

Gouvernement du Québec – Programme de crédit d'impôt pour l'édition de livres – Gestion SODEC – www.sodec.gouv.qc.ca

L'Éditeur bénéficie du soutien de la Société de développement des entreprises culturelles du Québec pour son programme d'édition.

Nous reconnaissons l'aide financière du gouvernement du Canada par l'entremise du Programme d'aide au développement de l'industrie de l'édition (PADIÉ) pour nos activités d'édition.

AVIS AUX LECTEURS

Pour votre propre sécurité, il est recommandé de faire preuve de prudence et de discernement lorsque vous mettez en pratique les techniques et méthodes décrites dans le présent guide. L'Éditeur et Black & Decker déclinent toute responsabilité quant aux dommages matériels ou corporels pouvant résulter du mauvais usage de l'information contenue dans le présent ouvrage.

Les techniques présentées ici sont couramment utilisées pour diverses applications. Certains projets peuvent exiger le recours à des techniques qui ne sont pas décrites dans le présent guide. Suivez toujours les consignes de sécurité et les instructions que les fabricants fournissent avec leurs produits. Le non-respect de ces instructions pourra occasionner des blessures, en plus d'annuler la garantie. Les projets présentés ici varient considérablement quant au niveau de compétence requis pour les mener à bien : certains peuvent ne pas convenir à tous les bricoleurs et d'autres peuvent exiger le concours de professionnels.

Consultez le service de la construction de votre localité pour toute information concernant les permis à obtenir et les codes et règlements qui s'appliquent à votre projet.

Table des matières

Guide complet du bricoleur
La menuiserie

Introduction 5

Planification d'un projet de menuiserie. . . 6
Sécurité 8
L'atelier de base 10
Construction d'un établi 12
Construction d'un chevalet 16

Matériaux **19**

Bois d'œuvre 20
Transport des matériaux 24
Contreplaqué et revêtements
   en feuilles 26
Moulures de garnissage 28
Clous 30
Vis et autre quincaillerie 32
Colles et adhésifs 34

Outils et utilisation **37**

Leviers 40
Outils de mesurage et de marquage . . 42
Scies à main 50
Marteaux 52
Tournevis 56
Serres et étaux 58
Ciseaux 59
Rabots 62
Rallonges 64
Scies sauteuses 68
Scies circulaires 70
Règles-guides 77
Scies à onglet électriques 78
Scies circulaires à table 86

Perceuses et embouts 92
Ponceuses 96
Cloueuses pneumatiques 100
Pistolets de scellement 102
Outils spéciaux 104

Menuiserie de base **107**

Anatomie d'une maison 108
Préparation de la zone de travail 115
Construction de murs 118
Insonorisation des murs et
   des plafonds 126
Installation de cloisons sèches 128
Installation de portes intérieures 136
Installation de portes pliantes 148
Installation d'une contre-porte 150
Installation des encadrements
   des portes et des fenêtres 152
Installation de boiseries de fenêtres . . 156
Installation de plinthes 160
Lambrissage d'un plafond
   de grenier 164
Installation de lambris bouvetés 168
Revêtement des murs de fondation . . 174
Charpentage des murs de fondation
   du sous-sol 176
Boiseries de fenêtres de sous-sol . . . 178

Menuiserie avancée **185**

Élargissement des ouvertures et
   enlèvement des murs 186
Enlèvement des plaques de plâtre . . . 188
Enlèvement du plâtre 190

Enlèvement du revêtement
   extérieur 192
Enlèvement des portes et
   des fenêtres 196
Enlèvement d'un mur non porteur . . 198
Installation d'une échelle d'accès
   au grenier 200
Charpentage et installation de portes . . 204
Charpentage et installation
   de fenêtres 220
Installation de nouveaux châssis
   de fenêtre 228
Installation d'un lanterneau standard . . 232
Installation d'une fenêtre en baie . . . 242
Réparation des revêtements
   de bois et de stuc 252
Réparation des revêtements de sol . . 254

**Armoires et revêtements
de comptoir** **257**

Enlèvement de boiseries et
   de vieilles armoires 258
Préparation à l'installation
   de nouvelles armoires 260
Installation d'armoires 264
Installation de revêtements
   de comptoir 270
Construction d'un revêtement de
   comptoir en stratifié sur mesure . . 276

Glossaire **284**
Index **286**

Introduction

À moins que vous ne viviez dans une maison flambant neuve, construite exactement selon vos désirs, vous considérez probablement votre maison comme un projet perpétuel. C'est ce que pensent la plupart des propriétaires. Peut-être l'ancien propriétaire n'a-t-il pas pris l'entretien et les réparations réguliers aussi au sérieux que vous. Vous savez, ces petits défauts irritants : les moulures de porte écaillées à l'entrée, un creux dans un panneau de gypse, souvenir d'une berceuse qui a dévié de sa course, ou une porte de placard qui frotte sur la moquette et se coince dans l'encadrement, chaque fois que vous la refermez. Vous aimeriez bien régler tous ces petits problèmes, si seulement vous saviez exactement comment le faire. Ou, peut-être votre maison est-elle figée dans une décennie révolue et aurait-elle besoin d'une cure de rajeunissement majeure. Il faudrait vraiment remplacer ces vieilles portes à âme creuse, sombres et laides, n'est-ce pas ?

Il est fort probable que vous ayez aussi des projets que vous repoussez de plus en plus bas sur la liste de choses « à faire » parce que vous ne savez pas par où commencer. Oh, comme ce serait bien de remplacer les fenêtres de la salle familiale, qui laissent passer les courants d'air, par une grande fenêtre en baie ! Rêvez-vous d'un petit coin tranquille ou d'un cinéma maison au sous-sol ? Si seulement vous aviez les compétences pour charpenter les murs et réaliser la finition sans engager quelqu'un…

Ce nouveau livre, *La menuiserie*, n'a pas été rédigé pour le bricoleur qui possède déjà tout un arsenal d'outils et des années d'expérience. Il est plutôt destiné au propriétaire qui a simplement besoin de la confiance et du savoir-faire pour bien exécuter le travail.

Nous avons divisé ce livre en trois grandes sections pour vous en faciliter la consultation. La première section, sur les outils et les matériaux, vous donne un cours accéléré sur l'atelier. Vous apprendrez les rudiments des outils de menuiserie ainsi que la façon de les utiliser correctement, en toute sécurité.

La deuxième section porte sur les compétences de base et les projets de menuiserie. Vous y apprendrez les fondements de la construction d'une maison afin que vous puissiez enlever et construire des murs, charpenter et installer des portes intérieures, poser des panneaux de gypse et effectuer la finition avec des boiseries et des moulures. Avec cette seule section, vous pourriez probablement biffer de nombreux travaux « à faire » de votre liste.

La troisième partie, sur les projets avancés, vous permettra de devenir « ceinture noire » en menuiserie. Vous découvrirez la façon d'agrandir les ouvertures de fenêtre et de porte, d'installer des fenêtres, des portes extérieures et lanterneaux et de les recouvrir correctement de solins, comme un expert. Enfin, un ajout à cette section vous montrera comment enlever et remplacer des armoires de cuisine, installer des revêtements de comptoir préfabriqués et même construire votre propre version sur mesure, à partir de zéro. Vous pouvez créer la pièce que vous avez toujours désirée, sans avoir à faire appel à de coûteux entrepreneurs.

Alors, lisez attentivement et commencez à planifier votre premier projet de menuiserie. C'est plus facile que vous ne le pensez. Assurez-vous de garder ce livre à portée de la main. Il contient tellement de renseignements utiles que vous le consulterez encore et encore.

Planification d'un projet de menuiserie

Un projet de menuiserie peut être une source de délassement et de satisfaction, mais il exige plus que le tour de main nécessaire pour scier du bois et enfoncer des clous. En fait, le produit portera moins la marque de votre dextérité que celle de votre attention aux détails, aux matériaux, aux coûts et aux codes du bâtiment locaux. En résolvant ces questions au stade de la planification, vous disposerez de tout le temps nécessaire lorsque vous commencerez les travaux. Démarrez toujours vos projets en vous posant les questions qui suivent. Une fois que vous y aurez répondu, vous aurez confiance en votre capacité de mener le projet à terme.

Dois-je obtenir un permis ? Si le projet modifie tant soit peu l'état de la maison, la plupart des autorités exigent un permis d'exécution des travaux. Vous devrez probablement obtenir un permis dans tous les cas où vous faites plus que remplacer un châssis de fenêtre pourri. Il faut un permis pour remplacer ou ajouter une poutre, des pieux, des solives ou des chevrons ; pour ajouter des éléments de construction ; pour transformer un sous-sol ou des combles ; pour une multitude d'autres travaux. Documentez-vous auprès des autorités et, si elles exigent un permis, vous devrez, avant d'entamer le travail, soumettre à l'approbation d'un inspecteur le croquis détaillé du projet et une liste des matériaux de construction qu'il comprend.

Quel effet le projet aura-t-il sur les lieux de séjour ? La construction d'un mur ou l'installation d'une fenêtre peuvent modifier considérablement votre espace vital. Avant de commencer les travaux, assurez-vous d'avoir considéré tous les avantages et les inconvénients du projet.

Quels sont les matériaux qui conviennent le mieux à mon projet ? Choisissez des matériaux qui sont en harmonie avec vos lieux de séjour, afin de conserver à chaque pièce son cachet particulier. Achetez toujours des produits de qualité qui satisfont aux codes locaux du bâtiment.

De quels outils ai-je besoin ? Chaque projet de menuiserie envisagé dans ce manuel comprend une liste des outils nécessaires, dont des outils à commande mécanique. Certains de ces outils sont essentiels, la foreuse à commande mécanique et la scie circulaire, par exemple. D'autres, comme la scie à onglets ou la toupie, simplifient le travail, mais ne sont pas indispensables. On peut utiliser une scie circulaire au lieu d'une toupie pour faire les rainures des étagères et on peut faire des coupes à onglets en se servant d'une scie à dosseret et d'une boîte à onglets. Utiliser les bons outils pour accomplir des tâches particulières prend normalement plus de temps, mais en échange on éprouve la satisfaction du travail bien fait que procure l'utilisation des outils manuels appropriés.

Commencez toujours par dessiner au crayon votre projet de menuiserie. Rajoutez des détails au dessin à mesure que votre idée se précise, vous pourrez ainsi prévoir les outils et les matériaux nécessaires, de même que l'effet de votre projet sur vos lieux de séjour.

Conseils pour planifier un travail

Délimitez le travail en le circonscrivant sur le plancher à l'aide de ruban-cache de 2 po. Vous pourrez ainsi visualiser le résultat que vous obtiendrez et parfois faire ressortir des aspects qui n'apparaissaient pas sur le dessin à l'échelle.

Examinez les endroits situés immédiatement au-dessus et en dessous du lieu des travaux, avant de découper un mur ; vous pourrez ainsi déterminer où se trouvent les conduites d'eau, les gaines de ventilation et les conduites de gaz. Dans la plupart des cas, les tuyaux, les conduites de service et les gaines traversent les planchers verticalement. Les plans de la maison devraient vous permettre de situer les conduites de service.

Dessinez des diagrammes de coupe qui vous aideront à utiliser efficacement les matériaux. Tracez à l'échelle, sur du papier millimétré, les lignes de coupe des matériaux en feuille que vous utiliserez pour chaque partie de votre projet. Ce faisant, n'oubliez pas que le trait de scie enlève ⅛ po de matière.

Dressez la liste des matériaux en vous basant sur vos dessins et vos diagrammes de coupe. Photocopiez cette liste et utilisez-la pour organiser votre travail et estimer les coûts.

Sécurité

Lorsque vous effectuez des travaux de menuiserie, votre sécurité dépend en grande partie des précautions que vous prenez. Les outils à commande mécanique vendus sur le marché offrent de nombreuses caractéristiques de sécurité : protecteurs de lames, verrous empêchant la mise en marche accidentelle, double isolation réduisant le risque de choc électrique en cas de court-circuit, etc. Il ne tient qu'à vous de profiter de ces mesures de sécurité. Par exemple, ne faites jamais fonctionner une scie sans son protecteur de lame, car vous risquez d'être blessé par les débris volants de toutes parts et d'être coupé par la lame.

Prenez toutes les précautions recommandées dans le manuel du propriétaire et protégez-vous au moyen de lunettes de sécurité, de bouchons d'oreille et d'un masque respiratoire qui filtrera la poussière et les débris.

Gardez les lieux propres. Un lieu de travail en désordre augmente le risque d'accident. Nettoyez vos outils, rangez-les à la fin de chaque période de travail et balayez la poussière et les débris.

Certains produits émettent des fumées ou des particules dangereuses. Gardez-les à l'écart des sources de chaleur et hors de portée des enfants ; ne les utilisez que dans des endroits bien ventilés.

La sécurité doit être une préoccupation de tous les instants. Prenez le temps de regarnir votre trousse de premiers soins et d'examiner régulièrement votre lieu de travail, vos outils et votre équipement de sécurité. Évitez les risques d'accidents en remplaçant ou en réparant les pièces anciennes ou usées avant qu'elles ne se brisent.

Lisez le manuel du propriétaire avant d'utiliser un outil à commande mécanique. Vos outils peuvent différer sensiblement de ceux qui sont décrits dans ce guide ; et vous avez donc intérêt à vous familiariser avec les caractéristiques et les possibilités de vos propres outils. Protégez-vous toujours les yeux et les oreilles lorsque vous utilisez un outil à commande mécanique. Portez un masque respiratoire si les travaux peuvent produire de la poussière.

Certains murs peuvent contenir de l'amiante. De nombreuses maisons ont été construites ou rénovées entre 1930 et 1950 avec les isolants de l'époque qui contenaient de l'amiante. Consultez un professionnel sur l'enlèvement de polluants dangereux comme l'amiante et, si vous découvrez des matériaux en amiante ou qui en contiennent, n'essayez pas de les enlever vous-même. Même si vous êtes sûr qu'il n'y a pas d'amiante, portez un masque antipoussière et le reste de l'équipement de sécurité lorsque vous effectuez des travaux de démolition.

Trousse de premiers soins

Constituez votre trousse de premiers soins. On peut se couper gravement avec un outil manuel ou un outil à commande mécanique, et la blessure peut requérir une attention immédiate et minutieuse. Préparez-vous à de telles situations en gardant à portée de la main une trousse de premiers soins bien garnie. Inscrivez-y les numéros de téléphone d'urgence ou inscrivez-les près du téléphone le plus proche, afin de pouvoir les trouver en cas d'urgence.

Garnissez votre trousse des différents articles suivants (photo de droite) : bandages, aiguilles, pince à épiler, onguent antiseptique, cotons-tiges, boules d'ouate, gouttes ophtalmiques, manuel de premiers soins, compresses froides, bandages élastiques, sparadrap et gaze stérile.

En cas de plaie punctiforme, de coupure, de brûlure et d'autres blessures graves, il faut d'abord prodiguer les premiers soins – nettoyer et appliquer un bandage sur les coupures, par exemple –, puis il faut consulter un médecin au plus vite.

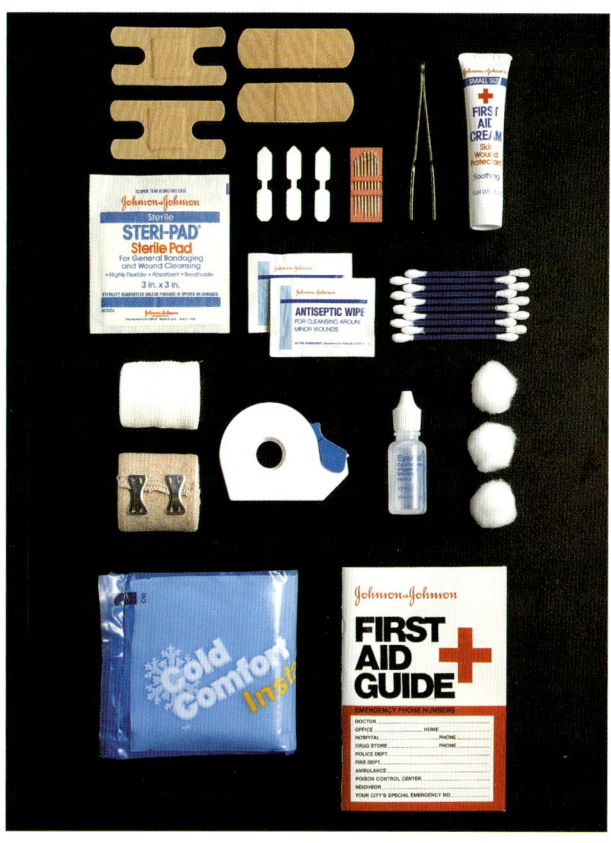

Mesures de sécurité

Gardez vos outils aiguisés et propres. Les accidents sont plus fréquents lorsque les outils sont émoussés et remplis de poussière et de saleté.

Utilisez un réceptacle à disjoncteur différentiel, l'adaptateur ou la rallonge correspondante pour réduire le risque de choc électrique lorsque vous utilisez des outils à commande mécanique à l'extérieur ou dans un endroit humide.

Le vérificateur de circuit à néon vous permet de vérifier si le courant est coupé avant d'enlever les platines, d'exposer les fils ou de forer ou couper dans un mur qui contient du câblage.

L'atelier de base

Que vous installiez votre atelier dans une pièce du sous-sol, dans un abri ou dans le garage, il doit vous permettre de travailler confortablement et vous offrir l'espace nécessaire au rangement de vos outils et de votre matériel. Il doit comprendre un établi suffisamment grand et de hauteur confortable, un éclairage suffisant et bien dirigé et une aire de plancher permettant d'utiliser une scie circulaire à table et d'autres outils à commande mécanique. Si vous comptez stocker des pots de peintures et de solvants, assurez-vous que la pièce est bien ventilée et qu'elle est équipée d'un détecteur de fumée et d'un extincteur.

Votre atelier doit être équipé des circuits électriques appropriés à l'éclairage et à l'utilisation de plusieurs outils, sans risque de surcharge. Calculez la capacité du circuit de votre atelier (voir page suivante) et appelez un électricien si vous devez l'augmenter.

Vous pouvez pendre vos outils au mur de plusieurs façons, mais le moyen le plus pratique de le faire est de les suspendre aux crochets à outils d'un panneau perforé (photo ci-dessous). Les panneaux perforés vous permettent de déplacer les crochets selon vos besoins.

Les étagères profondes et robustes offrent un espace de rangement idéal pour les boîtes à outils, les récipients et les outils à commande mécanique. On trouve, dans les maisonneries, des prêts-à-monter.

Si vous aménagez votre atelier dans la maison, vous voudrez probablement diminuer la transmission du bruit ; pour ce faire, vous devez revêtir les parois intérieures d'une couche supplémentaire de carreaux creux et installer un bas de porte qui réfléchira le bruit et empêchera la poussière de passer.

L'atelier d'un menuisier doit être bien éclairé, suffisamment grand pour contenir les outils, la quincaillerie et le matériel habituels, et bien ordonné pour que tout soit à portée de la main. L'établi permet d'accomplir différentes tâches. Pour utiliser une scie circulaire ou tout autre équipement à commande mécanique encombrant, vous devez prévoir l'espace nécessaire pour manipuler du bois d'œuvre ou des produits en feuille, volumineux.

Éclairage et contrôle de la poussière

Servez-vous d'un aspirateur pour déchets solides et humides lorsque vous voulez nettoyer rapidement l'atelier. De nombreux outils à commande mécanique sont munis d'accessoires qui vous permettent de brancher le tuyau de l'aspirateur directement sur l'outil et d'aspirer ainsi dans le réservoir la plus grande partie des déchets. Achetez un aspirateur puissant et durable.

Améliorez la visibilité dans votre atelier en remplaçant les lumières incandescentes par des lampes fluorescentes, qui éclairent mieux et consomment moins d'énergie. Certains types de luminaires fluorescents sont offerts avec des cordons fixés à l'avance, qu'il suffit de brancher dans une prise. D'autres sont câblés en permanence ; vous voudrez peut-être faire appel à un électricien dans le cas d'une installation permanente.

Comment évaluer la capacité d'alimentation électrique de votre atelier ▶

Pour savoir si le circuit électrique de votre atelier peut supporter en toute sécurité la charge de vos outils à commande mécanique et du reste de votre équipement, commencez par déterminer sa capacité sécuritaire, c'est-à-dire la charge ou la puissance maximale qu'il peut supporter sans surchauffer. Trouvez le circuit sur votre tableau de distribution et vérifiez son intensité nominale. Multipliez ce chiffre par 120 (volts) et soustrayez 20 % du produit obtenu ; cela vous donne la capacité sécuritaire. Trouvez ensuite la puissance de chaque outil ou accessoire que vous allez brancher sur le circuit. Les outils et les accessoires portent tous une étiquette renseignant sur leur intensité et leur tension nominales. Calculez les puissances respectives en multipliant chaque fois l'intensité par la tension. Additionnez toutes les puissances des outils et accessoires que vous risquez d'utiliser simultanément pour voir si le total ne dépasse pas la capacité sécuritaire du circuit. Le tableau montre la puissance de certains outils et accessoires courants. Si la capacité sécuritaire du circuit ne lui permet pas de supporter la charge, vous devrez installer un circuit supplémentaire. Demandez à un électricien d'inspecter votre tableau de distribution. Vous pourrez probablement ajouter un circuit au tableau de distribution et des prises supplémentaires dans l'atelier.

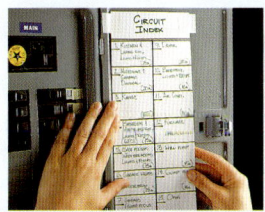 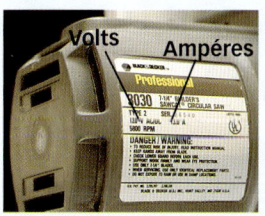

Puissances nominales types

Accessoires	Ampères	Watts
Scie circulaire	10 à 12	1200 à 1440
Perceuse	2 à 4	240 à 480
Ventilateur (portatif)	2	240
Plinthe chauffante (portative)	7 à 12	840 à 1440
Toupie	2 à 5	240 à 600
Ponceuse	2 à 5	240 à 600
Scie circulaire à table	7 à 10	840 à 1200
Aspirateur d'atelier	6 à 11	720 à 1320

Construction d'un établi

L'établi représenté est muni de pattes robustes qui lui permettent de supporter des lourdes charges et d'un dessus double épaisseur pouvant résister au martèlement. Couvrez le dessus d'un panneau dur que vous pourrez remplacer lorsqu'il commencera à se détériorer. Construisez une tablette sous la surface de travail, où vous pourrez ranger vos outils à commande mécanique. Et, si vous le jugez utile, installez un étau universel sur la surface de travail.

Outils, matériaux et liste dimensionnelle ▶

Scie circulaire
Équerre de menuisier
Forets et embouts comprenant des embouts à vis
Clé à rochet ou clé à molette
Marteau
Chasse-clou
Vis à plaques de plâtre (1½, 2½ et 3 po)
Vis tire-fond (1½ et 3 po)
Clous de finition 4d.

Six longueurs de 8 pi de 2 po x 4 po
Une longueur de 5 pi de 2 po x 6 po
Une feuille de 4 pi x 8 pi de contreplaqué de ¾ po
Une feuille de 4 pi x 8 pi de contreplaqué de ½ po
Une feuille de 4 pi x 8 pi de panneau dur de ⅛ po.

Repère	Pièce	Dimensions
A	1	
B	2	
C	4	
D	4	
E	4	
F	4	
G	3	
H	1	
I	1	
J	1	
K	1	

12 ■ LA MENUISERIE

Vue éclatée de l'établi

Comment construire un établi

Coupez deux pièces de C, D, E et F pour chaque côté de l'établi. Assemblez-les au moyen de vis à gypse de 2½ po.

À l'aide de vis à gypse de 2½ po, fixez les deux entretoises arrière (G) à l'intérieur des pieds arrière des côtés assemblés.

Fixez l'entretoise inférieure avant (G) à l'intérieur des pieds avant des côtés assemblés. À l'aide de vis à gypse de 2½ po, attachez la tablette inférieure (I) et le fond de l'établi (J) au cadre assemblé.

Forez des avant-trous et, au moyen de vis tire-fond de 3 po, fixez l'entretoise supérieure avant en 2 po x 6 po (H) à l'extérieur des pieds.

Centrez le panneau inférieur en contreplaqué de ¾ po (B) de la surface de travail sur le dessus de l'assemblage. Alignez le contreplaqué sur le bord arrière, tracez une ligne de référence pour planter les clous et fixez le panneau en place à l'aide de clous de 4d.

Alignez le panneau supérieur en contreplaqué (B) sur le panneau inférieur (B) et tracez une ligne de référence ½ po au moins plus près du bord afin d'éviter les clous de la première épaisseur. Enfoncez des vis à plaques de plâtre de 3 po à travers les deux épaisseurs de contreplaqué et dans le cadre de l'établi.

Au moyen de clous de finition de 4d, clouez la surface de travail en panneau dur (A) aux deux couches de contreplaqué. Chassez les clous sous la surface.

Placez l'étau à une extrémité de l'établi. Indiquez les trous de la base de l'étau et forez des avant-trous de ¼ po dans le dessus de l'établi.

Fixez l'étau au moyen de vis tire-fond de 1½ po. À l'aide de vis à plaques de plâtre de 2½ po, attachez le bord (K) à l'arrière de la surface de l'établi.

Introduction 15

Construction d'un chevalet

Les chevalets offrent une surface de travail stable qui peut supporter le matériel pendant le traçage et le sciage. Ils peuvent également servir d'échafaudage temporaire lorsque vous installez des plaques de plâtre ou des panneaux au plafond. Pour les utiliser comme échafaudage, placez une paire de planches droites de 2 po x 10 po ou 2 po x 12 po sur deux robustes chevalets (photo de gauche). Il vaut mieux utiliser une base large qui peut supporter de lourdes charges. Les petits chevalets pliables sont utiles dans les endroits où l'espace de rangement est limité.

Outils et matériaux ▶

- Scie circulaire
- Ruban à mesurer
- Visseuse ou tournevis sans cordon
- Quatre pièces de 8 pi de 2 po x 4 po
- Vis à plaques de plâtre de 2½ po
- (2) Montants de 15½ po
- (2) Traverses supérieures de 48 po
- (1) Traverse inférieure de 48 po
- (2) Entretoises horizontales de 11¼ po
- (4) Pieds de 26 po

Chevalet faciles à ranger

Repliez les chevalets en métal et pendez-les au mur de l'atelier quand vous ne les utilisez pas.

Achetez des fixations en fibre de verre ou en métal et coupez les longueurs suivantes en bois scié de 2 po x 4 po : une traverse supérieure de 48 po et quatre pieds de 26 po. Démontez les chevalets pour les ranger.

Comment construire un chevalet

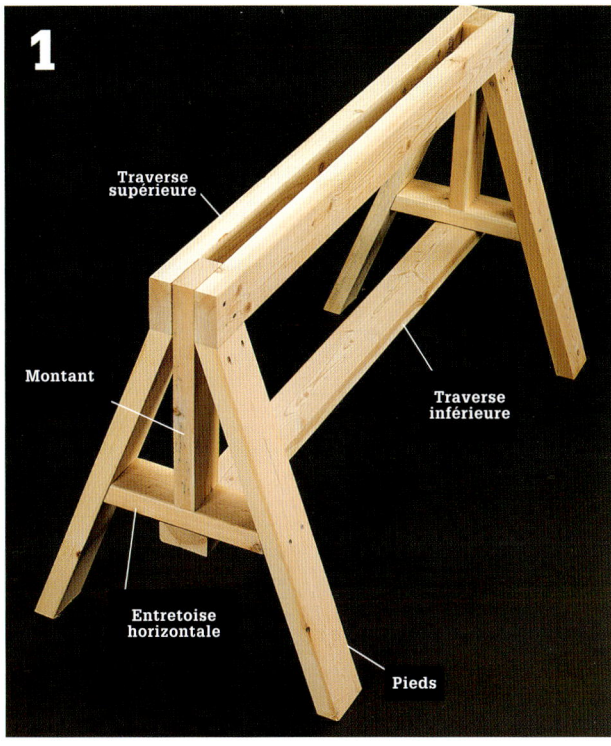

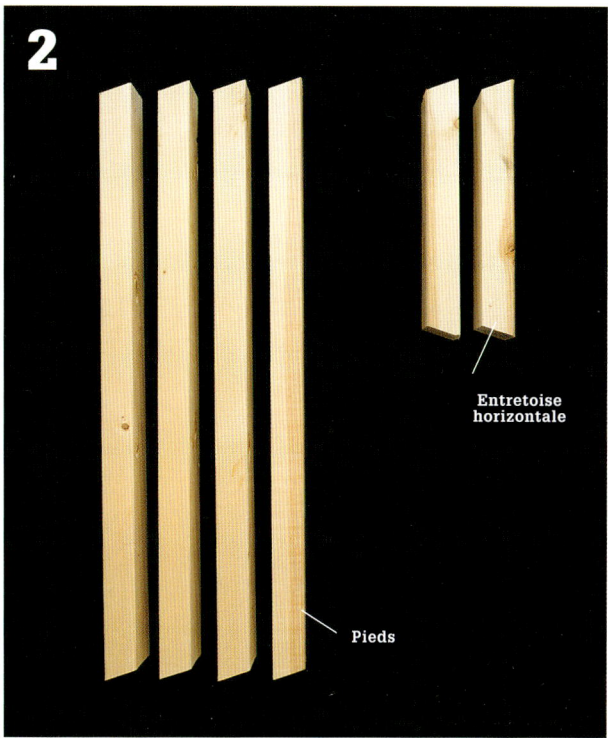

À l'aide d'un ruban à mesurer et d'une scie circulaire, mesurez et coupez les montants, les traverses supérieures et la traverse inférieure aux longueurs spécifiées dans la liste dimensionnelle (voir page précédente).

Réglez le biseau de la scie circulaire à 17° (les coupes biseautées correspondront aux angles représentés sur l'illustration). Coupez les extrémités des entretoises horizontales pour qu'elles aient des biseaux opposés et les extrémités des pieds, des biseaux parallèles.

À l'aide de vis à plaques de plâtre de 2½ po, attachez les traverses supérieures aux montants, comme sur l'illustration.

À l'aide de vis à plaques de plâtre de 2½ po, attachez les entretoises horizontales aux montants. Attachez une paire de pieds aux entretoises horizontales et ensuite aux montants, à leur extrémité. Achevez le chevalet en attachant la traverse inférieure aux entretoises.

Matériaux

Le choix des matériaux constitue un facteur important dans la réussite d'un projet de menuiserie. En choisissant le bois de construction et les matériaux en feuilles appropriés, vous vous assurerez que les murs et les planchers pourront supporter les charges qui leur seront imposées, qu'ils demeureront plats et d'aplomb et qu'ils fourniront des surfaces convenables pour la pose de revêtements sur les murs et le sol. Vous devriez aussi faire la sélection des clous, des vis et autres fixations métalliques nécessaires au projet, particulièrement si le projet exige l'assemblage de matériaux différents, comme du béton et du bois, ou lorsque vous utilisez du bois traité sous pression. Bien souvent, la menuiserie exige l'utilisation de colles, d'adhésifs et de scellants aux fins de liaison, d'insonorisation et d'étanchéisation. Vous n'avez pas besoin d'être chimiste pour choisir la colle ou le calfeutrant approprié, mais il est utile de connaître les diverses familles de ces produits afin que vous puissiez prendre des décisions éclairées.

Étant donné que plusieurs projets de menuiserie exigent un permis de construction, l'inspecteur en bâtiment de votre région peut également vous fournir de précieux conseils sur les matériaux dont vous aurez besoin pour un projet. Et prenez ces renseignements au sérieux : le fait d'utiliser du bois d'œuvre et des fixations trop petits ou inappropriés risque de faire échouer l'inspection, et d'entraîner du travail et des frais supplémentaires, au bout du compte.

Dans ce chapitre :

- Bois d'œuvre
- Transport des matériaux
- Contreplaqué et revêtements en feuilles
- Moulures de garnissage
- Clous
- Vis et autre quincaillerie
- Colles et adhésifs

Bois d'œuvre

Le bois scié destiné à des structures comme les murs, les planchers et les plafonds provient habituellement d'essences de bois mou, résistant, et il est classé en fonction de sa qualité, de sa teneur en humidité et de ses dimensions.

Qualité : les caractéristiques telles que les nœuds, les fentes et la fibre influencent la résistance du bois d'œuvre et déterminent sa qualité (voir le tableau à la page suivante).

Teneur en humidité : le bois d'œuvre se caractérise également par sa teneur en humidité. On lui attribue le signe S-DRY (« surface dry », sec en surface) lorsque sa teneur en humidité est inférieure ou égale à 19 %. Le bois d'œuvre S-DRY est le moins sujet au gauchissement ou au rétrécissement et constitue un bon choix pour les ossatures murales. S-GRN (« surface green », vert en surface) s'applique au bois d'œuvre dont la teneur en humidité est supérieure à 19 %.

Bois d'œuvre d'extérieur : Le bois de séquoia ou de cèdre scié résiste naturellement à la pourriture et à l'infestation par les insectes, et convient bien aux applications à l'extérieur. Le bois parfait ou duramen est la partie la plus durable d'un tronc d'arbre, et vous devez donc exiger cette qualité pour les pièces qui seront en contact avec le sol.

Bois d'œuvre traité : le bois d'œuvre injecté de produits chimiques sous pression résiste à la pourriture et coûte généralement moins cher que le duramen résistant à la pourriture, tels que le duramen de séquoia et de cèdre. Pour les structures extérieures, comme les terrasses, utilisez du bois d'œuvre traité pour les poteaux et les solives, et du bois plus attrayant comme le séquoia ou le cèdre pour les planchers et les balustrades.

Bois d'œuvre de dimensions courantes : le bois d'œuvre se vend en dimensions nominales, telles que 2 po x 4 po. Les dimensions réelles (voir le tableau de la page 23) sont plus petites. Lors des mesures et des évaluations, basez-vous sur les dimensions réelles.

Inspectez visuellement le bois d'œuvre avant de l'utiliser. Le bois d'œuvre entreposé peut se déformer sous l'effet des changements de température et de l'humidité.

L'ossature en acier : l'autre solution ▶

Il n'est pas indispensable de construire les ossatures murales en bois d'œuvre. Les poteaux et profilés métalliques constituent une excellente solution de rechange pour les nouvelles constructions. Les murs à ossature métallique s'installent plus rapidement que ceux à ossature en bois – les pièces s'attachent par sertissage et vissage des brides – et les profilés sont découpés à l'avance pour le passage des conduites de plomberie et du câblage. Les ossatures en acier sont plus légères que celles en bois, d'un prix comparable, elles résistent au feu et sont recyclables. Si vous envisagez d'utiliser une nouvelle ossature murale en acier dans une maison à ossature en bois, consultez un professionnel au sujet des précautions à prendre en ce qui concerne l'installation électrique, la plomberie et les parties portantes. On trouve les divers éléments des ossatures en acier dans la plupart des maisonneries.

Classification de bois d'œuvre ▸

La plupart du temps, le bois d'œuvre est encore humide lorsqu'il est mis sur le marché et il est donc difficile de prévoir son comportement au séchage. Un rapide coup d'œil sur chaque planche, dans les maisonneries ou les cours à bois, vous permettra toutefois d'écarter les planches défectueuses. Le bois d'œuvre incurvé, voilé ou tordu ne doit pas être utilisé dans toute sa longueur. Utilisez les parties en bon état comme cales ou courts morceaux d'ossature. Si une planche est légèrement gauchie, il est probable qu'elle se redressera lors du clouage. Les gerces, les flaches et les nœuds sont des défauts d'apparence qui altèrent rarement la résistance de la planche, exception faite toutefois pour le nœud qui manque. Lorsque c'est le cas, il faut enlever la partie endommagée. Il en va de même pour les parties fendues, car les fentes ont tendance à s'agrandir avec le séchage.

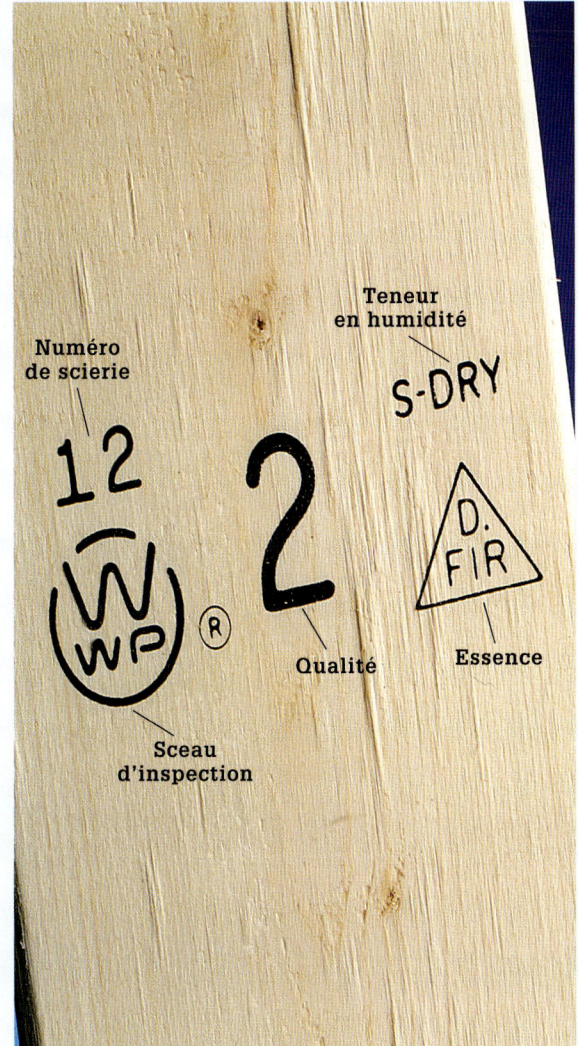

Les estampilles de qualité fournissent des renseignements utiles sur chaque pièce de bois d'œuvre. Le plus grand chiffre indique habituellement la qualité du bois, et on inscrit également sa teneur en humidité, son essence et sa scierie d'origine.

Qualité	Description, utilisation
Net	Sans nœuds ni défauts
SEL STR ou Select Structural	Bonne apparence, résistance et rigidité.
Charpente de choix 1, 2, ou 3	Les chiffres 1, 2 ou 3 indiquent la taille des nœuds.
CONST (construction)	Les deux qualités utilisées dans la construction des ossatures générales.
STAND (standard)	Bonne résistance et solidité.
STUD (poteau)	Désignation spéciale utilisée pour les poteaux, y compris ceux des murs porteurs.
UTIL (utilitaire)	Choix économique pour les cales et les entretoises.

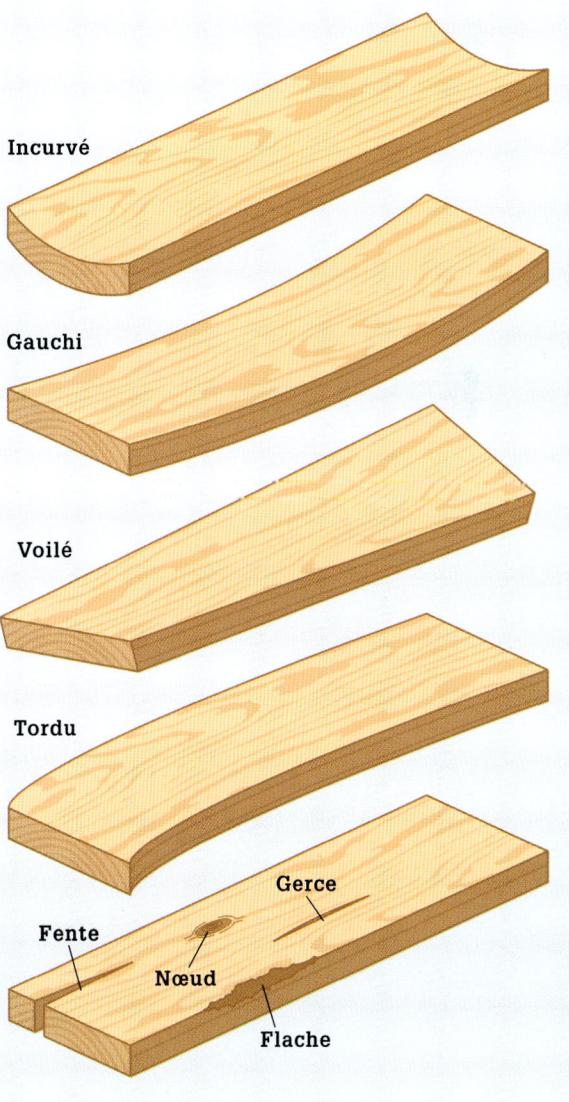

Matériaux

Comment sélectionner les bons matériaux pour un projet ▶

Le choix du bois qui sera utilisé pour réaliser un projet influe sur la durabilité et l'apparence du produit fini. Certaines essences gauchissent plus facilement que d'autres et certaines résistent mieux à la pourriture ou retiennent mieux la peinture que les autres. En harmonisant les styles et les essences, vous créerez une impression d'uniformité dans votre intérieur.

Les dimensions du bois d'œuvre telles que 2 po x 4 po sont des dimensions nominales qui ne correspondent pas aux dimensions réelles, ces dernières étant légèrement inférieures. On scie le bois aux dimensions nominales, mais on rabote ensuite les planches pour améliorer le fini de la surface, ce qui donne les dimensions réelles que l'on trouve dans le commerce. Le tableau de la page suivante donne les dimensions nominales et les dimensions réelles du bois d'œuvre.

Bois tendres	Description	Utilisations
Cèdre	Facile à scier, absorbe bien la peinture. Duramen résistant à la pourriture.	Planchers, bardeaux de fente, bardeaux, poteaux et autres surfaces sujettes à la pourriture.
Sapin, mélèze	Bois raide, dur. Accroche bien les clous. Certaines sortes sont difficiles à scier.	Éléments d'ossature, planchers et sous-planchers.
Pin	Bois tendre, léger, ayant tendance à se contracter. Accroche bien les clous. Certaines sortes résistent à la pourriture.	Panneaux, moulures, parements et planchers extérieurs.
Séquoia	Bois tendre, léger, qui absorbe bien la peinture. Facile à scier. Duramen résistant à la pourriture et aux dommages causés par les insectes.	Applications à l'extérieur, telles que les planchers, les poteaux et les clôtures.
Bois traité	Bois résistant à la pourriture après avoir subi un traitement chimique. Teinte verte. Porter l'équipement et les vêtements de protection nécessaires pour éviter l'irritation de la peau, des poumons et des yeux.	En contact avec le sol et pour les autres applications à l'extérieur où la résistance à la pourriture est importante.

Bois durs	Description	Utilisations
Bouleau	Bois dur et résistant, facile à scier et absorbant bien la peinture.	Armoires peintes, moulures et contreplaqué.
Érable	Bois dur, lourd et résistant, difficile à scier avec des outils manuels.	Planchers, meubles et revêtements de comptoirs.
Peuplier	Bois tendre, léger, facile à scier avec des outils manuels ou à commande mécanique.	Armoires peintes, moulures, panneaux bouvetés et âmes de contreplaqué.
Chêne	Bois dur, lourd et résistant, difficile à scier avec des outils manuels.	Meubles, planchers, portes, moulures.
Noyer	Bois dur, lourd et résistant, facile à scier.	Boiseries fines, panneaux et chambranles de cheminées.

Type	Description	Dimensions nominales courantes	Dimensions réelles
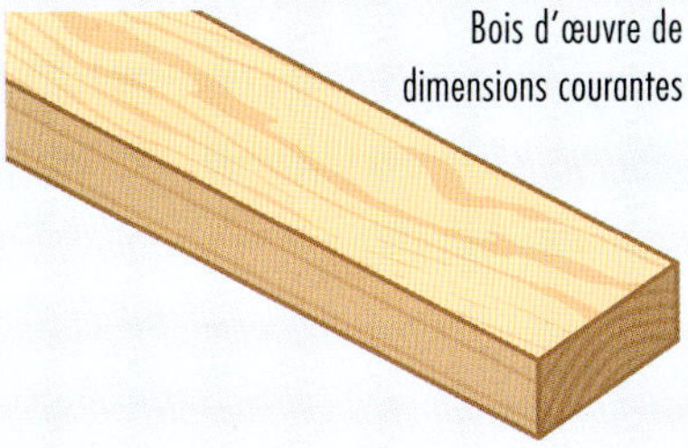 Bois d'œuvre de dimensions courantes	Bois utilisé dans les ossatures des murs, des plafonds, des planchers et des chevrons, la finition structurale, les planchers et escaliers extérieurs et les clôtures.	1 po × 4 po 1 po × 6 po 1 po × 8 po 2 po × 2 po 2 po × 4 po 2 po × 6 po 2 po × 8 po	¾ po × 3½ po ¾ po × 5½ po ¾ po × 7¼ po 1½ po × 1½ po 1½ po × 3½ po 1½ po × 5½ po 1½ po × 7¼ po
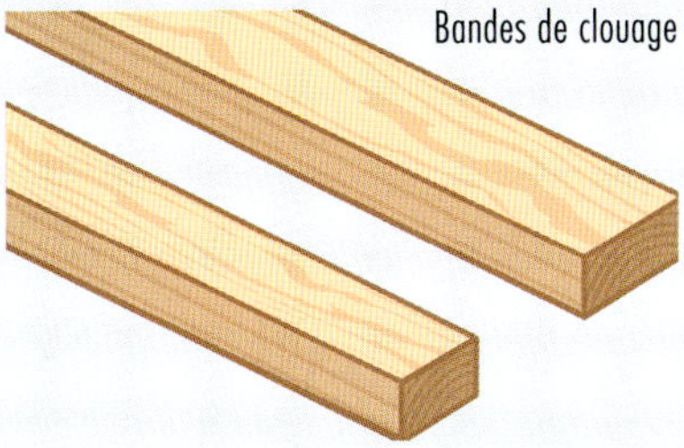 Bandes de clouage	Bois utilisé dans les ossatures des murs, des plafonds, des planchers et des chevrons, la finition structurale, les planchers et escaliers extérieurs et les clôtures.	1 po × 2 po 1 po × 3 po	¾ po × 1½ po ¾ po × 2½ po
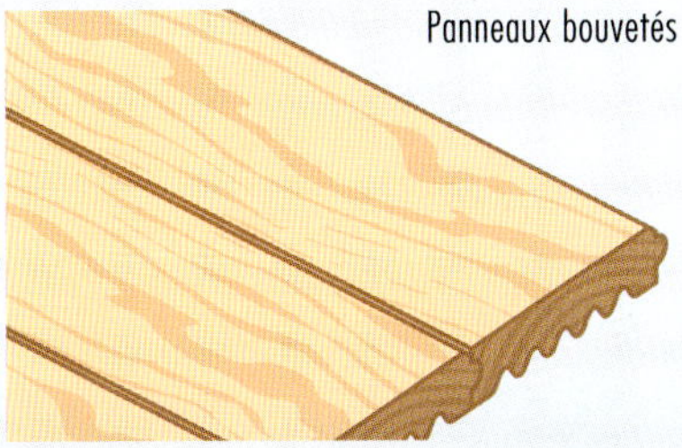 Panneaux bouvetés	Panneaux utilisés dans les lambris d'appui et les panneaux de murs et de plafonds.	5/16 po × 4 po 1 po × 4 po 1 po × 6 po 1 po × 8 po	Variable en fonction du procédé de sciage et de l'application.
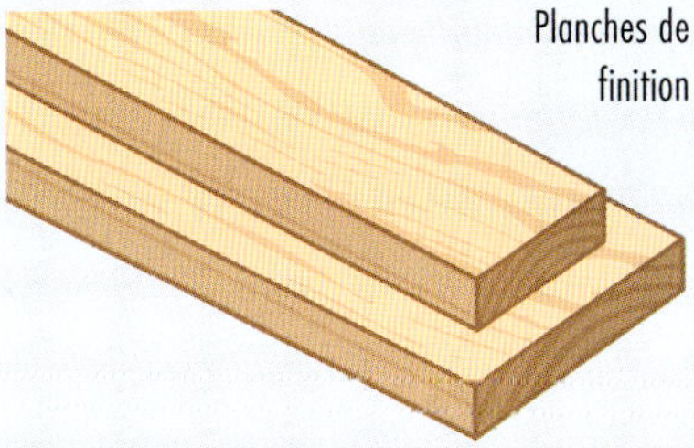 Planches de finition	Utilisées dans le garnissage et dans la fabrication d'étagères, d'armoires et d'autres articles où la finition est importante.	1 po × 4 po 1 po × 6 po 1 po × 8 po 1 po × 10 po 1 po × 12 po	¾ po × 3½ po ¾ po × 5½ po ¾ po × 7¼ po ¾ po × 9¼ po ¾ po × 11¼ po
 Lamellé-collé	Poutre constituée de couches de bois laminé formant un bloc, utilisée comme poutre ou solive.	4 po × 10 po 4 po × 12 po 6 po × 10 po 6 po × 12 po	3½ po × 9 po 3½ po × 12 po 5½ po × 9 po 5½ po × 12 po
 Micro-lam®	Poutre composée de couches minces collées ensemble, utilisée comme poutre ou solive.	4 po × 12 po	3½ po × 11⅜ po

Transport des matériaux

Le transport des matériaux de construction depuis le parc à bois ou le centre de rénovation jusqu'à votre maison constitue la première étape de tout projet de menuiserie, et ce peut être la plus difficile. Le bois de charpente peut être attaché à un porte-bagages pour toit, mais les feuilles de contreplaqué, les panneaux et les cloisons sèches devraient être livrés par camion. Le parc à bois pourra vous livrer les matériaux moyennant un léger supplément.

Si vous transportez les matériaux sur un porte-bagages pour toit, assurez-vous de bien les attacher. Les matériaux qui dépassent du pare-chocs arrière doivent être munis d'un drapeau rouge pour prévenir les conducteurs qui vous suivent. Conduisez prudemment et évitez les démarrages et les arrêts brusques. Lorsque vous utilisez votre véhicule pour transporter de lourdes charges, comme des sacs de béton ou de sable, accordez-vous une plus grande distance de freinage.

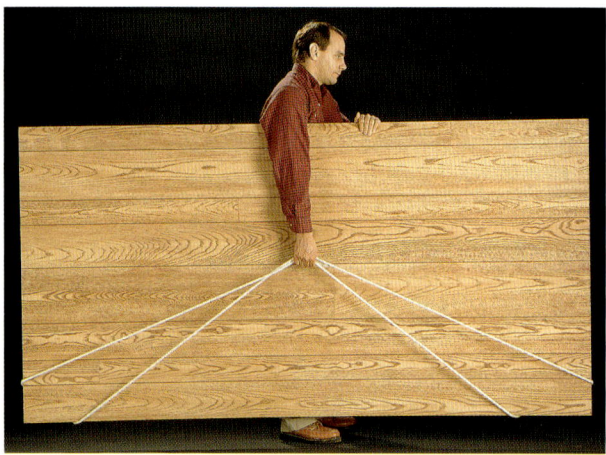

Pour transporter vous-même du contreplaqué, des panneaux ou des cloisons sèches, attachez une simple longueur de corde, d'environ 18 pi, en boucle. Accrochez les extrémités de la boucle aux coins inférieurs de la feuille, et saisissez le centre de la corde d'une main. Utilisez l'autre main pour tenir la feuille en équilibre.

Si vous connaissez déjà les dimensions des coupes à réaliser dans le contreplaqué, les panneaux ou les matériaux en feuilles, vous pouvez en faciliter le transport en faisant effectuer les coupes pendant que vous êtes au parc à bois ou au centre de rénovation. Certains parcs à bois font ce travail sans frais. Ou encore, vous pouvez y apporter une scie et tailler les matériaux vous-même.

Crochet pour toit

Attachez les matériaux sur le toit de votre véhicule à l'aide de crochets pour toit enduits de vinyle, qui sont peu coûteux. Fixez les crochets sur le bord du toit, puis attachez-y des courroies de nylon ou des cordes pour sangler les matériaux en place. Glissez des bouts de tapis sous les matériaux pour prévenir les éraflures, et centrez la charge sur le toit du véhicule.

Comment attacher une charge au porte-bagages d'un véhicule

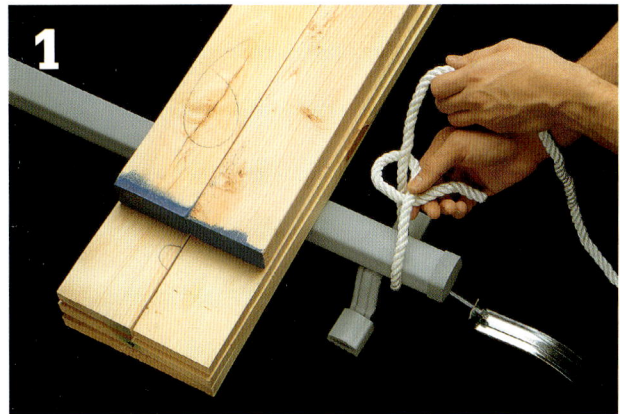

Faites un nœud demi-clé autour de l'extrémité d'un rail du porte-bagages. Serrez bien le nœud.

Faites une deuxième demi-clé dans la corde, et serrez-la bien. La demi-clé offre une bonne résistance, tout en étant facile à dénouer.

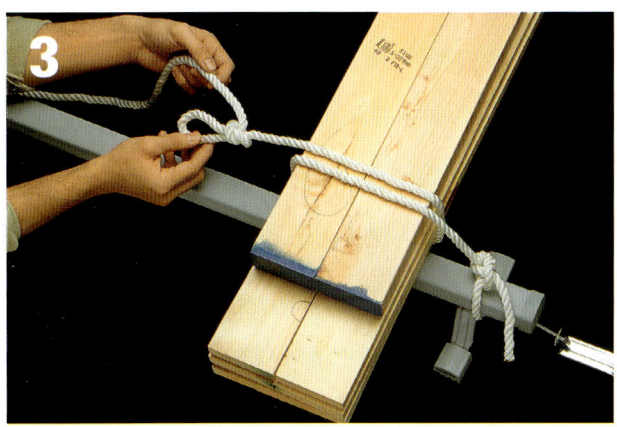

Tirez la corde par-dessus le sommet de la charge. Si c'est possible, faites un tour avec la corde autour de la charge. Faites un petit nœud à plein poing dans la corde.

Tendez la corde autour de l'extrémité opposée du rail du porte-bagages.

Glissez l'extrémité de la corde dans la boucle du nœud à plein poing. Tirez fermement la corde dans la boucle afin d'arrimer la charge bien serrée au porte-bagages.

Attachez la corde sous le nœud à plein poing, à l'aide de demi-clés. Répétez les étapes 1 à 6 sur l'autre rail du porte-bagages. Les lourdes charges peuvent également être arrimées aux pare-chocs avant et arrière du véhicule, à l'aide des mêmes techniques.

Contreplaqué et revêtements en feuilles

Des nombreux types de revêtements en feuilles, le contreplaqué est incontestablement le plus répandu. Il est constitué de minces couches de bois (les plis) et se prête à de très nombreuses applications. Il peut avoir une épaisseur de ³⁄₁₆ po à ¾ po et une qualité variant de A à D, selon la qualité de bois utilisé pour les couches extérieures. Il est fabriqué soit pour usage intérieur, soit pour usage extérieur. La classification des sortes de contreplaqué est basée sur les essences utilisées pour le placage de parement et le placage de contreparement. Les essences du groupe 1 sont les plus dures et les plus résistantes, et elles sont suivies des essences du groupe 2.

Le contreplaqué de finition est classé soit A-C, ce qui signifie que le placage de parement est de la qualité finition et que le placage de contreparement est de qualité utilitaire, soit A-A, ce qui signifie que les deux placages extérieurs sont de la qualité finition.

Le contreplaqué de revêtement est classé C-D, car les surfaces de ses deux placages extérieurs sont brutes ; il se caractérise par l'imperméabilité des couches d'adhésif entre les plis. On utilise le contreplaqué classé EXPOSURE 1 (EXPOSITION 1) dans les endroits relativement humides et le contreplaqué classé EXTERIOR (EXTÉRIEUR) s'il est exposé en permanence aux intempéries.

Le contreplaqué de revêtement porte également l'indication de son épaisseur et un indice précisant la portée à ne pas dépasser entre les chevrons des toitures et entre

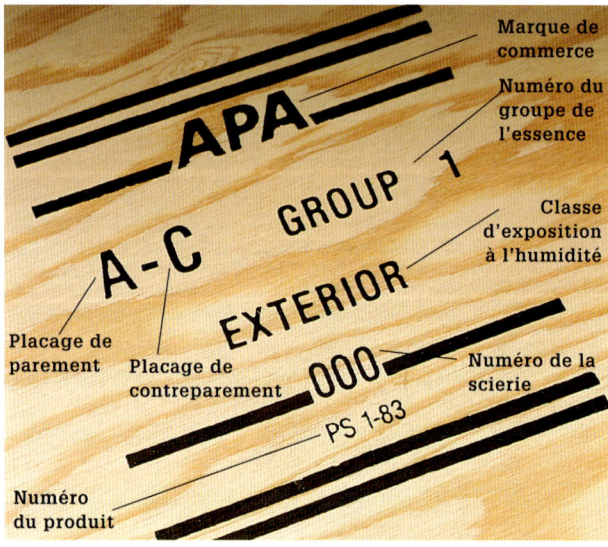

L'estampillage du contreplaqué de finition indique la qualité des placages de parement et de contreparement, le numéro du groupe de l'essence et la catégorie d'exposition à l'humidité. Les numéros du produit et de la scierie n'intéressent que le fabricant.

les solives des sous-planchers. L'indice est constitué de deux chiffres, séparés par une barre oblique. Le contreplaqué porte parfois la marque *sized for spacing*, ce qui signifie que la feuille est de dimensions légèrement inférieures à 4 pi x 8 pi, pour permettre aux feuilles de se dilater après leur installation.

Les stratifiés forment des surfaces durables pour les dessus de comptoirs et les meubles. Ils sont parfois collés à du panneau de particules s'ils servent à fabriquer des étagères, des armoires ou des revêtements de comptoirs.

Les panneaux OSB, les panneaux de particules et les panneaux de grandes particules sont fabriqués avec des copeaux ou des essences bon marché, et on s'en sert pour fabriquer des étagères et des sous-couches de planchers.

Les panneaux isolants en mousse plastique sont légers et servent à isoler les murs des sous-sols.

Les plaques de plâtre résistant à l'humidité sont utilisées derrière les carreaux muraux en céramique et dans les endroits très humides.

Les plaques de plâtre, appelées également cloisons sèches, Sheetrock, Gyproc, ou placoplâtre, existent en panneaux de 4 pi de large et de 2, 4, 8, 10 ou 12 pi de long et de ⅜, ½, et ⅝ po d'épaisseur.

Les panneaux perforés et les panneaux durs sont fabriqués de fibres de bois et de résines liantes assemblées sous pression élevée ; on les utilise pour ranger les outils au-dessus d'un établi et comme supports d'étagères.

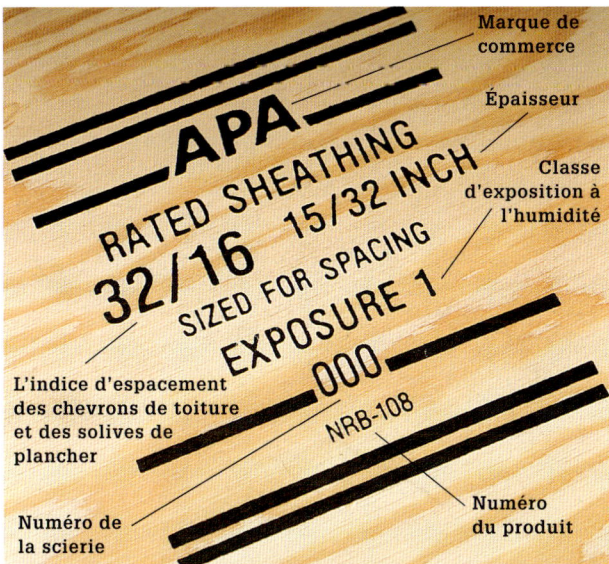

L'estampillage du contreplaqué de revêtement indique, en plus des renseignements utiles au fabricant, l'épaisseur, l'indice d'espacement des chevrons de toiture et des solives de plancher, ainsi que l'indice d'exposition à l'humidité.

Moulures de garnissage

Les moulures de garnissage vous permettent d'ajouter une touche personnelle aux travaux de menuiserie que vous effectuez. Vous pouvez de plus les utiliser pour dissimuler des défauts de menuiserie tels que les petits espaces laissés dans les coins des pièces par des plaques de plâtre imparfaitement coupées.

Il est important de mesurer et de couper très précisément les moulures, de manière qu'une fois installées, elles soient bien ajustées. Il est recommandé de pratiquer des avant-trous, surtout lorsqu'on utilise des bois durs comme le chêne. Les avant-trous facilitent le clouage, réduisent le risque de fissures lors de l'installation et permettent d'enfoncer correctement les clous.

Il faut peindre ou teindre la plupart des moulures avant de les poser. On trouve dans le commerce des gorges et des lambris d'appui revêtus en usine d'une couche de peinture blanche. Il faut s'assurer que la peinture ou la teinture ne gêneront pas l'installation (voir « Installation de lambris », page 168). Le pin et le peuplier se prêtent bien à la peinture, s'ils font partie de vos choix. Pour les moulures teintes, utilisez un bois dur ayant bel aspect, comme le chêne.

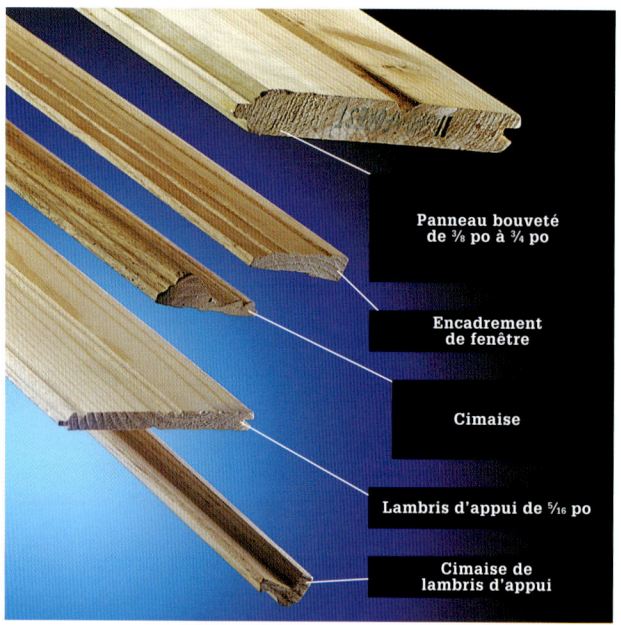

Utilisez autant que possible les mêmes essences pour les moulures de garnissage des murs, des portes, des fenêtres et des parties encastrées. Ainsi, la pièce dégagera une impression d'harmonie.

Les moulures de garnissage donnent une apparence de finition aux travaux de menuiserie. Les matériaux de finition comprennent également les encadrements de portes et de fenêtres, les plinthes et d'autres types de garnitures.

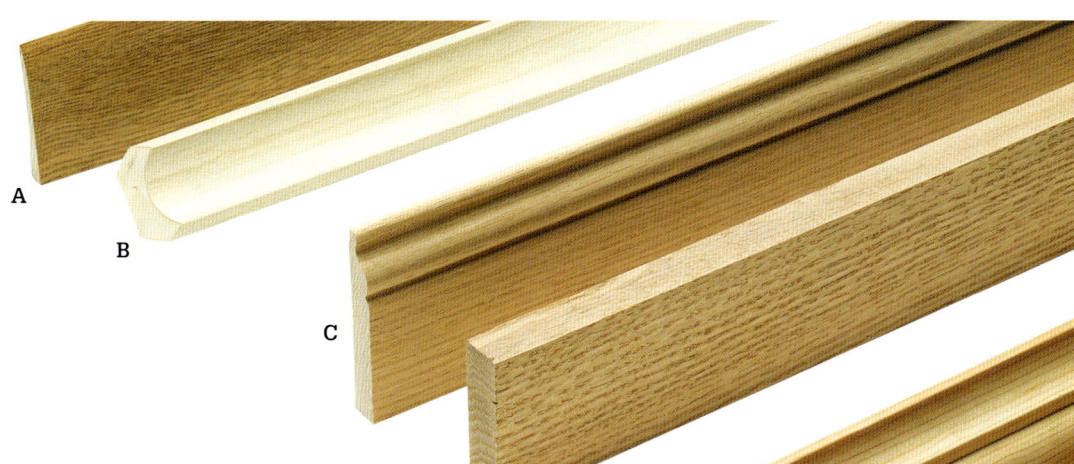

Les moulures de garnissage sont à la fois fonctionnelles et décoratives. Elles peuvent servir à dissimuler les interstices à la base ou autour de la menuiserie installée, à cacher les bords des panneaux de contreplaqué, ou simplement à améliorer l'aspect visuel du travail. On trouve des dizaines de types de moulures dans le commerce, mais les moulures suivantes sont les plus répandues :

Les moulures de garnissage synthétiques coûtent moins cher que les moulures en bois dur et il en existe une grande variété. Elles sont fabriquées en bois composite (A) ou en mousse rigide (B) recouverte d'une couche de mélamine.

Les moulures de plinthes (C) servent à décorer le bas des murs, le long du plancher. Choisissez des moulures qui s'accordent avec les autres plinthes de la maison, afin que votre travail s'harmonise avec le milieu.

Les baguettes en bois dur (D) servent de cadre dans les travaux de menuiserie et lorsqu'on veut dissimuler les bords non finis des tablettes en contreplaqué. Vous trouverez un vaste choix de baguettes en érable, en chêne et en peuplier dans les dimensions 1 po x 2 po, 1 po x 3 po et 1 po x 4 po.

Les moulures couronnées (E, F) permettent de recouvrir les espaces existant entre le haut du mur et le plafond. Elles ajoutent également une note décorative, dans certains cas.

Les gorges (G) sont des moulures simples, discrètes qui dissimulent les espaces.

Les moulures ornementales comprennent des baguettes et fuseaux (H) et des moulures en relief (I, J) qui personnalisent le travail.

Les moulures de bords de porte (K) appelées aussi cimaises ne sont vendues que dans les magasins spécialisés. On les utilise avec le contreplaqué de finition pour créer des portes de style, à panneaux, et des devants de tiroirs.

Les moulures de tablettes (L) appelées aussi cimaises de base, donnent une note décorative aux tablettes en contreplaqué ou peuvent servir à élargir la moulure d'une plinthe.

Le quart de rond (M) permet de couvrir les espaces qui entourent le haut, le bas et les côtés d'un mur. Facile à plier, il peut masquer efficacement les irrégularités des murs ou des planchers.

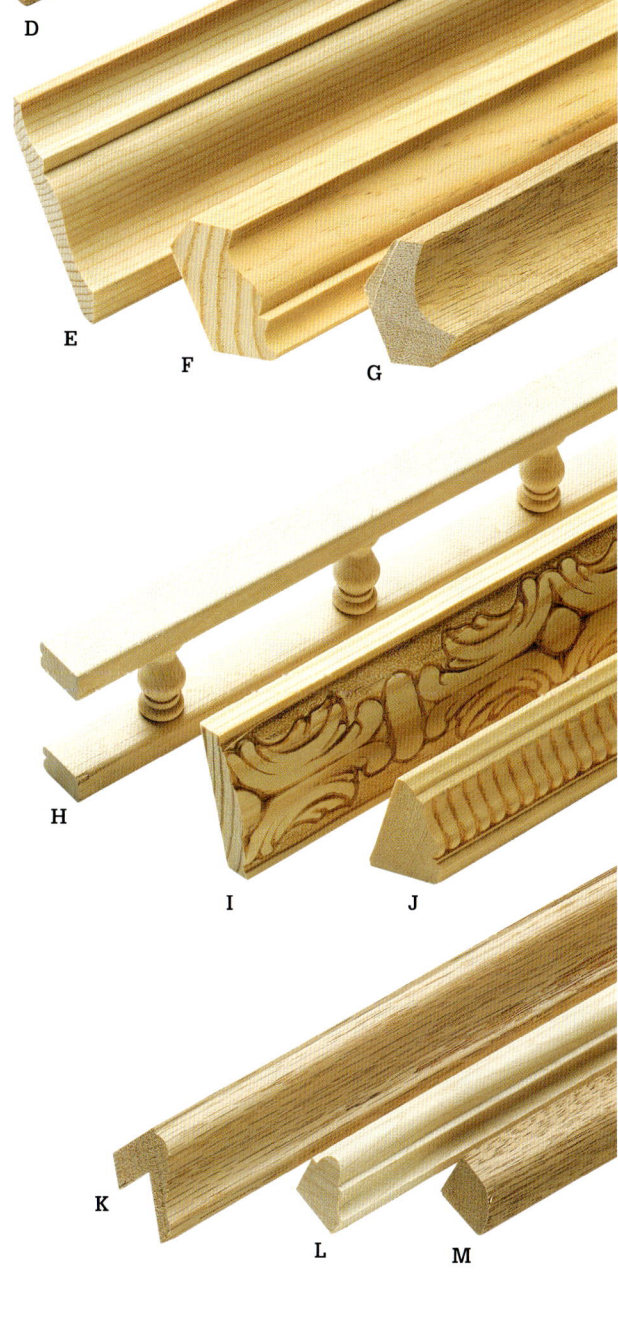

Matériaux 29

Clous

Il existe sur le marché une telle variété de clous de toutes dimensions qu'on peut choisir celui qui convient précisément à chaque travail. On classe les clous suivant leur utilisation principale : clous à boiserie, à planchers ou à couverture ; ou en fonction de leurs caractéristiques physiques : clou galvanisé, clou gommé ou clou spiralé. Certains clous peuvent être galvanisés ou non. Utilisez les clous galvanisés pour les travaux extérieurs et les clous non galvanisés pour les travaux intérieurs. La longueur des clous s'exprime en pouces ou en chiffres, de 4 à 60, suivis de la lettre d, qui signifie penny (voir Dimensions des clous, page suivante).

Parmi les clous de menuiserie les plus courants, on trouve :

- Les clous communs et les clous d'emballage utilisés dans les travaux généraux d'ossature. Les clous d'emballage ont un diamètre légèrement inférieur et risquent moins de fendre le bois. Ils ont été conçus pour l'assemblage des boîtes et des caisses, mais on peut les utiliser dans toutes les applications où il faut clouer du bois mince, sec, près d'une bordure. La plupart des clous communs et des clous d'emballage sont revêtus d'une couche de gomme ou de vinyle qui améliore l'ancrage.
- Les clous de finition et de boiserie ont une petite tête, et on les enfonce sous la surface de la pièce à l'aide d'un chasse-clou. On utilise les clous de finition pour fixer les moulures et autres garnitures aux murs. Les clous de boiserie permettent de clouer les boiseries des portes et des fenêtres. Leur tête, légèrement plus grosse que celle des clous de finition, assure un meilleur ancrage.
- Les clous à tête perdue ont une tige mince, et on les appelle aussi clous de finition. On les utilise surtout en ébénisterie où l'on tient à ce que les trous soient les plus petits possible.
- Les clous de planchers ont souvent une tige spiralée pour améliorer l'ancrage et empêcher les panneaux de plancher de se séparer ou de craquer. On utilise parfois les clous à tige spiralée dans d'autres applications telles que l'installation de panneaux bouvetés au plafond.
- Les clous galvanisés sont protégés contre la rouille par une couche de zinc. On les utilise dans les travaux extérieurs.
- Les clous à plaques de plâtre répondaient auparavant à la norme régissant la fixation des plaques de plâtre, mais les vis à tête cruciforme les ont détrônés, car on les enfonce facilement à l'aide d'une visseuse et elles assurent un meilleur ancrage (page 32).

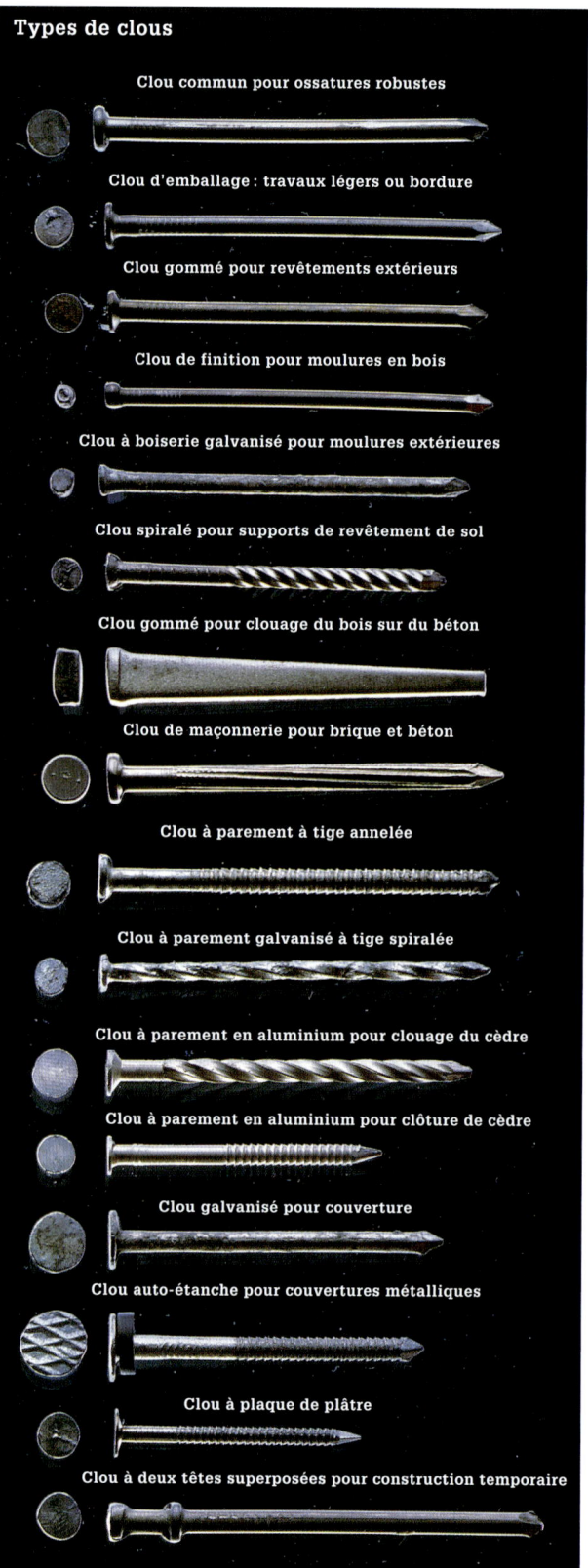

Types de clous

- Clou commun pour ossatures robustes
- Clou d'emballage : travaux légers ou bordure
- Clou gommé pour revêtements extérieurs
- Clou de finition pour moulures en bois
- Clou à boiserie galvanisé pour moulures extérieures
- Clou spiralé pour supports de revêtement de sol
- Clou gommé pour clouage du bois sur du béton
- Clou de maçonnerie pour brique et béton
- Clou à parement à tige annelée
- Clou à parement galvanisé à tige spiralée
- Clou à parement en aluminium pour clouage du cèdre
- Clou à parement en aluminium pour clôture de cèdre
- Clou galvanisé pour couverture
- Clou auto-étanche pour couvertures métalliques
- Clou à plaque de plâtre
- Clou à deux têtes superposées pour construction temporaire

Dimensions des clous ▸

L'échelle «penny weight» (poids exprimé en pennies, ou poids-pennies) que les fabricants utilisent pour classer les clous suivant leurs dimensions a été créée il y a plusieurs siècles, pour indiquer le coût en pennies de 100 clous d'une certaine dimension. La gamme de clous offerte aujourd'hui est beaucoup plus étendue (ainsi que la gamme de prix), mais on utilise toujours cette échelle. Chaque poids-pennies correspond à une longueur donnée (voir le tableau ci-dessous), même si les longueurs diffèrent légèrement d'un type de clou à l'autre. Par exemple, les clous d'emballage d'un poids-pennies donné sont, en gros, ⅛ po plus courts que les clous communs de la même catégorie.

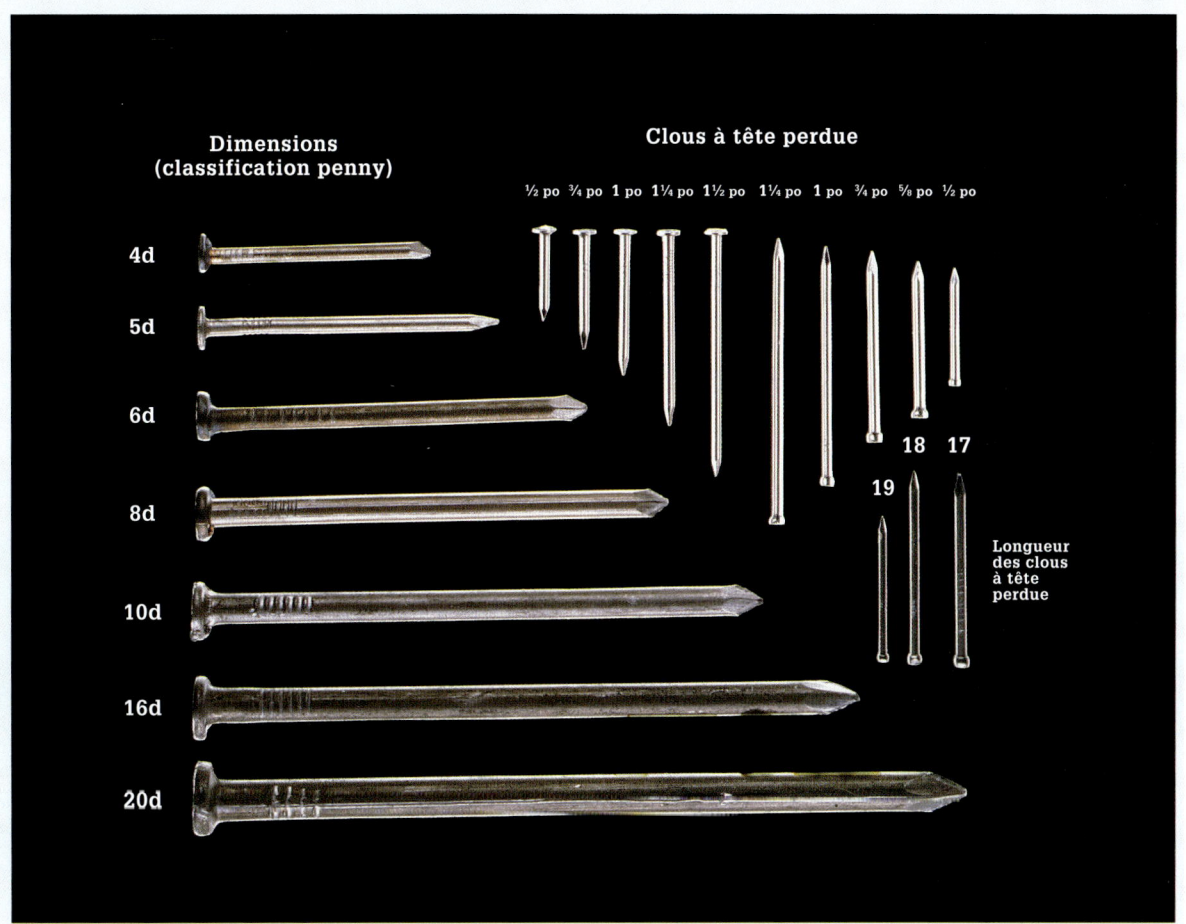

Comment évaluer la quantité requise de clous de chaque sorte

Évaluez le nombre de clous dont vous aurez besoin pour effectuer un travail et, à l'aide du tableau, déterminez le nombre approximatif de livres de clous que vous devez acheter.

Remarque : les dimensions et les quantités non mentionnées sont moins utilisées, même si on les trouve chez certains fabricants.

	Poids-pennies	2d	3d	4d	5d	6d	7d	8d	10d	12d	16d	20d
Nombre de clous par lb	Longueur (po)	1	1¼	1½	1⅝	2	2⅛	2½	3	3¼	3½	4
	Clous communs	870	543	294	254	167		101	66	61	47	29
	Clous d'assemblage	635	473	406	236	210	145	94	88	71	39	
	Clous gommés			527	387	293	223	153	111	81	64	52
	Clous de finition	1350	880	630	535	288		196	124	113	93	39
	Clous de maçonnerie			155	138	100	78	64	48	43	34	

Matériaux

Vis et autre quincaillerie

La visseuse et les nombreux types d'embouts pour foreuses ont contribué à populariser l'utilisation des vis, en menuiserie. Vu les centaines de vis différentes et la variété de fixations que l'on trouve dans le commerce, on peut dire qu'il existe une vis particulière pour chaque travail. Mais pour effectuer la plupart des travaux de menuiserie, vous n'aurez besoin que de vis à usage général. Actuellement, on préfère encore utiliser des clous pour les travaux d'ossature, mais les vis ont remplacé les clous lorsqu'il s'agit de fixer des plaques de plâtre, d'installer des cales entre des poteaux et d'attacher des revêtements et des planchers. On se sert aussi de vis pour fixer des pièces aux éléments en plâtre, en brique ou en béton qui nécessitent un ancrage (haut de la page suivante).

On classe les vis suivant la longueur, le type d'empreinte, la forme de la tête et le calibre. Le diamètre du corps de la vis indique son calibre. Plus ce chiffre est grand, plus grosse est la vis. Les grosses vis assurent un meilleur ancrage ; les petites vis risquent moins de fendre le bois. Il existe différents types d'empreintes, mais les plus courantes sont l'empreinte Phillips, la fente et l'empreinte carrée. Les tournevis à pointe carrée gagnent en popularité, car ils entraînent fermement la vis, mais les vis à tête cruciforme demeurent les plus utilisées.

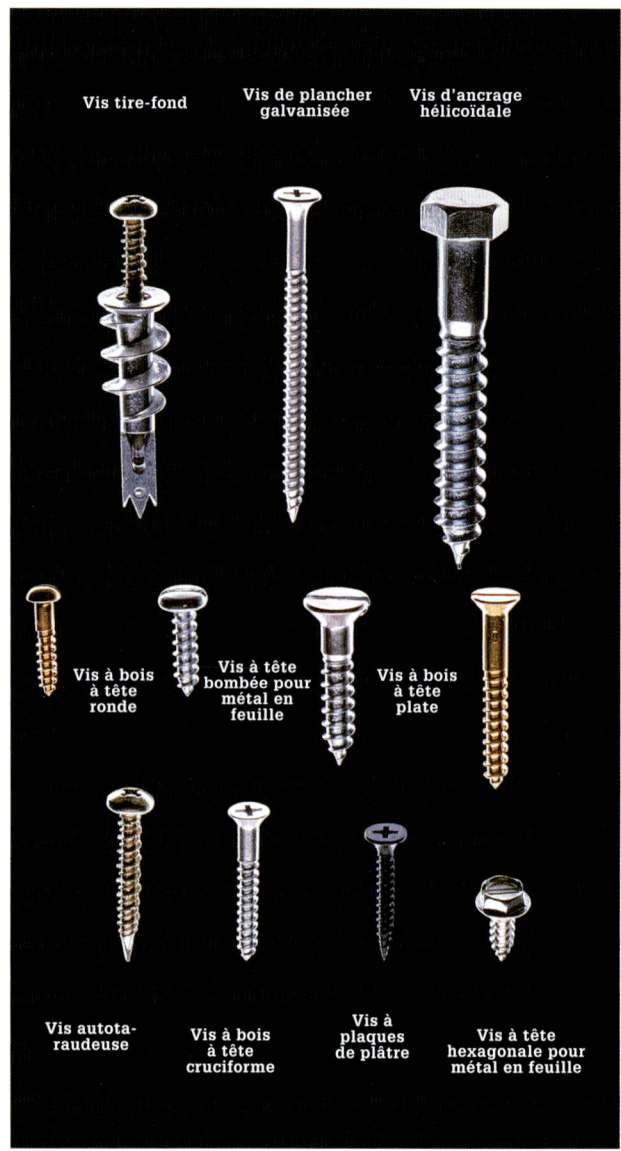

VIS À PLAQUES DE PLÂTRE ET VIS À PLANCHERS

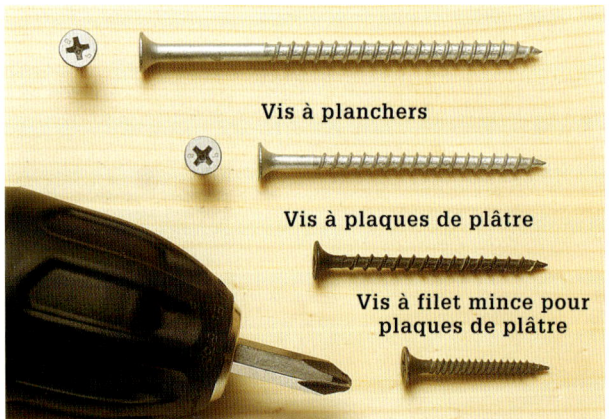

Utilisez des vis à plaques de plâtre pour un usage général et une fixation aisée. On les reconnaît facilement par leur tête évasée, car elles sont conçues pour déformer la surface de la plaque de plâtre sans déchirer la couche de papier (voir la photo à droite). On les utilise néanmoins dans de nombreux autres travaux parce qu'il est facile de les enfoncer au moyen d'une perceuse ou d'une visseuse, qu'elles ne nécessitent aucun avant-trou et qu'elles ressortent rarement lorsque le bois sèche. Grâce à leur tête évasée, elles s'enfoncent au ras de la surface dans les bois tendres. Les vis à plancher sont des vis à plaques de plâtre résistant à la corrosion, fabriquées spécialement pour être utilisées à l'extérieur.

Utilisation d'ancrages de maçonnerie et d'ancrages muraux

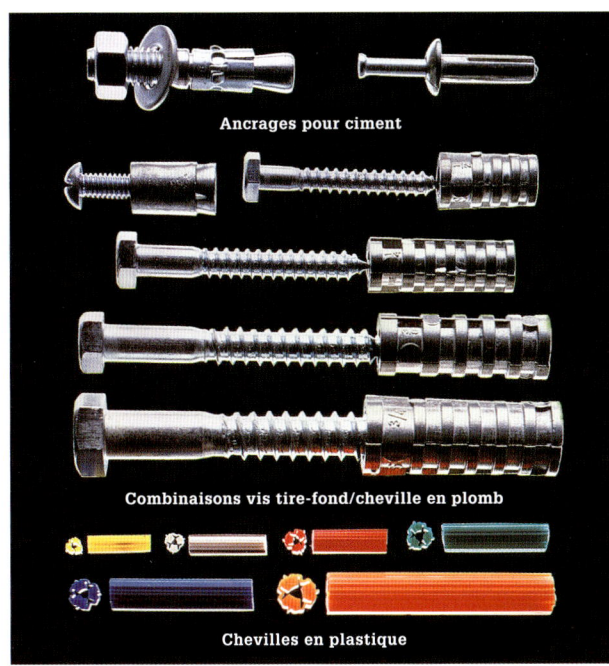

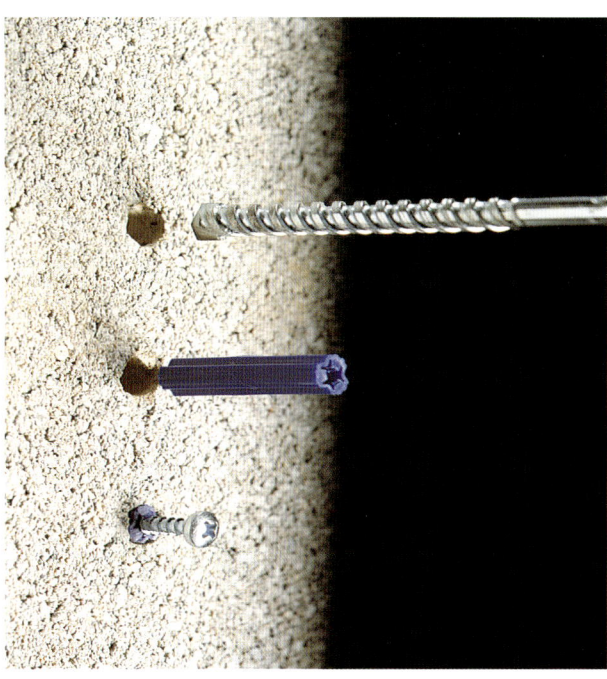

Utilisez des ancrages muraux pour attacher la quincaillerie ou le bois au plâtre, au béton ou à la brique. Choisissez un ancrage de longueur égale à l'épaisseur de la paroi murale. Utilisez des ancrages en plastique dans les murs creux.

Pour installer un ancrage mural, forez un avant-trou d'un diamètre égal à celui de l'ancrage en plastique. Introduisez l'ancrage dans le trou et enfoncez-le jusqu'au ras de la surface du mur. Introduisez la vis et serrez-la ; la dilatation de l'ancrage produira un serrage ferme.

Utilisez des plaques de protection lorsque des fils électriques ou des canalisations traversent des éléments de charpente et se trouvent à moins de 1 ¼ po du bord. Les plaques empêchent les vis à plaques de plâtre ou les clous d'endommager les fils et les tuyaux.

Des dispositifs d'assemblage métalliques peuvent être exigés dans certaines localités, particulièrement dans les régions sujettes aux vents violents et aux séismes. Les étriers à solive (1), les attaches pour poteaux (2), les bandes de connexion (3) et les supports pour poutres et poteaux (4) en métal offrent tous un renforcement supplémentaire aux solives de charpente. Les joints des pièces de bois renforcés par des attaches de métal sont plus résistants que les joints cloués en biais.

Matériaux 33

Colles et adhésifs

Utilisés à bon escient, les colles et les adhésifs peuvent devenir plus solides que les matériaux qu'ils assemblent. Utilisez de la colle chaude dans les travaux légers de menuiserie, de la colle de charpentier pour les joints en bois et un adhésif de menuiserie pour installer provisoirement les panneaux minces et le bois d'œuvre. L'adhésif pour panneaux, plus dilué, s'applique à l'aide d'un tube ou d'une brosse et permet d'installer des panneaux, des lambris d'appui et d'autres matériaux bouvetés. La pâte s'applique le plus souvent à l'aide d'un pistolet de calfeutrage, mais elle existe parfois en tubes souples et sert dans les travaux moins importants. Les adhésifs en pâte sont conçus pour remplir complètement les joints, remplir les espaces entre les pièces, et dissimuler les imperfections. Ils sont faits de différents constituants, et leur durabilité et leur maniabilité varient considérablement d'un produit à l'autre. Les pâtes à la silicone sont plus résistantes, mais on ne peut pas les peindre, et elles sont difficiles à lisser. Les pâtes au latex durent moins longtemps que celles à la silicone, mais elles sont beaucoup plus faciles à utiliser, surtout lorsqu'il s'agit de dissimuler des interstices. Les pâtes sont souvent classées de 1 à 4 selon leur degré d'adhérence à la maçonnerie, au verre, aux carreaux, aux métaux, au bois, à la fibre de verre et aux plastiques. Lisez attentivement les étiquettes afin de choisir la pâte qui convient au travail que vous voulez effectuer.

Les adhésifs de menuiserie comprennent (dans le sens des aiguilles d'une montre, en commençant par le coin supérieur droit) : la pâte adhésive transparente, qui sert à sceller les espaces dans les endroits humides ; l'adhésif de construction à l'épreuve des intempéries, utilisé pour assembler les pièces en bois à l'extérieur ; l'adhésif d'usage général, pour attacher les panneaux et assembler solidement les pièces en bois ; les bâtons de colle et le pistolet électrique à colle chaude, pour coller les petits motifs décoratifs sur les meubles encastrés ; les colles à bois et la colle à usages multiples, qui conviennent à l'exécution de nombreux travaux de menuiserie.

Conseils pour l'utilisation des adhésifs et des colles

Renforcez les planchers intérieurs et extérieurs et réduisez les craquements au moyen d'un adhésif pour solives et planchers. Choisissez un adhésif à l'épreuve des intempéries pour les applications extérieures.

L'adhésif de construction solidifie les joints dans les assemblages de bois. De plus, il présente deux avantages, par rapport à la colle : il offre une prise initiale, de sorte que les pièces ne se décollent pas, et il conserve une certaine flexibilité, une fois séché.

L'adhésif de construction pour l'extérieur solidifie la liaison entre les éléments de charpente en bois et les fondations de maçonnerie de la maison. Des attaches supplémentaires, comme des clous enfoncés à l'aide d'un pistolet de scellement, demeurent nécessaires.

La colle spéciale pour moulures est plus épaisse que la colle à bois courante et est moins sujette aux coulisses et aux bavures sur les surfaces verticales. Elle est plus gluante que la colle ordinaire, ce qui aide à tenir les moulures en place lorsqu'on les positionne, et laisse un peu de temps pour les fixer avec des clous.

Outils et utilisation

Qu'il s'agisse de charpenter un mur, d'enlever une fenêtre ou d'adapter une nouvelle porte à l'encadrement en place, les projets de menuiserie exigent une panoplie d'outils. Dans ce chapitre, vous vous familiariserez avec ces outils ; vous y trouverez des renseignements utiles concernant les techniques, les choix de lames ou de mèches et l'entretien des outils.

Dans ce chapitre :

- Leviers
- Outils de mesurage et de marquage
- Scies à main
- Marteaux
- Tournevis
- Serres et étaux
- Ciseaux
- Rabots
- Rallonges
- Scies sauteuses
- Scies circulaires
- Règles-guides
- Scies à onglet électriques
- Scies circulaires à table
- Perceuses et embouts
- Ponceuses
- Cloueuses pneumatiques
- Pistolets de scellement
- Outils spéciaux

Porter ses propres outils

Vous effectuerez plus facilement les travaux de menuiserie si vos outils sont rangés dans une ceinture à outils, car vous passerez moins de temps à chercher l'outil dont vous avez besoin.

Les ceintures à outils comportent habituellement des fentes pour les tournevis, les râpes, un crayon de menuisier et un couteau universel ; au minimum une boucle de suspension pour un marteau ; une ou deux poches profondes pour recevoir des clous et des vis. Les ceintures à outils sont souvent munies également d'une fente et d'un crochet où on peut suspendre respectivement un ruban à mesurer et un petit niveau.

Pensez aux outils que vous utilisez le plus fréquemment et choisissez une ceinture à outils munie des fentes, des poches et des boucles qui correspondent à votre charge habituelle d'outils. Plus les tâches à effectuer sont variées, plus votre ceinture à outils sera garnie. Si vous ne faites que des travaux d'ossature, un tablier de clouage en toile, muni d'une boucle où suspendre un marteau devrait suffire.

Si vous portez un grand nombre d'outils attachés à votre ceinture, vous devriez porter des bretelles qui soulageront vos hanches. Plusieurs fabricants offrent des bretelles conçues pour qu'on puisse y attacher une ceinture à outils.

Lorsque vos travaux nécessitent des outils qui ne s'attachent pas à une ceinture à outils, songez à utiliser un seau à outils muni d'une jupe (voir page suivante).

Si vous devez porter une perceuse, achetez un étui séparé muni d'alvéoles pour recevoir les embouts les plus fréquemment utilisés.

Il existe deux types principaux de ceintures à outils : le type tablier et le sac latéral (montré ici). Les sacs latéraux ne sont pas dans le chemin lorsque vous vous penchez, et les outils qui s'y trouvent sont plus faciles à atteindre. Par contre, vous passerez plus facilement entre des poteaux si vous portez un tablier.

Les accessoires à outils facultatifs tels que l'étui à foreuse vous permettent de répartir votre charge d'outils. Vous pouvez les porter séparément ou avec les autres sacs.

Utilisez un seau à outils pour mettre les outils encombrants dont vous vous servez moins, et utilisez une ceinture à outils pour avoir les outils plus petits à portée de la main. Le seau à outils est un moyen commode de transporter les outils spéciaux qui n'entrent pas dans les rangements de votre ceinture, comme le long niveau ou le pistolet à calfeutrer. Il permet également à plusieurs personnes de partager les outils qu'il contient.

Leviers

Les leviers constituent une partie essentielle de l'outillage du menuisier qui commence souvent ses travaux en enlevant des matériaux existants. Si l'on dispose des outils appropriés, on peut généralement enlever les clous sans endommager le bois, ce qui permet de le réutiliser.

Il existe de nombreux types de barres-leviers. Choisissez des barres-leviers de qualité, en acier forgé à haute teneur en carbone, d'une seule pièce. Les outils forgés sont plus solides que les outils soudés.

La plupart des barres-leviers ont une extrémité fendue qui permet d'arracher les clous et une autre extrémité taillée en biseau que l'on peut utiliser comme levier. Vous pouvez amplifier l'effet de levier en plaçant un morceau de bois à un pouce ou deux du matériau que vous essayez de détacher avec la barre.

La barre plate est fabriquée en acier aplati, légèrement flexible. C'est un outil pratique pour effectuer toutes sortes de travaux de démolition ou qui nécessitent un levier. Ses deux extrémités peuvent servir à arracher des clous.

Les leviers comprennent les pinces monseigneur, utilisées dans les gros travaux de démolition, les pieds-de-biche, utilisés pour arracher les clous, et l'arrache-clou. Les leviers plats sont fabriqués en acier aplati, et leur taille varie suivant qu'ils sont destinés à des travaux légers ou lourds.

La pince monseigneur est un outil de démolition rigide utilisé dans les travaux lourds nécessitant un levier. Insérez un morceau de bois sous la barre pour protéger les surfaces.

Le pied-de-biche est muni d'une fente affûtée permettant d'arracher les clous récalcitrants. À l'aide d'un marteau, enfoncez l'extrémité de l'outil dans le bois, sous la tête du clou, et arrachez ensuite le clou en utilisant l'outil comme un levier.

Outils de mesurage et de marquage

Rubans à mesurer

La précision du mesurage est un des aspects importants de tout travail de menuiserie. Achetez un ruban à mesurer d'usage général, de 25 pi, ayant une lame de ¾ po de large. La plupart des rubans à mesurer sont rétractables. Assurez-vous que votre ruban à mesurer est muni d'un mécanisme de verrouillage qui permet de le bloquer à la longueur voulue. Il doit également être muni d'une agrafe de ceinture.

Les rubans à mesurer larges ont habituellement une saillie plus longue (la saillie étant la longueur maximale du ruban que l'on peut sortir de la gaine avant qu'il ne ploie sous l'effet de son propre poids). Une longue saillie est très utile lorsqu'il faut prendre des mesures sans un aide pour soutenir l'extrémité du ruban. Déroulez un ruban à mesurer dans le magasin jusqu'à ce qu'il ploie ; sa saillie devrait atteindre 7 pi minimum.

Les rubans à mesurer portent habituellement une graduation au ¹⁄₁₆ po le long de l'arête supérieure et une graduation au ¹⁄₃₂ po le long des six premiers pouces de l'arête inférieure. Choisissez un ruban à mesurer « facile à lire », qui porte l'indication chiffrée des fractions de pouce plutôt que des longueurs indiquées par de simples traits, plus difficiles à lire. La plupart des rubans à mesurer sont marqués tous les 16 po pour faciliter le repérage des poteaux. Le ruban à mesurer de qualité est également muni d'un crochet à deux ou trois rivets permettant de contrôler le jeu de l'instrument et de s'assurer que les mesures prises sont aussi précises que possible.

Achetez un ruban à mesurer de 25 pi, rétractable, pour les travaux généraux de menuiserie. Si vous entreprenez des travaux importants sur un plancher extérieur, un patio ou un mur de retenue, envisagez l'achat d'un ruban de 50 pi du type à bobine.

«Enterrez un pouce.» Le crochet fixé au bout du ruban à mesurer présente toujours un peu de jeu, et il ne faut pas l'utiliser lorsqu'on doit prélever des mesures extrêmement précises. Dans ce cas, commencez votre lecture au trait de 1 po (autrement dit, enterrez le premier pouce) et n'oubliez pas de soustraire 1 po de la longueur obtenue.

Si c'est possible, n'utilisez qu'un seul ruban à mesurer lorsque vous exécutez un travail. Si vous devez en utiliser deux, vérifiez s'ils indiquent bien la même longueur, car ce n'est pas toujours le cas, et une petite différence dans la fixation des crochets peut entraîner une différence de 1/16 po ou plus entre les deux rubans à mesurer, même s'ils sont de marque et de modèle identiques.

Simplifiez-vous la tâche qui consiste à effectuer des coupes horizontales rectilignes dans les plaques de plâtre. Verrouillez le ruban à mesurer à la largeur désirée et, la gaine du mètre reposant sur le bord, placez un couteau universel contre le crochet, sous le ruban à mesurer. Tenez celui-ci d'une main et le couteau et le crochet de l'autre en glissant la lame le long de la plaque de plâtre.

Vérifiez si les cadres, les boîtes, les armoires, les tiroirs et autres objets que vous fabriquez sont d'équerre lorsque leur ajustement est important. Tenez un ruban à mesurer suivant les diagonales de l'objet (A-C, B-D). Si l'objet fabriqué est d'équerre, elles doivent avoir la même longueur.

Outils et utilisation

Fils à plomb, cordeaux traceurs et détecteurs de montants

Le fil à plomb est un instrument simple et extrêmement précis, utilisé pour vérifier si une ligne est d'aplomb, c'est-à-dire parfaitement verticale. On se sert couramment des fils à plomb pour déterminer les points de repère qui permettent d'installer une lisse au bon endroit lorsqu'on construit un mur. Il n'est pas facile de figurer l'idée d'aplomb : il correspond à une ligne hypothétique qui relierait l'endroit au centre exact de la terre. Une autre façon de figurer l'aplomb, c'est d'imaginer une ligne qui serait exactement perpendiculaire à une surface de niveau.

On se sert du cordeau traceur pour marquer des lignes droites qui servent de repères sur des surfaces planes, ou pour marquer les matériaux en feuille et le bois d'œuvre qu'on désire couper. Le cordeau traceur est plus précis qu'un crayon lorsqu'il s'agit de tracer une longue ligne droite. Les cordeaux traceurs contiennent un fil de 50 à 100 pi de long, enroulé dans un boîtier rempli de craie. Tapotez toujours le boîtier avant de sortir le fil, afin qu'il soit entièrement recouvert de craie. Pour tracer une ligne, tirez sur le fil en le maintenant tendu et faites-le claquer sur la surface après l'avoir pincé entre le pouce et l'index. Les cordeaux traceurs ont une manivelle qui permet d'enrouler le fil lorsque la tâche est terminée, ainsi qu'un mécanisme de verrouillage qui permet de garder le fil tendu pendant le marquage.

La plupart des cordeaux traceurs actuels (appelés parfois boîtes à craie) servent également de fil à plomb d'usage général (voir les photos au bas de la page suivante). Le cordeau traceur est moins précis que le fil à plomb mais, si vous ne possédez pas de fil à plomb, il le remplace commodément.

Les détecteurs de montants sont des appareils électroniques à piles qui analysent la densité du mur. Ils peuvent vous aider à localiser les éléments de charpente, et même les fils électriques, selon le modèle.

Achetez des cartouches de craie bleue ou rouge de rechange. Ne remplissez pas trop le boîtier, autrement vous aurez de la difficulté à dérouler et à enrouler le fil. Empêchez l'humidité de pénétrer dans le boîtier, car la craie s'agglomérera et ne couvrira plus uniformément le fil.

Utilisez un détecteur de montants pour localiser les poteaux de cloison ou les assises de couronnement. Ces appareils repèrent les bords des éléments de charpente, ce qui vous permet de déterminer le centre des poteaux ou des solives.

Marquez l'emplacement des éléments de charpente en enfonçant un clou de finition dans le mur, à un endroit peu visible. Mesurez, de centre à centre, à intervalles de 16 po ou de 24 po, pour trouver les éléments de charpente adjacents.

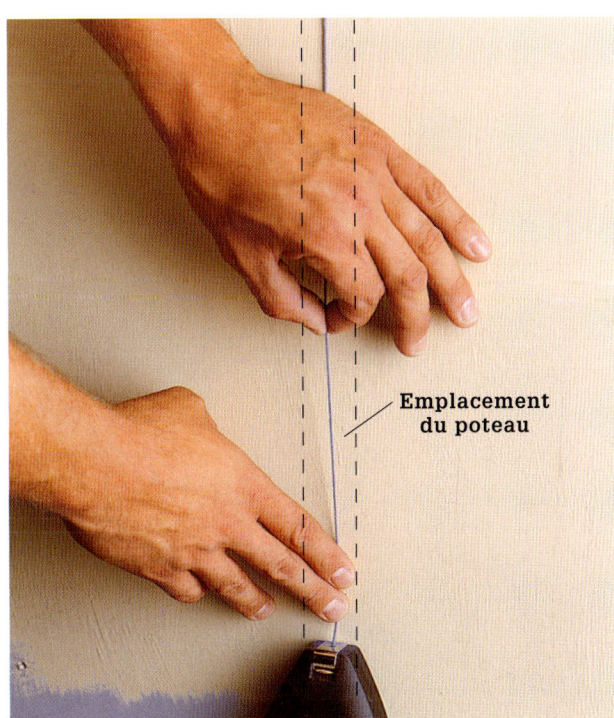

Pour faire une trace sur une courte distance, coincez le fil avec le bord de votre paume, puis pincez le fil entre le pouce et l'index de la même main, écartez-le de la surface et lâchez-le pour qu'il trace la ligne. Lorsque vous tracez les lignes de repère marquant la position des poteaux, assurez-vous de le faire au centre de leur emplacement pour savoir où planter ensuite les vis et les clous.

Pour placer une lisse, laissez pendre le fil à plomb du bord de la sablière supérieure jusqu'à ce qu'il touche presque le plancher. Une fois qu'il est immobile, marquez le plancher à l'endroit de la pointe du fil à plomb. Répétez l'opération à l'autre extrémité de la surface murale pour déterminer la position exacte de la lisse.

Outils et utilisation

Niveaux

Les niveaux sont indispensables dans la plupart des travaux de menuiserie. Ils vous aident à construire des murs parfaitement verticaux (d'aplomb), des étagères, des revêtements de comptoirs, des marches d'escalier de niveau et des toitures dont la pente est uniforme.

Prenez soin de vos niveaux. Ne les jetez pas dans une boîte ou un seau à outils. Contrairement à certains outils, le niveau est un instrument précis et fragile. Avant de l'acheter, vérifiez-le sur une surface de niveau pour vous assurer que les tubes à bulle ont la précision voulue (voir page suivante).

La plupart des niveaux sont munis d'un ou de plusieurs tubes à bulle – scellés et contenant chacun une bulle dans un liquide – indiquant l'orientation du niveau à tout moment. En basculant le niveau, on fait bouger la bulle dans le tube. On appelle parfois ce niveau un niveau à alcool, car on utilise de l'alcool comme liquide dans les tubes. Il existe également des niveaux électroniques qui présentent un affichage numérique plutôt que le mouvement d'une bulle.

La plupart des niveaux à bulle sont munis de trois indicateurs : un pour le niveau (orientation horizontale), un pour l'aplomb (orientation verticale) et un pour les angles de 45°. Certains niveaux sont munis de paires d'indicateurs de courbures opposées, facilitant la lecture.

Les niveaux à laser projettent un faisceau lumineux très précis dans une pièce ou sur un mur. De nombreux types de niveaux à laser établissent automatiquement l'axe optique horizontal.

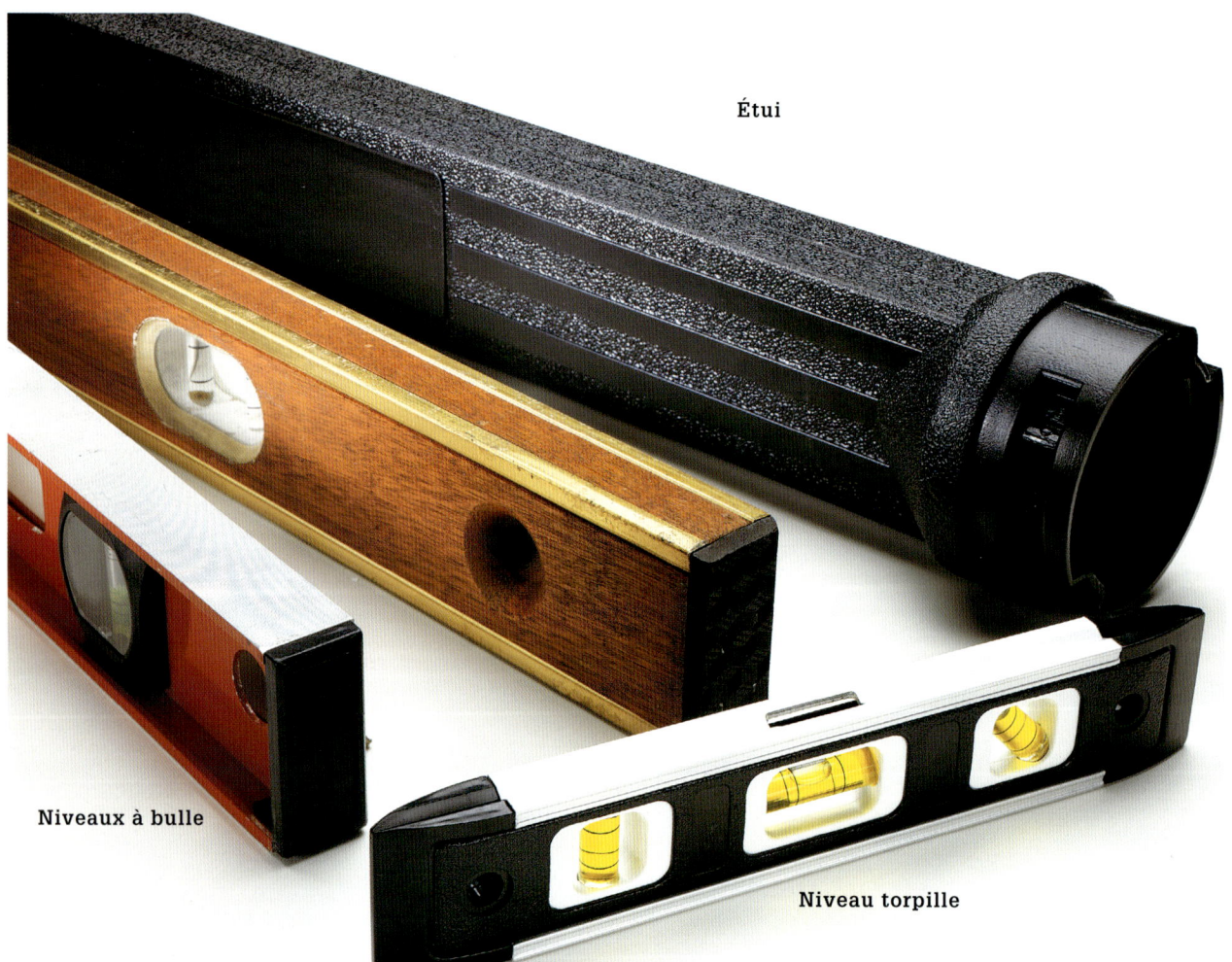

Étui

Niveaux à bulle

Niveau torpille

Vous devez posséder au moins deux niveaux, un niveau à bulle de 2 pi, pour vérifier les poteaux, les solives et autres surfaces de construction, et un niveau torpille de 8 ou 9 po – qui se place facilement dans une ceinture à outils – pour la vérification des étagères et autres pièces de petite dimension. Le niveau à bulle de 4 pi est très utile lorsqu'on effectue des travaux d'ossature. Pensez également à acheter l'étui protecteur qui vous permettra de transporter le niveau.

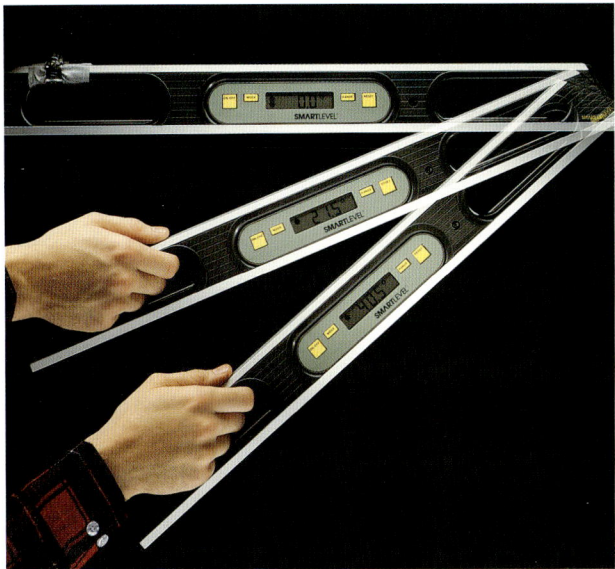

Les niveaux numériques à piles représentent le dernier progrès en matière de conception des niveaux. Les niveaux numériques donnent une lecture très précise, et on ne doit donc pas juger de la position d'une bulle dans un tube. Les niveaux numériques mesurent également les angles et offrent une lecture des rapports élévation/distance, qui sont très utiles lorsqu'on construit des escaliers, par exemple. Les éléments électroniques sont contenus dans un module qui peut être utilisé seul, comme un niveau torpille, ou installé dans des cadres de différentes longueurs.

Les niveaux à laser projettent un faisceau lumineux qui crée une ligne horizontale autour d'une pièce ou des lignes de niveau plus longues. Le laser peut éliminer la nécessité de cingler le cordeau pour obtenir des lignes de référence.

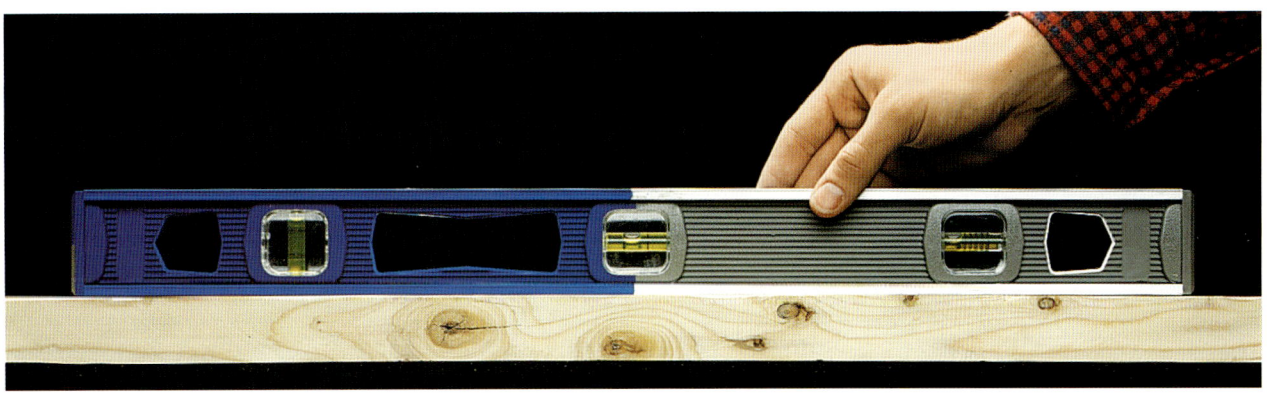

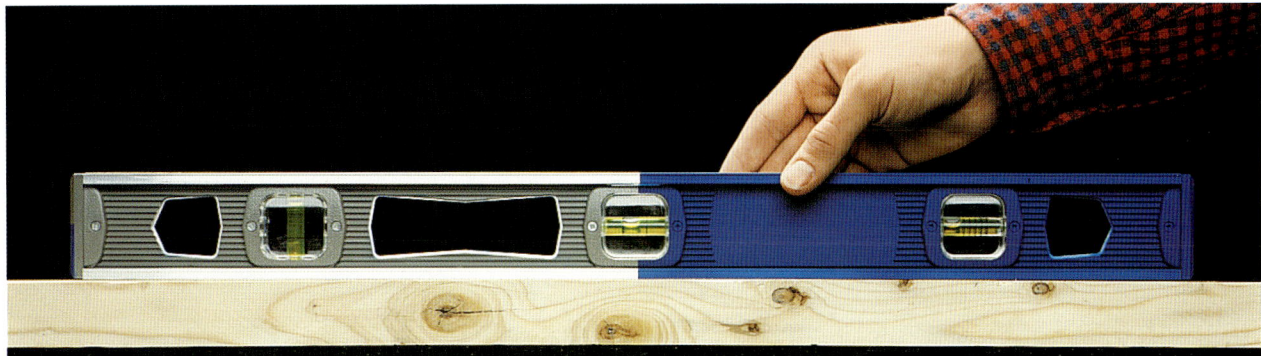

Vérifiez la précision de votre niveau. Posez un côté du niveau le long d'une surface plate, uniforme (photo supérieure), marquez l'endroit et examinez attentivement l'indicateur à bulle. Faites pivoter le niveau de 180° (photo inférieure) et examinez de nouveau l'indicateur. Ensuite, retournez le niveau et examinez l'indicateur. Dans chacune de ces positions, la bulle doit se trouver au même endroit. Sinon, utilisez les vis de réglage pour corriger la situation, ou achetez un autre niveau.

Équerres

Les équerres ont différentes formes et différentes dimensions, mais elles servent toutes à un usage général : vous aider à marquer les bois d'œuvre et les matériaux en feuille avant de les scier.

Il existe des différences marquées entre les divers types d'équerres. Certaines servent à effectuer des coupes rectilignes sur les matériaux en feuille, d'autres conviennent particulièrement aux coupes transversales rapides des 2 po x 4 po ou au marquage des angles sur les chevrons. Si vous utilisez l'outil approprié, vous travaillerez plus vite et effectuerez des coupes plus précises.

Familiarisez-vous avec les différents types d'équerres et sachez comment les utiliser, de manière à pouvoir choisir celle qui convient au travail que vous effectuez.

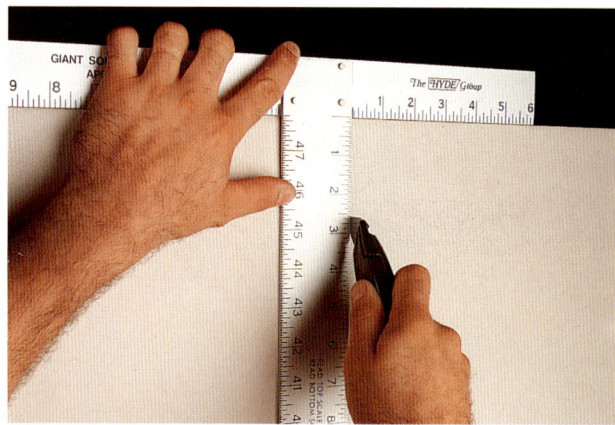

L'équerre en T pour plaques de plâtre simplifie la tâche de celui qui doit tracer des lignes droites sur les plaques de plâtre qu'il veut couper. La barre du T s'accroche au bord de la plaque de plâtre tandis que la patte de l'équerre sert de règle. L'équerre en T est également utile si vous devez tracer des lignes de coupe sur du contreplaqué ou d'autres matériaux en feuille. Certaines équerres sont munies d'un T réglable qui permet de tracer des lignes suivant certains angles.

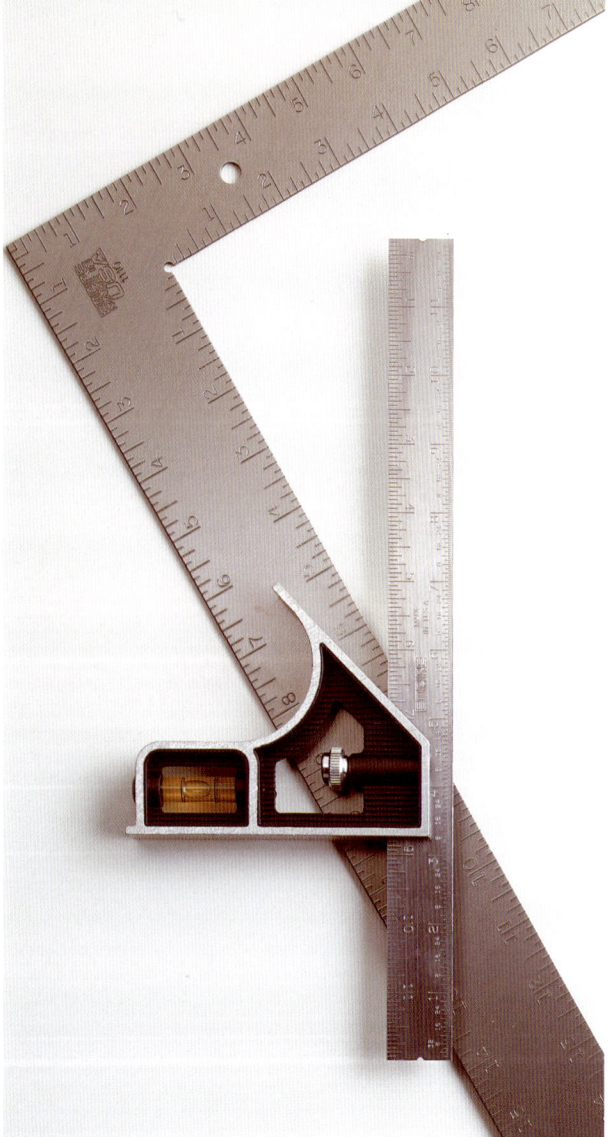

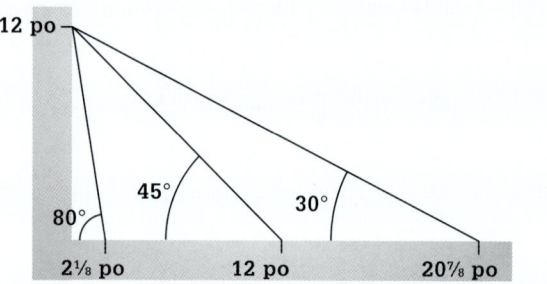

L'équerre de charpentier sert couramment à marquer les angles droits sur les matériaux en feuille et autres grandes surfaces, mais elle peut également servir à marquer d'autres angles si l'on se sert des graduations marquées le long des deux branches de l'équerre. Les graduations sont détaillées, et les équerres sont fournies avec des tableaux qui vous permettent de mesurer certains angles.

Angles courants des équerres de charpentier

Angle	Branche courte	Branche longue
30°	12 po	20 7/8 po
45°	12 po	12 po
60°	12 po	6 15/16 po
70°	12 po	4 3/8 po
75°	12 po	3 7/32 po
80°	12 po	2 1/8 po

Le tableau ci-dessus montre les longueurs qu'il faut utiliser sur les branches de l'équerre de charpentier pour construire les angles courants. Si vous désirez tracer une ligne suivant un angle de 30°, marquez la surface à 12 po de l'origine de la branche courte et à 20 7/8 po de l'origine de la branche longue ; tracez ensuite une droite entre les deux points obtenus.

Comment utiliser une équerre combinée

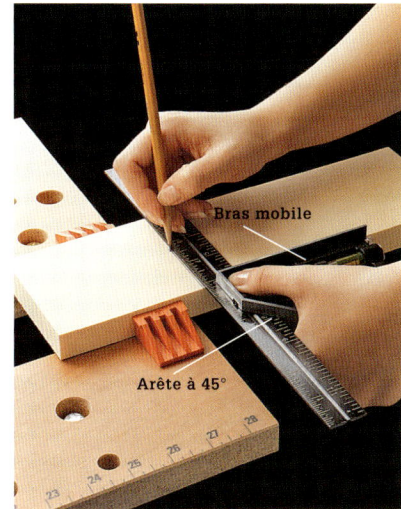

Pour marquer une planche à couper transversalement, tenez l'équerre contre le bord de la pièce et utilisez le bord de la règle de l'équerre pour guider votre crayon. Utilisez l'arête à 45° du bras mobile pour marquer les coupes en onglet sur les planches.

Pour tracer une ligne parallèle au bord de la planche, verrouillez la règle à la mesure désirée et glissez l'outil le long de la pièce en tenant la pointe du crayon contre le bord de la règle. Cette méthode est utile lorsqu'on veut tracer des lignes sur les encadrements des fenêtres ou des portes (page 154)

Pour vérifier si une pièce est d'équerre, placez la règle contre l'extrémité de la pièce et le bras mobile le long de l'autre côté de la pièce. Si l'extrémité de la pièce est d'équerre, aucun jour n'apparaîtra entre la règle et la pièce.

Comment utiliser une équerre à chevrons

Pour marquer les coupes en angle, placez le point de pivotement de l'équerre à chevrons contre le bord de la pièce et faites pivoter l'outil jusqu'à ce que la marque de l'angle désiré coïncide avec le même bord de la pièce. Tracez une ligne indiquant l'angle sur la pièce. Pour marquer les angles dans l'autre sens, retournez l'outil.

Pour marquer les coupes transversales, placez le bord relevé d'une équerre à chevrons le long d'un bord de la planche et utilisez la branche perpendiculaire de l'équerre pour guider votre crayon. Si la planche est large, vous devrez replacer l'équerre le long de l'autre bord de la planche pour continuer la ligne.

Pour guider une scie circulaire lorsque vous effectuez des coupes transversales, commencez par aligner la lame de la scie avec la ligne de coupe. Sciez en tenant le bord relevé de l'équerre contre le bord avant de la pièce et la branche perpendiculaire de l'équerre le long de la semelle de la scie.

Scies à main

À chaque scie portative à commande mécanique actuelle correspond la scie à main qui servait autrefois à réaliser le même type de coupe. Vous utiliserez probablement une scie circulaire, une scie sauteuse ou une scie à onglets pour pratiquer la plupart de vos coupes, mais il peut arriver qu'en utilisant une scie à main, vous effectuiez le travail plus facilement, plus commodément et que vous obteniez de meilleurs résultats. Les scies à main offrent également au bricoleur une solution économique comparativement aux outils à commande mécanique qui coûtent cher.

Lorsque vous considérez l'achat d'une scie, choisissez celle qui est conçue pour effectuer le genre de coupe que vous projetez de faire. Les différences de conception de la poignée et le nombre, la forme et l'avoyage des dents font de chaque scie, la scie la plus appropriée à telle application particulière.

Pour effectuer des coupes générales, utilisez une scie à tronçonner dont la lame compte de 8 à 10 dents par pouce. Les lames des scies à tronçonner ont des dents pointues, conçues pour couper à travers le bois à l'aller et pour approfondir le trait de scie au retour, tout en enlevant la sciure qui s'y trouve.

N'utilisez une scie à main que pour l'usage auquel elle est destinée. L'utilisation à mauvais escient d'une scie à main ne peut qu'endommager l'outil, émousser la lame ou vous causer des blessures.

Lorsque les lames de scie commencent à s'émousser, portez-les chez un affûteur professionnel. La finition du travail justifiera ce coût supplémentaire.

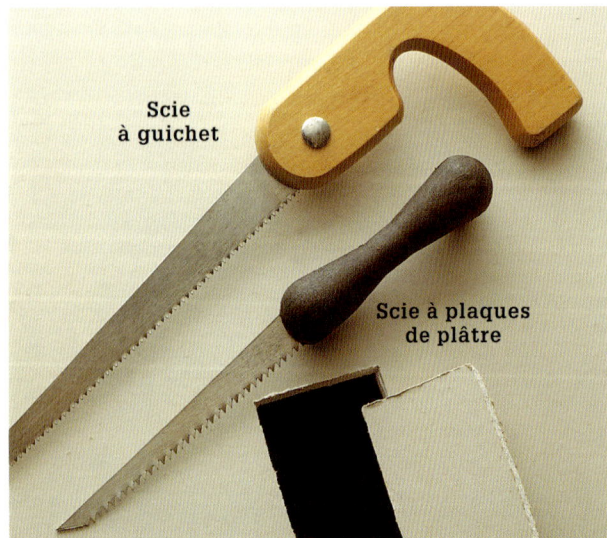

Pour effectuer une découpe à la main, il faut utiliser une scie munie d'une lame étroite et effilée utilisable dans les espaces clos. Utilisez une scie à guichet pour découper le contreplaqué, les panneaux et les autres matériaux minces, et utilisez une scie à plaques de plâtre pour effectuer les découpes d'accessoires dans les plaques de plâtre.

Choisir la bonne scie à main

La scie à tronçonner est pratique lorsqu'il ne faut effectuer qu'une coupe ou scier dans un espace clos où n'entrent pas les outils à commande mécanique. À la fin de la coupe, sciez lentement et supportez de votre main libre le morceau rejeté, afin d'éviter les éclats.

La scie à dosseret et la boîte à onglets permettent de scier précisément en angle les moulures et autres garnitures. Fixez la pièce à la boîte à onglets ou tenez-la, et assurez-vous que la boîte à onglets est bien attachée à la surface de travail.

La scie à chantourner est munie d'une lame mince et flexible conçue pour scier suivant des courbes. Elle est également indispensable si l'on veut obtenir le fini des joints de moulures. La lame de la scie à chantourner casse facilement lorsqu'on l'utilise intensément. Il faut donc acheter des lames de rechange.

La scie à métaux est munie d'une lame flexible à dents fines, conçue pour couper les métaux. Les menuisiers s'en servent pour couper les tuyaux de plomberie ou se débarrasser des attaches métalliques récalcitrantes. Pour éviter de casser la lame, tendez-la fortement dans le cadre avant de commencer à scier.

Marteaux

Pour qu'un marteau convienne à l'exécution d'une tâche donnée, il faut qu'on l'ait bien en main et qu'il soit maniable, mais il faut aussi qu'il soit suffisamment lourd pour remplir sa fonction. Lorsque vous effectuez des travaux de menuiserie générale, choisissez un marteau bien fini, ayant une tête en acier à haute teneur en carbone et un manche de bonne qualité en noyer, en fibre de verre ou en acier massif. Les manches en acier, moins chers, sont souvent creux et transmettent moins efficacement la force à la tête du marteau.

Pour les travaux de clouage légers, le marteau de finition de 16 onces, à panne courbe, constitue un bon choix. Il est conçu pour enfoncer les clous et les arracher.

Le maillet est muni d'une tête en plastique ou en caoutchouc ne laissant pas d'empreinte et est particulièrement approprié lorsqu'on doit frapper sur des ciseaux sans les abîmer. Ils sont également utiles pour effectuer de légers ajustements de pièces sans abîmer la surface du bois.

La masse est utile pour démolir d'anciennes constructions ou ajuster la position d'éléments d'ossatures.

Les marteaux de charpentier à panne droite – dont la tête pèse habituellement 20 onces ou plus (voir à la page suivante) – sont utilisés dans les tâches lourdes, ou lorsqu'on effectue des travaux d'ossatures murales. Leur poids plus élevé permet d'enfoncer les gros clous en frappant moins souvent. La plupart des marteaux de charpentier sont trop lourds pour être utilisés dans la menuiserie de finition, où la finesse est essentielle.

Un marteau n'est pas un outil universel. La plupart des bricoleurs utiliseront le plus souvent un marteau muni d'une panne, mais il est très avantageux de disposer d'une gamme de marteaux parmi lesquels choisir. Il est bon d'avoir sous la main un maillet, une masse et un grand marteau à ossature.

Les marteaux de charpentier ont des tailles et des longueurs différentes, et on fabrique leur manche dans différents matériaux : la fibre de verre, l'acier massif, l'acier creux et le bois. Leur longueur varie normalement entre 14 et 18 po. La plupart des marteaux de charpentier ont une tête qui pèse au moins 20 onces, mais il existe des modèles plus légers. Certaines pannes ont une surface gaufrée qui améliore le contact du marteau sur le clou et rend le clouage plus efficace et plus précis. Les marteaux de charpentier ont des pannes droites qui servent à soulever les planches.

Utilisez une masse pour démolir les ossatures murales et pour enfoncer de gros clous ou des piquets. Les masses pèsent entre 2 et 20 lb et ont entre 10 et 36 po de longueur.

Le maillet à tête en caoutchouc ou en plastique permet de frapper sur la tête des ciseaux à bois. La panne molle du maillet ne risque pas d'endommager les outils délicats de menuiserie.

Outils et utilisation

Acheter un marteau

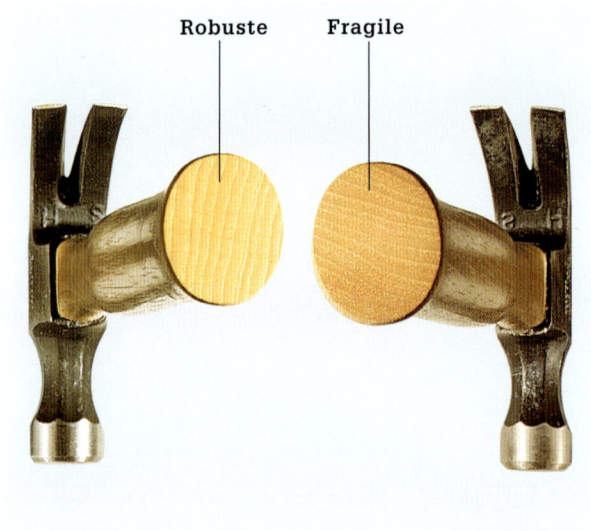

Les bouts des manches des outils les plus robustes ont les fibres du bois parallèles au manche (à gauche). Ceux dont les fibres sont dans un plan perpendiculaire au manche (à droite) sont plus fragiles et risquent plus facilement de se casser. Vérifiez le sens du grain en examinant le bout du manche avant d'acheter un nouvel outil ou un nouveau manche. Remplacez les manches d'outils fissurés ou desserrés. Les manches en bois absorbent mieux les chocs que ceux en fibre de verre ou en acier.

Un nouveau marteau peut avoir une surface très lisse qui tend à glisser sur la tête des clous. Rendez cette surface plus rugueuse au moyen de papier de verre, cela augmentera le frottement entre le marteau et la tête du clou. Pour le clouage de finition, vous avez peut-être intérêt à conserver un marteau à tête lisse. REMARQUE : vous pouvez, au moyen de papier de verre, éliminer la résine laissée par le bois ou la gomme provenant des clous, qui s'accumulent sur la tête de vos marteaux.

Comment arracher les clous avec un marteau

Arrachez les clous récalcitrants en plaçant un bloc de bois en dessous de la tête du marteau pour augmenter l'effet de levier. Pour éviter d'abîmer la pièce, utilisez un bloc assez grand pour que la pression exercée par la tête du marteau se distribue uniformément.

Arrachez les gros clous en coinçant fermement la tige du clou dans la panne du marteau et en utilisant le marteau comme un levier tout en inclinant son manche sur le côté.

Comment enfoncer les clous avec un marteau

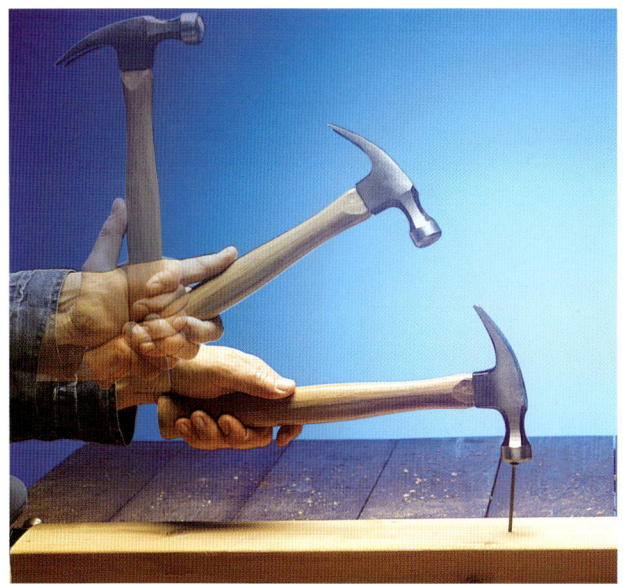

Tenez le marteau souplement : tirez profit de l'inertie du marteau en relâchant votre poignet à la fin du geste, comme si vous lanciez la tête du marteau sur le clou. Frappez le clou à plat sur la tête et répétez le geste jusqu'à ce que le clou soit au ras de la surface de travail.

Pour noyer un clou de finition sous la surface, placez la pointe d'un chasse-clou sur la tête du clou et frappez avec un marteau sur l'autre extrémité du chasse-clou.

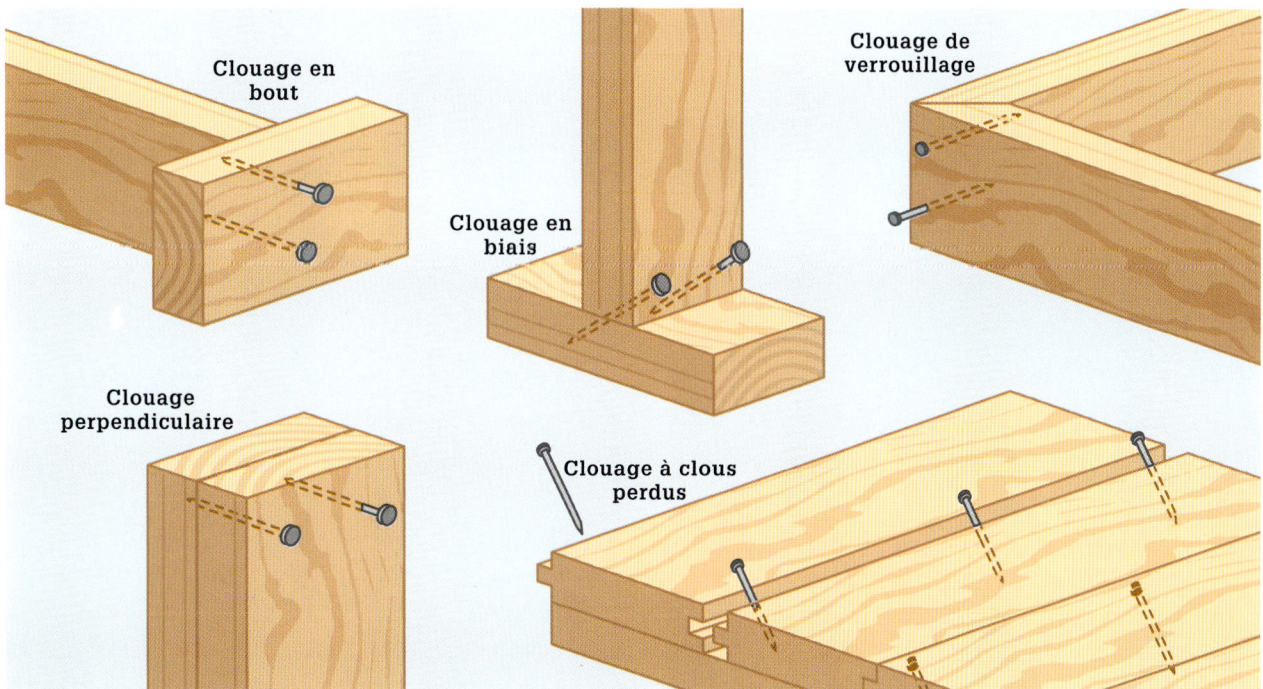

Utilisez la technique de clouage appropriée à la tâche. Le clouage en bout permet d'assembler perpendiculairement des planches lorsque l'assemblage demande une résistance modérée. Le clouage en biais à 45° augmente la résistance de l'assemblage d'éléments perpendiculaires d'ossature. Le clouage perpendiculaire permet d'assembler de robustes linteaux de portes ou de fenêtres. Le clouage à clous perdus des planches bouvetées permet de dissimuler les clous, ce qui élimine le besoin de les noyer et de les couvrir de pâte de bois avant de les peindre ou de les teindre. Le clouage de verrouillage des joints en onglet, lors des travaux de garnissage, empêche la formation d'espaces entre les pièces lorsque le bois sèche.

Tournevis

Tout menuisier devrait posséder plusieurs tournevis à tête cruciforme et à lame. L'embout à vis monté sur une perceuse est devenu l'outil standard pour l'exécution des tâches importantes, mais le tournevis demeure un outil indispensable pour effectuer différents travaux de menuiserie. N'achetez que des tournevis de qualité, à lame en acier dur et dont le manche offre une bonne prise. Pensez également aux tournevis à manche isolé, qui vous protègent contre les chocs électriques, et à pointes oxydées, qui assurent une meilleure prise de la tête de la vis. Pour travailler dans les endroits difficiles d'accès, le tournevis à tête magnétique peut s'avérer utile.

Les tournevis à commande mécanique sans cordon vous permettent d'économiser temps et énergie. Ils remplacent à moindre coût la perceuse sans cordon ou la visseuse lorsque vous ne devez réaliser que de petits travaux. La plupart des modèles fonctionnent grâce à un bloc-batterie et un chargeur, de sorte que vous pouvez garder une batterie en charge en permanence. Les tournevis à commande mécanique sans cordon ont un entraînement universel de ¼ po et se vendent avec un embout pour vis à fente et un embout Philips no 2. Vous trouverez également dans le commerce des embouts Torx et des embouts pour vis à pans creux.

REMARQUE : utilisez toujours le tournevis approprié au travail. Les tournevis doivent s'ajuster fermement dans les empreintes des têtes de vis si vous voulez éviter d'endommager les têtes des vis ou la pièce à travailler.

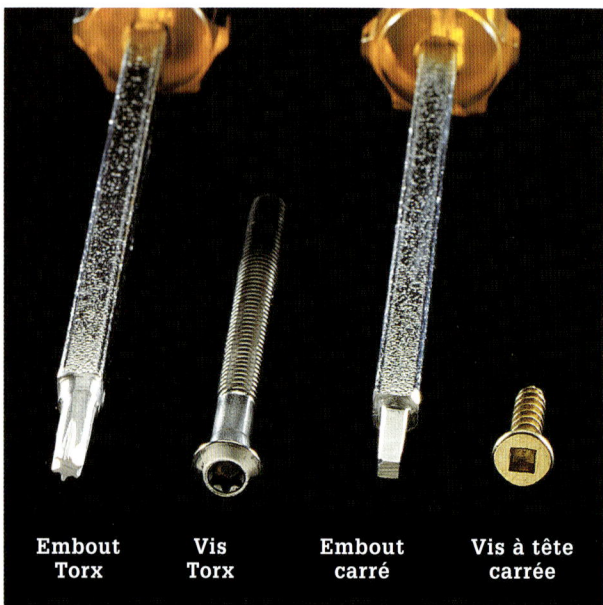

Embout Torx   Vis Torx   Embout carré   Vis à tête carrée

Les autres accessoires de vissage comprennent les embouts carrés et les embouts Torx. Les tournevis pour vis à tête carrée sont de plus en plus utilisés parce qu'il est difficile d'abîmer ce type de vis. Les embouts Torx sont utilisés en électronique et dans l'industrie automobile.

Les tournevis courants comprennent le tournevis à lame avec manche isolé, le tournevis à tête cruciforme avec manche isolé et pointe oxydée pour une meilleure prise, le tournevis automatique avec ses embouts interchangeables, le tournevis coudé permettant de visser dans les endroits difficiles d'accès et le tournevis à commande mécanique sans cordon avec son bloc-batterie et son manche pivotant.

Conseils sur l'utilisation des tournevis ▸

Utilisez un tournevis ou un embout à vis qui s'ajuste parfaitement à l'empreinte de la tête de vis. Une lame étroite endommagera la vis et l'embout, et rendra difficile l'extraction de la vis.

Remettez en état, au moyen d'une meule d'établi, un tournevis à lame dont la lame est abîmée. Trempez périodiquement la pointe du tournevis dans l'eau froide pour l'empêcher de surchauffer pendant le meulage.

Outils et utilisation

Serres et étaux

Les étaux et les serres servent à immobiliser les pièces pendant qu'on les coupe ou qu'on les soumet à d'autres opérations, et ils servent aussi à maintenir les pièces collées jointes pendant que la colle sèche.

Votre établi doit être muni d'un robuste étau de menuisier. Pour les applications spéciales, il existe une gamme étendue de serres comprenant les serres en C, les pinces-étaux, les serres de bois, les serres d'âmes et les serres à rochet.

Immobilisez les pièces larges à l'aide de serres à tuyau ou de serres à barre. Les mâchoires des serres à tuyau sont reliées par un tuyau en acier. La distance entre les mâchoires n'est limitée que par la longueur du tuyau.

Utilisez les serres de bois pour maintenir ensemble les pièces collées dont les surfaces ne sont pas parallèles pendant que la colle sèche. Les serres de bois sont munies de deux vis de réglage, et leurs mâchoires en bois ne risquent pas d'abîmer les surfaces en bois.

Utilisez les serres en C pour serrer des pièces à une distance de 1 à 6 po du bord. Protégez les pièces au moyen de blocs de bois inutilisés que vous placez entre les mâchoires et la surface de la pièce.

Utilisez des serres à rochet pour immobiliser rapidement et facilement une pièce. La portée des serres à rochet de grande taille peut atteindre 4 pi, et vous pouvez les serrer d'une main tout en supportant la pièce de l'autre main.

Serrez les pièces larges à l'aide de serres à tuyau ou à barre. Les serres à barre sont vendues avec la barre. Les mâchoires des serres à tuyau peuvent s'adapter à un tuyau de ½ po à ¾ po de diamètre de n'importe quelle longueur.

Installez un solide étau d'établi à l'extrémité de votre établi afin de tenir les pièces fermement. Choisissez un étau qui s'ajuste facilement, dont les mâchoires peuvent s'ouvrir d'au moins 4 po.

Ciseaux

Le ciseau à bois est constitué d'une lame en acier biseautée sur au moins un côté et fixée à un manche en bois ou en plastique. Il coupe sous l'effet d'une légère pression de la main ou si l'on frappe sur l'extrémité du manche avec un maillet. On se sert souvent du ciseau à bois pour découper les logements des charnières et les mortaises des serrures.

Si vous devez entailler profondément le bois, pratiquez plusieurs coupes peu profondes au lieu d'une unique coupe profonde. En forçant le ciseau à enlever une grande quantité de matière, on ne réussit souvent qu'à émousser l'outil et à endommager la pièce.

Affûtez souvent les lames de vos ciseaux (voir les pages 60-61). Les ciseaux sont ainsi plus faciles et plus sûrs à utiliser et donnent de meilleurs résultats.

Les différents types de ciseaux sont les suivants (de gauche à droite) : le ciseau à ossatures, utilisé pour le rognage brut du bois ; le petit ciseau à bois, utilisé pour les travaux légers de ciselage ; la bédane, pour découper les logements des charnières et les mortaises des serrures ; le ciseau de maçon pour couper la pierre et la maçonnerie ; la tranche à froid, en acier massif, utilisée pour entailler et couper le métal.

Comment creuser une mortaise

Découpez le contour de la mortaise. Tenez le ciseau, biseau tourné vers l'intérieur, et frappez légèrement sur le manche avec un maillet jusqu'à ce que la découpe ait atteint la profondeur voulue.

Faites une série de coupes parallèles, espacées de ¼ po, dans la mortaise, en tenant le ciseau incliné à 45°. Guidez le ciseau en donnant de légers coups de maillet sur le manche.

Soulevez les copeaux en tenant le ciseau fortement incliné, biseau vers la surface de travail. Guidez le ciseau en appliquant une légère pression de la main.

Affûtage des lames de ciseaux et de rabots

Il est bon d'affûter les lames des ciseaux et des rabots avant chaque utilisation, même si les outils sont tout neufs. À l'usine, les bords des lames sont affûtés à la machine ; ils ne sont donc pas aussi coupants que s'ils étaient affûtés à la main.

L'affûtage d'une lame d'outil se fait en deux étapes. On commence d'abord par dégrossir la lame à l'aide d'une meuleuse d'établi électrique, puis on l'affile à l'aide d'une pierre à aiguiser à grain fin. Si vous ne disposez pas d'une meuleuse d'établi, vous pouvez utiliser une pierre à aiguiser à gros grain pour dégrossir la lame.

Outils et matériaux ▸

Meuleuse d'établi électrique
 ou pierre à aiguiser à gros grain
Gants de travail
Pierre à aiguiser à grain fin
Tasse d'eau
Huile pour petites machines

Comment affûter les lames de ciseaux et de rabots

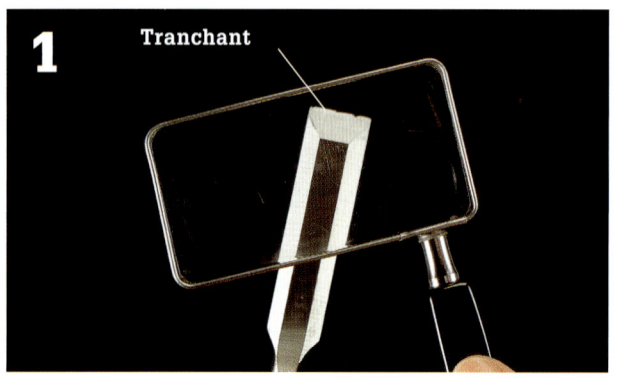

Vérifiez si le tranchant comporte des entailles. Avant d'affiler la lame sur une pierre à aiguiser, toutes les entailles dans l'acier doivent être entièrement éliminées par meulage.

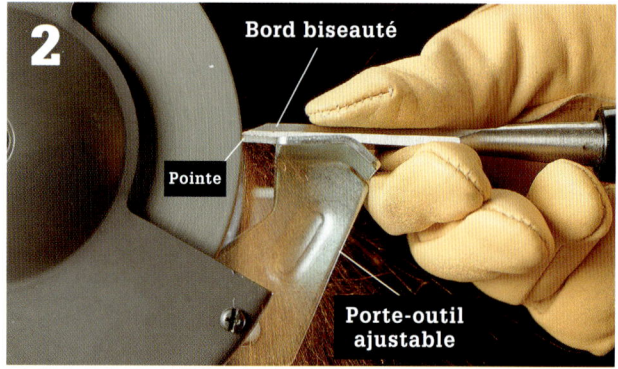

Meulez les entailles à l'aide d'une meuleuse d'établi munie d'une meule à grain moyen. Tenez l'outil sur la partie plane du porte-outil, le bord biseauté vers le haut. Tenez la pointe contre la meule et déplacez-la d'un côté à l'autre. Assurez-vous que le tranchant demeure bien droit et refroidissez fréquemment la lame avec de l'eau.

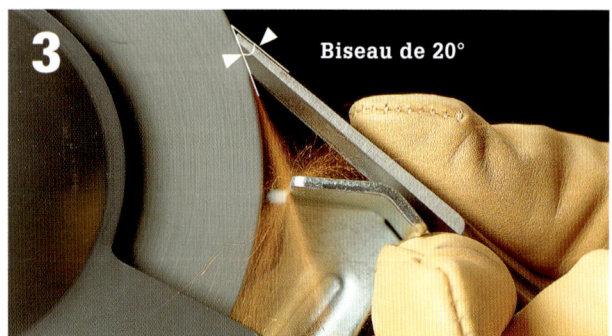

Dégrossissez le tranchant en tournant la lame de façon que le bord biseauté soit vers le bas. Déposez la lame sur la portion en angle du porte-outil. Déplacez la lame d'un côté à l'autre contre la meule afin de meuler la pointe en un biseau de 20°. Vérifiez souvent avec un indicateur d'angle. Refroidissez souvent le métal avec de l'eau, pendant que vous meulez.

Affilez le tranchant sur une pierre à aiguiser à grain fin. Déposez sur la pierre quelques gouttes d'huile pour petites machines pour lubrifier l'acier et pour vous débarrasser des éclats et des limailles. Tenez la lame à un angle de 25°, de façon que le biseau soit à plat contre la pierre. Passez la lame plusieurs fois sur la pierre, en la relevant après chaque passage. Essuyez souvent la pierre avec un chiffon propre, et appliquez de l'huile après chaque essuyage.

Réalisez un « micro-biseau » sur la lame en la soulevant légèrement de façon que seule la pointe touche la pierre. Affilez la lame deux ou trois fois sur la pierre, jusqu'à ce que vous sentiez une petite bavure au dos de la lame.

Retournez la lame. En tenant la lame à plat, affilez-la le long de la pierre une ou deux fois, pour éliminer la bavure.

Examinez le tranchant de la lame. Le micro-biseau devrait avoir environ 1/16 po de largeur. Le micro-biseau donne au ciseau un tranchant comme une lame de rasoir.

Conseil : Bain à l'éponge ▶

Une façon de garder la lame froide pendant le meulage consiste à fixer à la colle chaude un morceau d'éponge à l'arrière de la lame, près du tranchant. Trempez la lame dans l'eau. L'éponge garde l'eau contre le dos de la lame, ce qui la refroidit. Lorsque l'éponge devient chaude, trempez-la de nouveau.

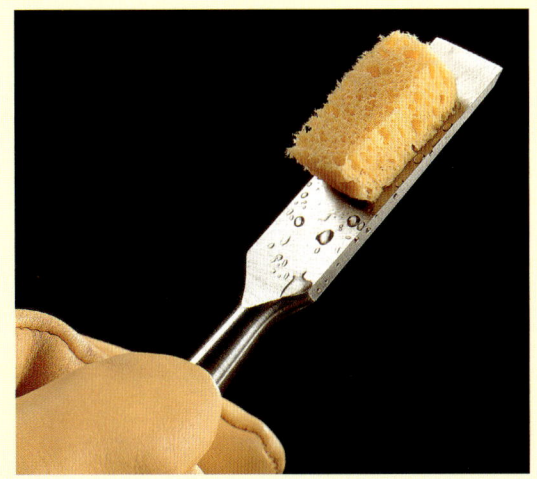

Conseil : Dureté ▶

Gardez à portée de la main un contenant d'eau froide lorsque vous meulez une lame d'outil. Trempez souvent la lame dans l'eau pour empêcher que la chaleur n'affecte la dureté de l'acier. Lorsque les gouttes d'eau sur la lame s'évaporent, trempez la lame de nouveau.

Rabots

Les rabots sont conçus pour enlever juste assez de matière d'une surface de bois là où une scie en enlèverait trop et une ponceuse, trop peu. Le rabot à main comprend une lame de coupe très tranchante, ou fer, installée dans une base en acier ou en bois. Le réglage de la lame se fait par tâtonnements et, une fois qu'on a effectué le réglage, il faut le tester sur un morceau de rejet avant d'utiliser le rabot sur une pièce à raboter.

La lame d'une râpe à surfacer n'est pas réglable, mais il existe des lames interchangeables qui permettent d'obtenir des surfaces brutes ou des surfaces finies. Les râpes à surfacer sont munies d'une série de petits trous poinçonnés dans le métal qui empêchent les copeaux de rester coincés dans la lame.

Si vous envisagez de raboter de nombreuses pièces importantes, pensez à acheter un rabot électrique qui accomplit un travail de qualité comparable à celui du rabot manuel, mais beaucoup plus rapidement.

Les rabots courants du menuisier comprennent : la galère, qui sert à raboter le bois d'ossature, les portes et les autres pièces importantes ; le rabot électrique, qui permet d'enlever beaucoup de matière rapidement ; le rabot de coupe, avec lequel on rabote les moulures ou autres pièces étroites ; les râpes à surfacer, qui servent à raboter les surfaces planes ou courbées.

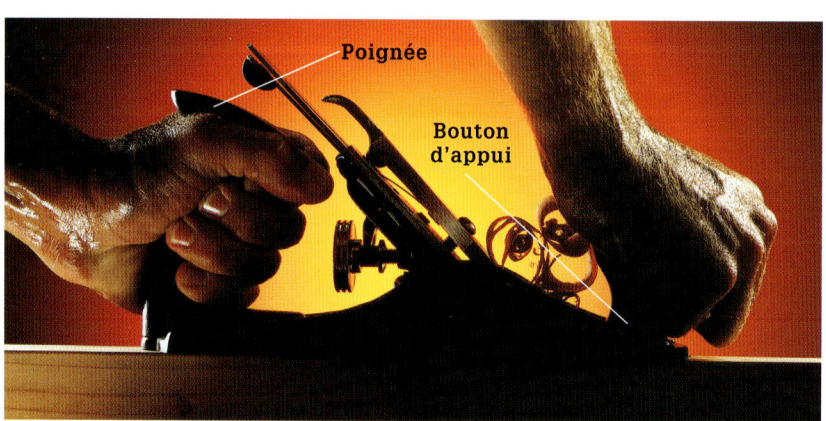

Immobilisez la pièce dans un étau. Poussez le rabot dans le sens de la fibre. Tenez fermement le bouton d'appui et la poignée, et rabotez par longs coups, en douceur. Pour éviter de raboter excessivement le début et la fin de la planche – c'est-à-dire en plongée –, appuyez davantage sur le bouton d'appui au début du coup de rabot et sur la poignée à la fin de celui-ci.

Utilisez un rabot de coupe pour effectuer des travaux courants tels que le rognage des extrémités des planches et le rabotage des bords des panneaux de particules et des planches de contreplaqué ou le rognage des laminés.

62 ■ LA MENUISERIE

Aperçu du rabot électrique

Les rabots à main traditionnels sont encore utilisés, tant par les charpentiers que par les menuisiers, mais il faut de la pratique pour les affûter, les ajuster et les utiliser correctement. Si vous n'avez pas d'expérience dans l'utilisation de rabots à main, un rabot électrique constituerait peut-être un meilleur choix pour vos projets de menuiserie. Il est beaucoup plus facile à régler et à utiliser, et il rabote généralement plus vite qu'un rabot à main.

Les rabots électriques types comportent deux lames étroites montées sur une tête de fraisage cylindrique. La tête de fraisage tourne à grande vitesse pour assurer le mouvement de rabotage. Les lames des rabots électriques sont faites de carbure, et demeurent ainsi affûtées beaucoup plus longtemps que les lames de rabot en acier classiques. Lorsque les lames s'émoussent, elles n'ont pas besoin d'être affûtées. Il suffit de les retirer de la tête de fraisage et de les remplacer. La plupart des rabots électriques comportent des lames à deux tranchants, alors vous disposez d'un deuxième tranchant avant d'avoir à acheter de nouvelles lames.

Pour utiliser un rabot électrique, réglez la profondeur de coupe en tournant le bouton à l'avant de l'outil. Cela soulève l'avant de la semelle du rabot et expose les couteaux. Limitez la profondeur de coupe à ⅛ po pour du bois mou, et à ¹⁄₁₆ po pour du bois dur, comme le chêne et l'érable. Si c'est possible, reliez le rabot à un sac à poussière ou un aspirateur d'atelier pour ramasser les copeaux; ces outils font rapidement beaucoup de débris. Mettez le rabot en marche et glissez-le lentement sur le bois pour le raboter, en gardant la semelle de l'outil pressée fermement contre la pièce. Appuyez sur l'avant du rabot pour amorcer le coup de rabot, puis transférez la pression à l'arrière lorsque vous arrivez à la fin du coup de rabot. Si vous rabotez à la fois dans le sens du grain et en travers, effectuez d'abord les passages transversaux, puis dans le sens de la longueur. Cela vous permettra de vous débarrasser des déchirures et des écaillures qui se produisent pendant le passage transversal.

Pour changer les lames de rabot électrique, retirez les vis et les barres qui tiennent les lames en place, et enlevez soigneusement la lame émoussée. Portez des gants pour protéger vos mains. Dans le cas de lames à double tranchant, retournez la lame du côté de la lame toujours affûtée et remettez-la en place. Serrez bien les vis.

Tournez le bouton de réglage de la profondeur de coupe du rabot afin d'établir la quantité de matière que vous enlèverez à chaque passage. Limitez la profondeur de coupe à ⅛ po ou moins pour empêcher de forcer le moteur et pour assurer une coupe en douceur.

Tracez des lignes de coupe sur votre pièce afin d'indiquer la quantité de matière à raboter. Faites des passages répétés avec le rabot, jusqu'à ce que vous atteigniez les lignes de coupe. Gardez l'œil sur les lignes de coupe pendant que vous travaillez pour vous assurer que le rabot enlève la matière uniformément.

À chaque passage, appliquez davantage de pression à l'avant de l'outil pour commencer, puis transférez la pression à l'arrière, lorsque vous finissez le passage. Faites glisser l'outil doucement et lentement afin de ne pas forcer le moteur.

Rallonges

Malgré la popularité et la diversité des outils sans fil, il est fort probable que plusieurs de vos outils électriques soient munis d'un cordon d'alimentation. Une bonne rallonge est donc une nécessité dans la plupart des travaux de menuiserie. Il faut tenir compte de différents facteurs dans le choix d'une rallonge appropriée. D'abord, assurez-vous que la rallonge peut supporter l'intensité en ampères de l'outil que vous utilisez. Autrement dit, un outil qui tire 15 A nécessite une rallonge qui peut supporter au moins 15 A. Une rallonge qui peut supporter une intensité en ampères encore plus grande est encore mieux. En général, une rallonge de calibre 14 ou 16 suffit pour alimenter un outil qui tire un maximum de 15 A. Pour vérifier vos rallonges, vous pouvez habituellement trouver le calibre du fil imprimé ou estampé sur la gaine.

Il est important de se rappeler que sur la longueur d'une rallonge, il se perd une certaine tension. Les grandes rallonges perdent plus de voltage que les plus courtes. Si vous avez besoin d'une rallonge de plus de 50 pi ou de relier des rallonges ensemble pour atteindre votre zone de travail, utilisez une rallonge pour service intensif, calibrée pour une plus forte intensité de courant électrique que ce que nécessitent vos outils. Si l'outil semble forcer plus que nécessaire pendant son utilisation, remplacez la rallonge par une de plus grande intensité.

Lorsque vous travaillez à l'extérieur ou dans une zone humide, utilisez une rallonge à trois broches avec protection contre les fuites à la terre pour prévenir les chocs électriques. Ou bien, branchez votre rallonge dans une prise de courant avec disjoncteur de fuite à la terre.

Voici quelques conseils pour vous aider à choisir, à entretenir et à ranger vos rallonges. Pour fabriquer votre propre rallonge avec protection contre les fuites à la terre, voir les pages 66 et 67.

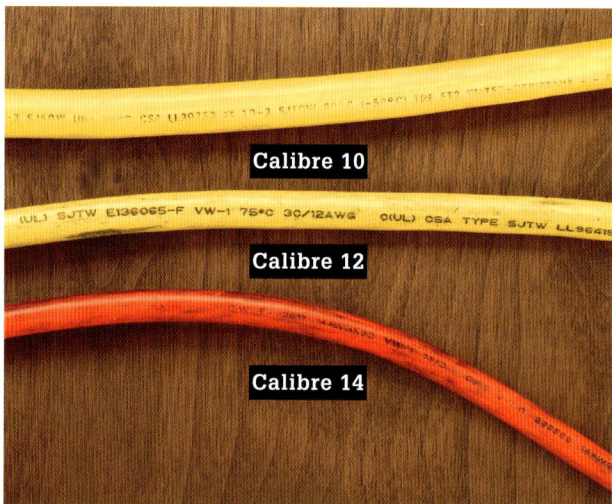

Les rallonges pour outils électriques sont fabriquées en différents calibres. Plus le chiffre est petit, plus le calibre est élevé. Utilisez une rallonge de calibre 14 ou 16 pour des outils de 15 A, et une rallonge de calibre 10 ou 12 pour des outils qui tirent davantage de courant.

Comment enrouler les rallonges

Tenez l'extrémité de la rallonge d'une main. Utilisez l'autre main pour enrouler la rallonge en huit, jusqu'à ce qu'elle soit complètement enroulée.

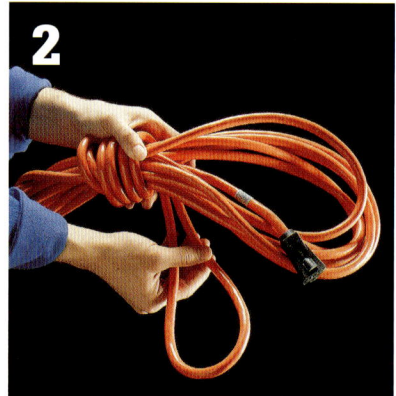

Prenez l'une des boucles ainsi créées et enroulez-la deux fois autour du bobinage.

Insérez la boucle au centre du bobinage et tirez fermement. Rangez la rallonge en la suspendant par cette boucle.

Évitez que les rallonges ne s'emmêlent en les rangeant dans des seaux de plastique de 5 gal. Percez un trou sur le côté du seau, près du bas. Passez la fiche mâle de la rallonge par l'orifice depuis l'intérieur, puis enroulez la rallonge dans le seau. La rallonge ne s'emmêlera pas lorsque vous la tirerez du seau. Vous pouvez aussi utiliser le seau pour transporter des outils jusqu'à la zone des travaux.

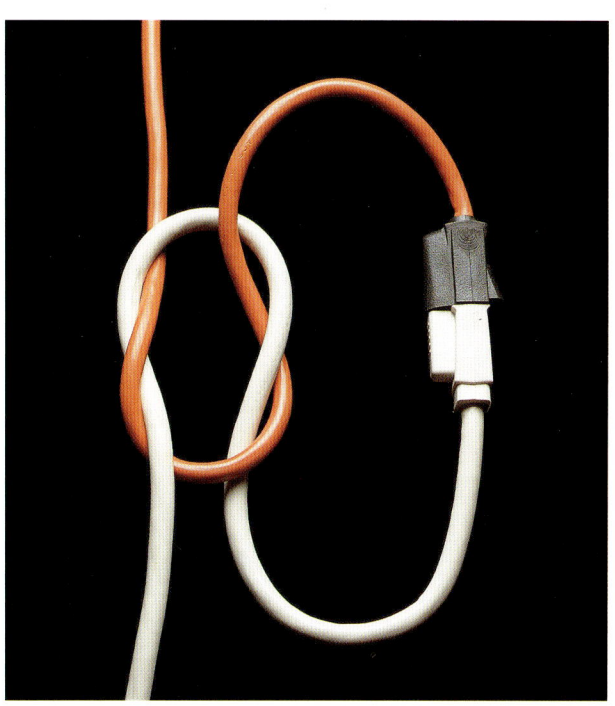

Empêchez que les cordons d'alimentation des outils ne se débranchent des rallonges en faisant un simple nœud. Nouer les rallonges est particulièrement utile lorsque vous travaillez dans une échelle.

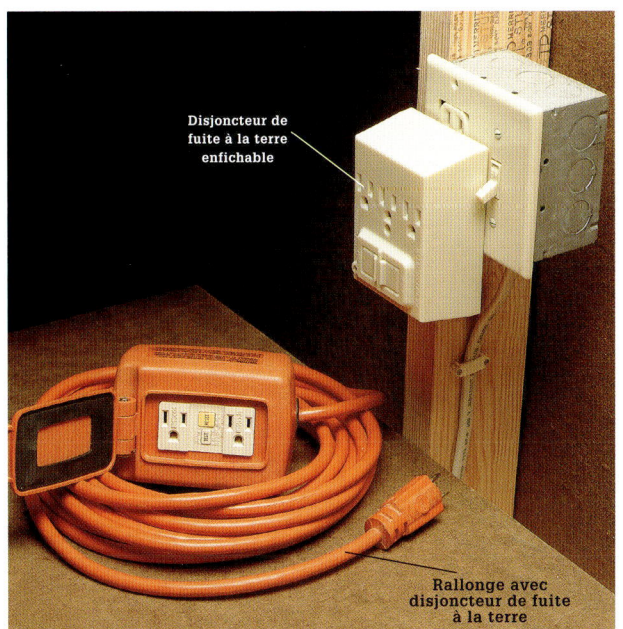

Même si les prises triphasées mises à la terre assurent une certaine protection contre les chocs électriques, il vaut mieux, pour une sécurité maximale, utiliser un dispositif de protection contre les fuites à la terre qui s'adapte à une prise mise à la terre. Les dispositifs de mise à la terre courants comprennent les disjoncteurs portables et enfichables, ainsi que les rallonges avec disjoncteur de fuite à la terre.

Empêchez que les rallonges ne s'emmêlent en suspendant les rallonges rétractables ou sur dévidoir à des crochets fixés au plafond. On peut les placer ainsi partout où l'on en a besoin et escamoter le fil lorsqu'on ne les utilise pas. Les cordons rétractables sont offerts en longueurs de 10 à 30 pi.

Rallonges à DDFT

Si vous ne disposez pas d'une prise à disjoncteur de fuite à la terre permanente, utilisez une rallonge à DDFT lorsque vous travaillez à l'extérieur ou dans une zone humide. Une rallonge à DDFT comporte un disjoncteur de fuite à la terre intégré, qui diminue les risques de choc électrique.

On peut acheter une rallonge à DDFT, mais il est moins coûteux de s'en fabriquer une. L'ajout d'un interrupteur à la rallonge vous permet de couper le courant sur place, sans avoir à débrancher la rallonge. Vous pouvez également utiliser la rallonge comme accessoire pour un établi portatif.

Outils et matériaux ▸

Pince d'électricien
Couteau universel
Tournevis
Écrou de blocage
Outil tout usage
Rallonge à DDFT de calibre 12
Collier de serrage
Coffret de branchement métallique de 4 x 4 po (profondeur de 2 ⅛ po) avec prolongement et vis de mise à la terre
Prise à DDFT
Interrupteur mural unipolaire avec vis de mise à la terre
6 po de fil électrique noir de calibre 12
Trois fils de mise à la terre
Capuchon de connexion
Plaque de recouvrement en plastique

Une rallonge à DDFT assure une protection supplémentaire contre les chocs électriques, ce qui en fait un bon choix pour les travaux à l'extérieur ou dans une zone humide, où les risques de choc sont plus élevés.

Comment fabriquer une rallonge à DDFT

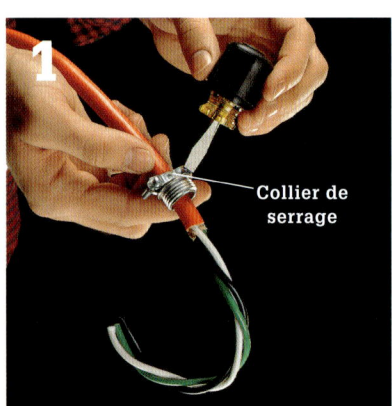

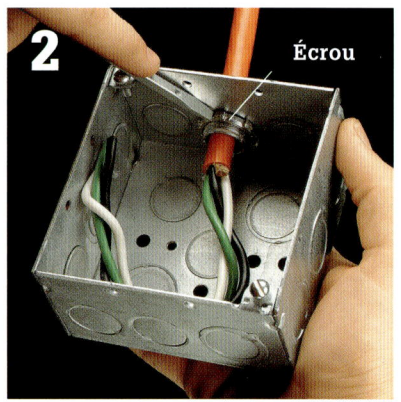

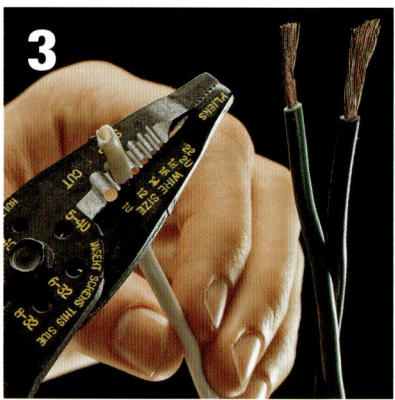

Coupez la prise mâle de la rallonge avec une pince d'électricien. Enlevez 8 po de la gaine isolante de la rallonge à l'aide d'un couteau universel. Passez le cordon dans un collier de serrage et serrez le collier avec un tournevis.

Insérez le collier de serrage dans l'une des alvéoles défonçables du coffret électrique. Vissez un écrou de blocage sur le collier de serrage et serrez celui-ci en le poussant contre les saillies de l'écrou de blocage à l'aide d'un tournevis.

Enlevez environ ¾ po d'isolant en plastique sur chaque fil dans le coffret, à l'aide d'un outil tout usage.

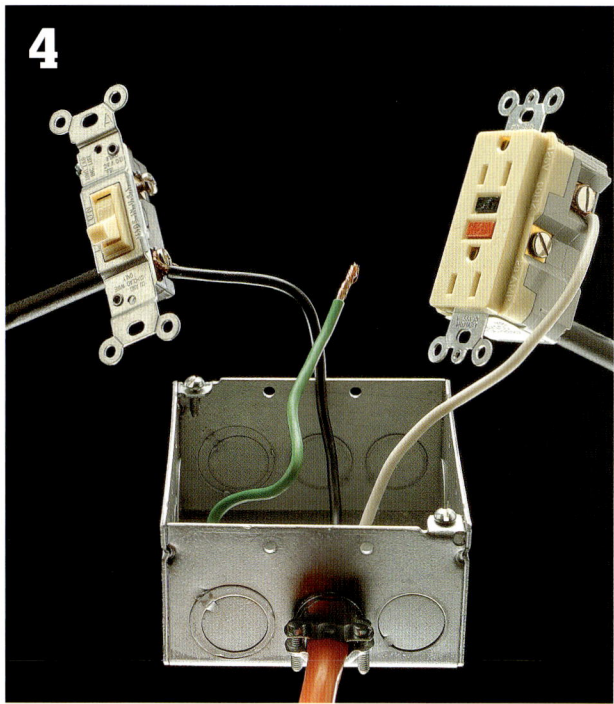

Connectez le fil blanc à la borne à vis argent marquée «Line» sur le DDFT en enroulant la partie dénudée du fil autour de la vis, dans le sens des aiguilles d'une montre. Serrez la borne à vis avec un tournevis. Fixez le fil noir à l'une des bornes à vis en laiton sur la prise unipolaire.

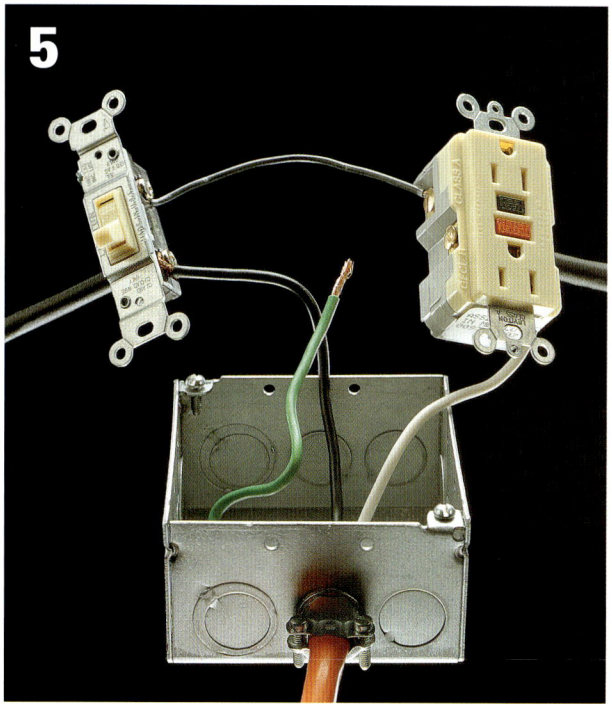

Enlevez ¾ po de gaine isolante aux deux extrémités d'un fil électrique noir de calibre 12 de 6 po. Connectez une extrémité du fil à la borne à vis en laiton restante sur l'interrupteur et connectez l'autre extrémité à la borne à vis en laiton marquée «Line» sur le DDFT.

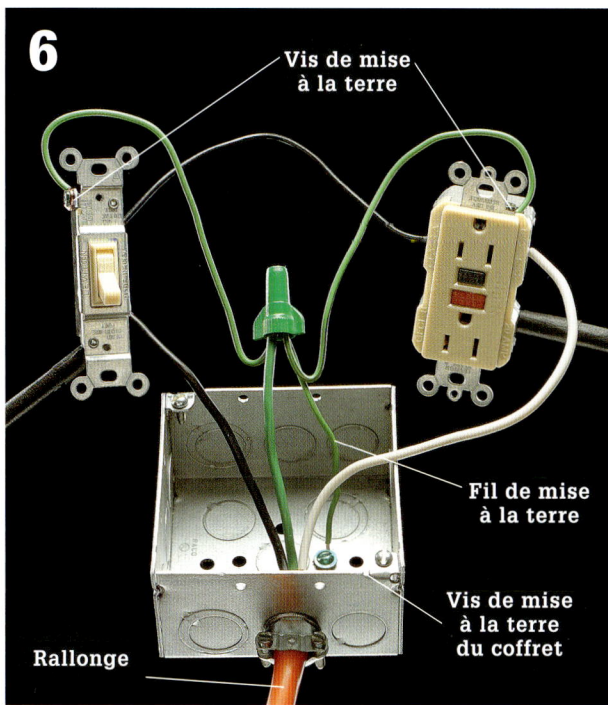

Fixez la vis de mise à la terre verte dans l'orifice fileté à l'arrière du coffret, et fixez un fil de mise à la terre à la vis. Fixez des fils de mise à la terre supplémentaires aux vis de mise à la terre de l'interrupteur et de la prise. Reliez ces fils de mise à la terre et le fil de mise à la terre de la rallonge à l'aide d'un capuchon de connexion vert.

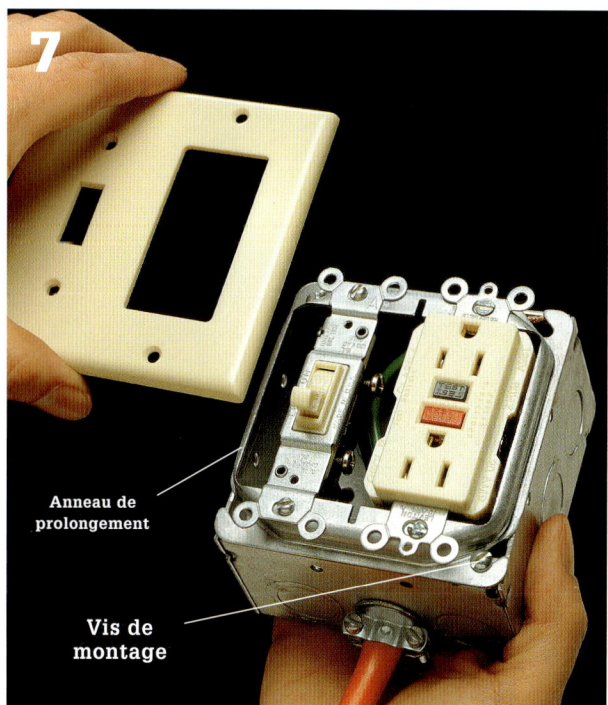

Glissez l'anneau de prolongement par-dessus l'interrupteur et la prise, et fixez-le au coffret à l'aide de vis de montage. Insérez soigneusement les fils dans le coffret, et fixez l'interrupteur et la prise à l'anneau de prolongement. Fixez la plaque de recouvrement en plastique.

Outils et utilisation ■ 67

Scies sauteuses

La scie sauteuse est un excellent outil portatif à commande mécanique lorsqu'on doit découper les matériaux suivant des courbes. La capacité de coupe d'une scie sauteuse dépend de sa puissance et de la course de la lame. Choisissez une scie conçue pour couper les bois tendres de 2 po d'épaisseur et les bois durs de ¾ po d'épaisseur. De nombreuses scies sauteuses ont une base pivotante qui peut être verrouillée si l'on veut couper en biais.

La scie sauteuse à vitesse variable constitue le meilleur choix, car on peut adapter la vitesse de la scie au type de lame utilisé pour obtenir les meilleurs résultats. En général, aux lames à grosses dents correspondent des vitesses de lame élevées et aux lames à petites dents correspondent des vitesses de lames plus basses.

À cause du mouvement vertical alternatif de la lame, les scies sauteuses vibrent plus que les autres. Cependant, les scies sauteuses de première qualité sont munies d'une base en acier épais qui réduit les vibrations et permet de mieux contrôler la scie en l'appuyant contre la pièce.

Les scies sauteuses coupent lors de la course montante de la lame et risquent donc de faire éclater le bois de la face supérieure de la pièce. Donc, si vous devez protéger une face de la pièce que vous sciez, placez la pièce, la face à protéger en bas.

Il existe une grande variété de modèles de lames pour scie sauteuse qui permettent de scier toutes sortes de matériaux. Choisissez la lame qui convient au travail que vous devez effectuer. Réglez la scie à basse vitesse si la lame utilisée a **14 dents par pouce** ou davantage. Les lames à dents plus grosses nécessitent une vitesse de scie plus élevée.

Ne forcez pas les lames. Les lames des scies sauteuses sont flexibles et risquent de casser si elles sont soumises à des contraintes excessives. Déplacez lentement la scie lors des coupes en biais ou lorsque vous traversez des matériaux durs comme les nœuds du bois.

Sciez en plongée en inclinant la scie pour que le bord avant de sa base appuie fermement sur la pièce. Mettez la scie en marche et ramenez lentement la base à l'horizontale en laissant la scie traverser progressivement la pièce.

Pour effectuer une coupe en plongée, vous pouvez également percer des trous d'amorce dans les coins opposés de la découpe. Introduisez la lame dans chaque trou et sciez jusqu'aux coins. Il suffit d'un seul trou d'amorce pour les découpes circulaires.

Sciez les métaux avec une lame à fines dents et choisissez une basse vitesse de lame. Soutenez les feuilles métalliques au moyen d'une mince planche de contreplaqué pour éliminer les vibrations. Polissez les bavures laissées par la lame en utilisant du papier de verre ou une lime.

Scies circulaires

La scie circulaire portative est devenue l'outil de coupe le plus utilisé par les bricoleurs. Si vous disposez des lames appropriées, elle vous permettra de scier les matériaux les plus divers : le bois, les métaux, le plâtre, le béton et les autres matériaux de maçonnerie. Sa base réglable permet d'adopter la profondeur de coupe adaptée à la pièce, et elle peut pivoter d'un côté ou de l'autre pour effectuer des coupes en biais.

La plupart des menuisiers professionnels utilisent une scie circulaire à lame de 7 ¼ po. Les modèles à lame de 7 ¼ po et de 6 ½ po sont les plus répandus pour les travaux à domicile. Une lame plus petite signifie une scie plus petite, plus légère et habituellement – ne l'oubliez pas – moins puissante, ce qui limite ses possibilités lorsqu'il s'agit d'effectuer des coupes en biais ou de scier des matériaux plus épais que 2 po.

Les scies circulaires sans cordon ont des lames de 5 ⅜ po, c'est-à-dire assez grandes pour traverser les matériaux en feuilles et scier d'équerre le bois de 2 po d'épaisseur. Elles sont utiles dans les endroits où un cordon électrique gênerait les mouvements. Mais la plupart d'entre elles ne sont pas assez puissantes pour servir d'outils de coupe principaux dans l'exécution de gros travaux.

Les scies circulaires coupent vers le haut, ce qui risque de faire éclater la face supérieure de la pièce. Pour protéger la face finie de la pièce, il faut donc marquer les mesures à l'arrière de celle-ci et placer sa face finie en bas lors de la coupe.

Tirez le maximum de votre scie en inspectant régulièrement la lame et en la changeant si nécessaire (pages 72 et 73). Vous obtiendrez également de meilleurs résultats si vous utilisez une règle (page 75) qui guide la scie et permet de scier précisément les pièces longues.

Différents modèles de scies circulaires (photo page suivante) :

A. Scie à lame de 7 ¼ po, à entraînement standard. Les scies circulaires à entraînement standard sont les plus utilisées par les bricoleurs et elles sont souvent utilisées par les menuisiers professionnels. Le modèle représenté est muni d'un tuyau d'évacuation de la sciure, qu'on relie à un sac de récupération.

B. Scie à lame de 7 ¼ po, à entraînement par vis sans fin. Certains menuisiers préfèrent effectuer les gros travaux avec la scie à entraînement par vis sans fin, qui offre un plus grand couple à une vitesse donnée et est donc moins susceptible de ralentir, de se bloquer ou de rebondir.

C. Scie circulaire à lames de 6 ½ po, à entraînement standard. La scie circulaire à lame de 6 ½ po, à entraînement standard peut intéresser les bricoleurs qui veulent une scie légère. Le modèle représenté est muni d'une fenêtre d'inspection, très commode pour suivre la ligne de coupe.

D. Scie combinée à lame de 5 ⅜ po. Les scies combinées sont utiles pour couper les moulures et autres pièces minces, surtout dans les travaux extérieurs ou dans les endroits éloignés d'une prise de courant.

Outils et utilisation 71

Choix de lames de scie circulaire

Pour tirer le maximum de votre scie circulaire, vous devez disposer d'un assortiment de lames, qui doit comprendre au moins une lame combinée universelle au carbure. En plus de couper le bois et les matériaux en feuilles, la scie circulaire peut servir à scier la maçonnerie et les métaux minces, à l'aide de la lame abrasive appropriée.

- **Lame combinée :** conçue pour faires des coupes tant longitudinales que transversales dans le bois d'œuvre, qui peut comporter des clous ou des vis. Les dents sont peu nombreuses, et de forts épaulements entre les dents empêchent une coupe trop énergique ou le bris des dents contre le métal. Il s'agit d'un bon choix pour percer une cavité dans un mur ou pour retirer le revêtement extérieur ou d'un plancher.
- **Lame longitudinale/de charpentage général :** elle comporte davantage de dents qu'une lame combinée, habituellement, de 16 à 24 dents. Lame convenant à la coupe de refente rapide dans le contreplaqué et aux coupes transversales dans le bois de charpente. Le petit nombre de dents produits davantage d'éclats ; ce n'est donc pas une lame pour les coupes de finition.
- **Lame tout usage :** lame utilitaire de la plupart des scies circulaires, elle comporte de 30 à 40 dents et constitue un bon choix pour la coupe semi-douce rapide du bois, dans un sens ou dans l'autre.
- **Lame à tronçonner fine :** lame comportant de 40 à 60 dents, conçue pour faire des coupes précises dans le contreplaqué, avec le minimum d'éclats.
- **Lame à maçonnerie ou à métaux :** lame sans dents faite d'abrasifs spéciaux pour couper les blocs de cendre, le béton ainsi que les métaux ferreux et non ferreux. Portez un masque antipoussière lorsque vous utilisez ces lames ; il est nocif de respirer les particules d'abrasif et la poussière de maçonnerie.

Pour conserver les lames en bon état et prolonger leur durée, ne les utilisez que pour scier les matériaux pour lesquels elles sont conçues et nettoyez-en les dents lorsqu'elles sont souillées. Nettoyez la lame avec du kérosène ou un produit prévu à cet effet et de la laine d'acier, puis faites-la sécher et enduisez-la d'une couche de silicone en vaporisateur ou d'huile pour machines, afin de prévenir la rouille. Remplacez les lames émoussées ou qui sont fissurées ou ébréchées.

Lame tout usage

Lame fine

Lame à tronçonner fine

Lame à métaux

Comment régler la profondeur de coupe de la lame de scie

Bouton de réglage de la profondeur de coupe

Levier du protège-lame

Dans la plupart des cas, la lame d'une scie circulaire ne bouge pas lorsque vous réglez sa profondeur de coupe, c'est la plaque de base de la scie qui pivote, exposant plus ou moins la lame. Débranchez la scie, déverrouillez le bouton de réglage de la profondeur de coupe et glissez-le vers le haut ou vers le bas pour régler la profondeur de coupe.

Tirez le levier du protège-lame vers le haut pour exposer la lame et placez la lame le long de la pièce pour vérifier son réglage. Elle ne doit pas dépasser de plus d'une profondeur de dent le bas de la pièce. Resserrez le bouton pour verrouiller la lame.
REMARQUE : sur certaines scies, la plaque de base se soulève ou s'abaisse au lieu de pivoter. Lorsque le bouton est desserré, c'est la plaque de base entière qui se soulève ou s'abaisse.

Comment changer une lame

Débranchez la scie et inspectez la lame, en portant des gants pour vous protéger les mains. Remplacez la lame si elle est usée, fissurée ou ébréchée. Retirez-la pour la nettoyer si elle est couverte de résine ou de goudron.

Pour desserrer la lame, commencez par enfoncer le bouton de blocage de l'axe ou manœuvrez le levier qui verrouille la lame en position, puis desserrez le boulon à l'aide d'une clé et retirez le boulon et la rondelle. *REMARQUE : si vous possédez un ancien modèle sans verrouillage de l'axe, insérez un bloc de bois entre la lame et la plaque de base pour empêcher la lame de tourner pendant que vous desserrez le boulon.*

Installez une nouvelle lame ou, si l'ancienne lame est souillée mais encore en bon état, nettoyez-la et réinstallez-la. Lorsque vous fixez la lame, fiez-vous aux marques directionnelles indiquées sur le flanc de la lame. Placez la rondelle et le boulon, et serrez celui-ci à l'aide d'une clé, fermement, mais sans exagération.

Comment effectuer des coupes transversales

Fixez la pièce en place à l'aide de serre-joints et placez la plaque de base de manière que la lame se trouve à environ 1 po du bord de la pièce. Alignez le repère sur la ligne de coupe. REMARQUE : la scie enlèvera un peu de matière de part et d'autre de la lame. Si la coupe doit être précise, faites la première coupe dans la partie rejetée. Vous effectuerez ensuite, si nécessaire, une deuxième coupe, plus précise, pour enlever plus de matière.

Tenez la scie à deux mains, appuyez sur la gâchette et guidez la lame qui pénètre dans la pièce, en suivant la ligne de coupe grâce au repère et en appuyant uniformément sur la scie tout en la poussant vers l'avant. Les repères diffèrent d'une scie à l'autre. Avant d'entamer des travaux avec une scie empruntée, familiarisez-vous avec celle-ci en effectuant quelques coupes à blanc.

Comment effectuer des coupes en plongée

Assujettissez la pièce à des tréteaux, au moyen de serres. Installez une longueur de 2 po x 4 po le long de la pièce, qui vous servira de guide. Soulevez le protège-lame et placez la scie de manière que le bord avant de son pied – et non la lame – touche la pièce.

Tenez la scie à deux mains pendant la coupe. Mettez la scie en marche et abaissez lentement la lame pour qu'elle pénètre dans la pièce, tout en maintenant la plaque de base contre le guide (2 po x 4 po).

Comment faire des coupes de refente

Attachez une règle-guide achetée dans le commerce à la plaque de base de votre scie circulaire. Pour obtenir une meilleure stabilité, fixez une bande de bois dur de 8 po à la base de la règle-guide, au moyen de vis à tête cylindrique bombée. Pour que les coupes soient encore plus précises, construisez votre propre règle-guide (page 77).

Pour couper des morceaux de bois d'œuvre plus épais que la profondeur de coupe maximale de votre scie circulaire, réglez la profondeur de coupe à un peu plus de la moitié de l'épaisseur du morceau à couper, sciez-le d'un côté, puis retournez-le et sciez-le de l'autre côté, en faisant coïncider les deux coupes. Veillez à ce que les coupes soient bien droites.

Conseils pour effectuer des coupes de refente ▶

Fixez une règle-guide à la pièce, au moyen de serres, si vous devez effectuer de longues coupes, droites. Pressez la plaque de base contre la règle-guide et faites avancer doucement la scie à travers la pièce à scier.

Enfoncez un intercalaire en bois dans le trait de scie pour empêcher la scie de se bloquer. Lors de coupes plus longues, arrêtez la scie et placez l'intercalaire à 12 po environ derrière la plaque de base.

Comment effectuer des coupes en biais

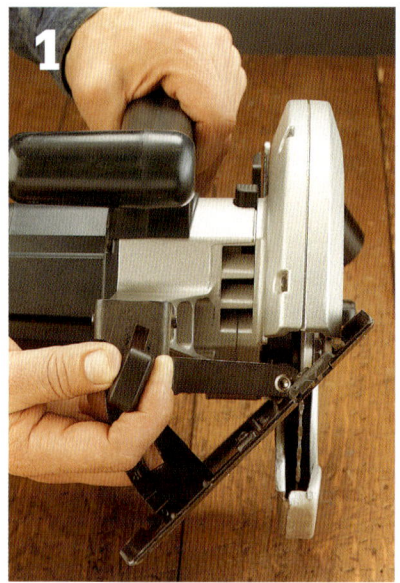

Desserrez le bouton de réglage du biseau, glissez-le au réglage voulu et resserrez le bouton. *REMARQUE : certains modèles sont munis d'une vis de blocage pour les angles courants : 90° (aucun biseau) et 45°.*

Placez la plaque de base de votre scie sur la pièce. En coupant, examinez la lame pour vérifier qu'elle reste bien alignée avec la ligne de coupe, du côté rejeté de la pièce.

Conseil ▶

Prenez la mesure des angles existants à l'aide d'une fausse-équerre. Transposez la ligne de coupe sur votre pièce et réglez l'angle de la scie circulaire pour qu'elle suive la ligne.

Comment faire des rainures

Pour faire des rainures à l'aide d'une scie circulaire, réglez la profondeur de coupe à ⅓ de la profondeur de la rainure désirée et tracez sur la pièce les bords de la rainure. Immobilisez la pièce avec une serre et coupez les bords de la rainure en vous servant d'une règle-guide. Faites plusieurs coupes parallèles, à l'intérieur des bords, tous les ¼ po.

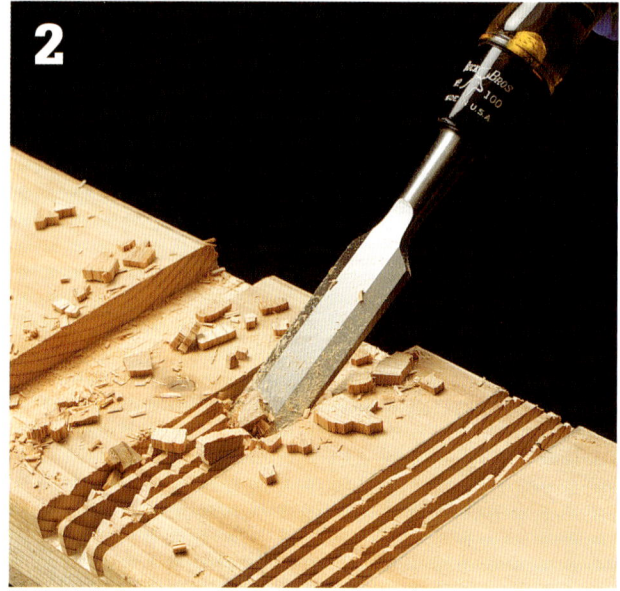

À l'aide d'un ciseau à bois, enlevez la matière entre les traits de scie des coupes parallèles. Pour éviter de trop entamer la pièce, appliquez une pression de la main ou frappez avec un maillet sur le ciseau que vous tiendrez biseau vers le haut. Vous trouverez d'autres renseignements sur les ciseaux à la page 59.

Règles-guides

Effectuer des coupes rectilignes et précises de refente ou dans de longues feuilles de contreplaqué ou de panneaux présente certaines difficultés. Même le meilleur menuisier ne parvient pas toujours à suivre la ligne de coupe, surtout sur une grande longueur. La règle-guide ou le gabarit permet de résoudre ce problème. Du moment que vous maintenez la plaque de base contre la cale de la règle-guide pendant la coupe, vous êtes certain que la coupe sera rectiligne.

La cale de la règle-guide offre un appui sûr à la plaque de base de la scie circulaire pendant que celle-ci progresse à travers le matériau. Pour que la coupe soit précise, il faut que la cale soit parfaitement rectiligne.

Outils et matériaux

Serres
Crayon
Scie circulaire
Base en contreplaqué de finition de ¼ po (10 po x 96 po)

Cale de ¾ po en contreplaqué (2 po x 96 po),
Colle de menuisier

La règle-guide permet de réaliser plus facilement des coupes de refente ou d'autres coupes d'équerre dans les pièces d'une certaine longueur. La règle-guide est construite d'équerre, si bien que toutes les coupes pour lesquelles on s'en sert sont également d'équerre.

Comment construire une règle-guide

Appliquez de la colle de menuisier sur la surface inférieure de la cale de ¾ po en contreplaqué et collez ensuite la cale sur la base de ¼ po en contreplaqué, à 2 po du bord. Serrez les deux pièces l'une contre l'autre au moyen de serres.

Placez la scie circulaire avec la plaque de base contre la cale de ¾ po en contreplaqué. En une passe de scie, coupez la partie excédentaire de la base de contreplaqué pour créer un bord d'équerre.

Pour utiliser la règle-guide, placez-la sur la pièce à scier, de manière que son bord d'équerre coïncide avec la ligne de coupe tracée sur la pièce. Fixez la règle-guide à l'aide de serres.

Scies à onglet électriques

Les scies à onglet électriques mécanique sont des outils portatifs, utilisés pour couper en angle les moulures, le bois d'ossature et d'autres pièces étroites en bois.

L'assemblage de la lame peut pivoter de 45° dans les deux directions pour réaliser des coupes droites, en angle et en biseau. Mais la profondeur de coupe de la scie diminue considérablement lorsqu'on tourne l'assemblage de 45°.

Si vous envisagez l'achat ou la location d'une scie à onglet électrique pour exécuter un projet particulier, comme la construction d'un plancher extérieur, ne pensez pas que toutes les scies peuvent couper des planches épaisses suivant un angle de 45°. Demandez au vendeur quelle est la capacité maximale de chaque scie à 45° et assurez-vous de choisir une scie capable de faire des coupes nettes dans le bois que vous utilisez le plus fréquemment.

L'assemblage de la lame de la scie à onglet composée (voir l'illustration supérieure de la page suivante) possède un deuxième pivot qui permet de réaliser à la fois un biseau et une coupe en angle. Cette possibilité s'avère utile lorsqu'on doit scier des gorges, par exemple. Vous trouverez des informations supplémentaires sur les coupes composées des scies à onglet à la page 85 (photo du bas).

Le principal désavantage de la scie à onglet électrique est sa capacité limitée de scier des morceaux de bois très larges. La scie à onglet composée, à chariot coulissant, (représentée au bas de la page suivante) élimine cet inconvénient. L'assemblage de la lame est monté sur un chariot coulissant, procurant à la scie une capacité de coupe beaucoup plus grande que celle de la scie à onglet standard ou composée. Vous trouverez à la page 83 des conseils pour couper des planches très larges sans avoir à utiliser une scie à onglet composée à chariot coulissant.

La scie à onglet électrique, qui était un outil nouveau et relativement rare il y a à peine une génération, est devenue la scie d'établi que l'on retrouve dans biens des ateliers à la maison, aujourd'hui. Ces scies allient rapidité, précision et facilité de réglage et, comme elles sont de plus en plus populaires, elles sont devenues très abordables.

Types de scies à onglet électriques

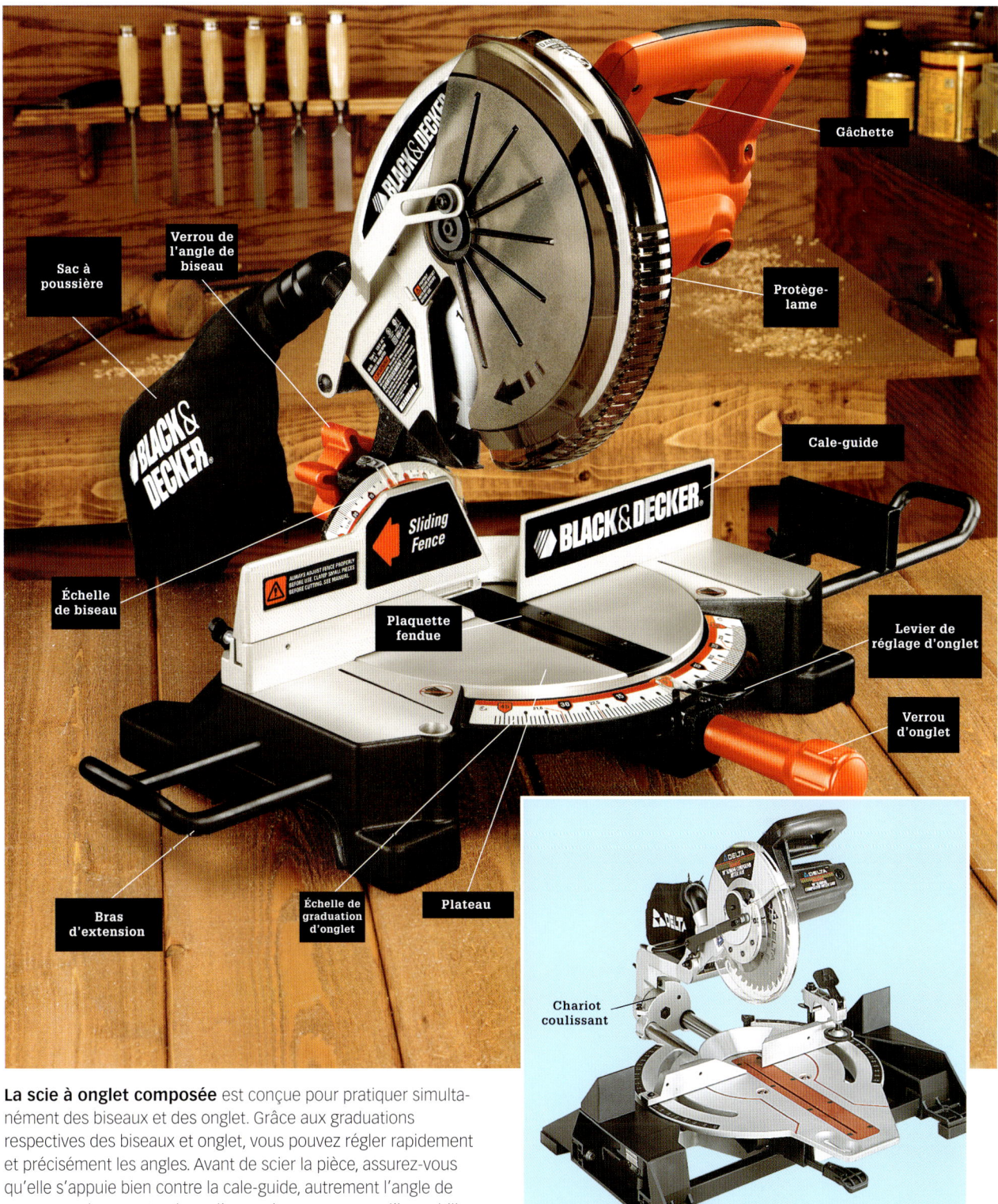

La scie à onglet composée est conçue pour pratiquer simultanément des biseaux et des onglets. Grâce aux graduations respectives des biseaux et onglets, vous pouvez régler rapidement et précisément les angles. Avant de scier la pièce, assurez-vous qu'elle s'appuie bien contre la cale-guide, autrement l'angle de coupe sera inexact. Les bras d'extension permettent d'immobiliser en toute sécurité les longues pièces. Certains modèles sont également munis de serres qui servent à fixer les pièces à la table de la scie. Avant d'entamer une coupe, retirez toujours les déchets ou copeaux de bois qui peuvent obstruer la plaque fendue et n'oubliez pas de vider régulièrement le sac à poussière.

En plus de posséder tous les éléments de la scie à onglet composée ordinaire, la scie à onglet composée à chariot coulissant est équipée, comme son nom l'indique, d'un chariot coulissant supportant l'assemblage de la lame, ce qui rend possible la coupe de pièces beaucoup plus larges.

Outils et utilisation 79

Les types de lames et leurs applications

La qualité de la coupe produite par une scie à onglet à commande mécanique dépend de la lame utilisée et de la vitesse à laquelle la lame progresse à travers la pièce. Si vous voulez obtenir les meilleurs résultats, laissez le moteur atteindre sa vitesse maximale avant de commencer à scier la pièce, puis abaissez lentement l'assemblage de la lame.

La lame à 16 dents à pointes au carbure (1) coupe rapidement et convient à la coupe grossière du bois d'œuvre d'ossature.

La lame à 60 dents à pointes au carbure (2) effectue des coupes finies dans les bois tendres et les bois durs. C'est une bonne lame d'usage général, utilisée dans la plupart des travaux de menuiserie.

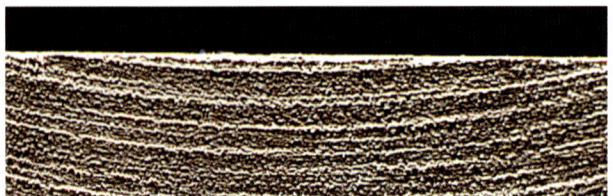
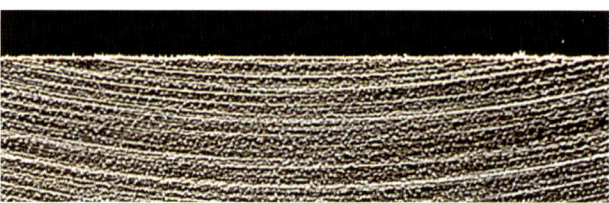

Comment changer la lame d'une scie à onglet électrique

Débranchez la scie et inspectez la lame pour découvrir les éventuelles dents émoussées ou endommagées.

Si la lame est émoussée ou n'est pas du type qui convient au matériau que vous voulez scier, enfoncez le bouton de verrouillage de l'axe et faites tourner l'écrou de fixation de la lame dans le sens des aiguilles d'une montre pour l'enlever.

Lorsqu'elle est libérée de son écrou de fixation, enlevez soigneusement la lame et installez la nouvelle lame. Serrez l'écrou fermement, mais sans exagération.

Conseils d'installation de la scie à onglet électrique

Attachez la scie à un établi fixe au moyen de serre. Pour supporter les longues moulures ou autres pièces, fabriquez, à l'aide de morceaux de bois de 1 po d'épaisseur, une paire de blocs ayant la hauteur de la table de la scie. Alignez les blocs sur la cale-guide de la scie et attachez-les à l'établi au moyen de serres.

Placez la cale-guide réglable de manière qu'elle serve d'appui à la pièce et serrez-la en place.

Option : pensez à construire une table de coupe munie d'une encoche de profondeur égale à la hauteur du plateau de la scie. Ainsi, la table supportera les longues pièces et vous ne devrez pas prévoir de bras de support.

Option : louez ou achetez une table portative de scie à onglet électrique conçue pour la coupe de longues pièces. Ou fixez votre scie à onglet sur un établi portatif et utilisez un support à rouleaux (page 59) pour supporter les pièces.

Méthode d'utilisation d'une scie à onglet électrique

Il est facile de faire des coupes transversales précises avec une scie à onglet électrique grâce à cette méthode simple. D'abord, abaissez la lame de façon que les bords des dents touchent la ligne de coupe. Assurez-vous que la lame coupe du côté rejeté de la ligne.

Tenez la pièce fermement contre la table et le guide, et relevez la poignée à la position la plus haute. Mettez la scie sous tension et abaissez la lame lentement dans la pièce, pour effectuer la coupe.

Pour couper une série de pièces à la même longueur, fixez une butée à la table de support, à la distance voulue de la lame. Après avoir coupé la première pièce, placez chacune des autres pièces contre la butée et le long de la cale-guide pour les couper toutes à la même longueur.

Verrouillez l'assemblage de la scie en position abaissée pour l'entreposage ou le transport, ou lorsque vous prévoyez ne pas l'utiliser pendant un certain temps.

Comment couper des planches très larges

Effectuez une coupe en abaissant complètement la lame. Relâchez la gâchette et attendez l'arrêt complet de la lame, puis relevez-la.

Retournez la pièce et alignez soigneusement la première coupe sur la lame. Effectuez une nouvelle coupe en abaissant complètement la lame.

Comment utiliser une scie à onglet à chariot coulissant

La scie à onglet à chariot coulissant coupe en plongée, comme une scie à onglet classique. Mais pour couper de larges planches, on peut aussi pousser le chariot coulissant de la scie. Tirez d'abord la scie vers vous et alignez la lame avec la ligne de coupe. Entamez la coupe en abaissant la lame dans la pièce.

Abaissez la lame jusqu'à ce qu'elle traverse complètement la planche, puis arrêtez le moteur.

Une fois que la pièce est coupée en deux, arrêtez la scie et attendez que la lame cesse de tourner avant de la retirer de la planche.

Outils et utilisation ■ 83

Comment couper les moulures d'encadrements

Tracez les lignes de coupe sur chaque moulure ou autre pièce que vous voulez couper. Sur les encadrements de fenêtres et de portes, tracez une ligne sur la face avant de la pièce, qui servira de référence pour diriger la coupe. N'oubliez pas que seul le début de la ligne doit servir à aligner la lame de la scie. La ligne tracée à main levée sur la face de la moulure ne doit servir que de référence pour la direction de coupe à suivre.

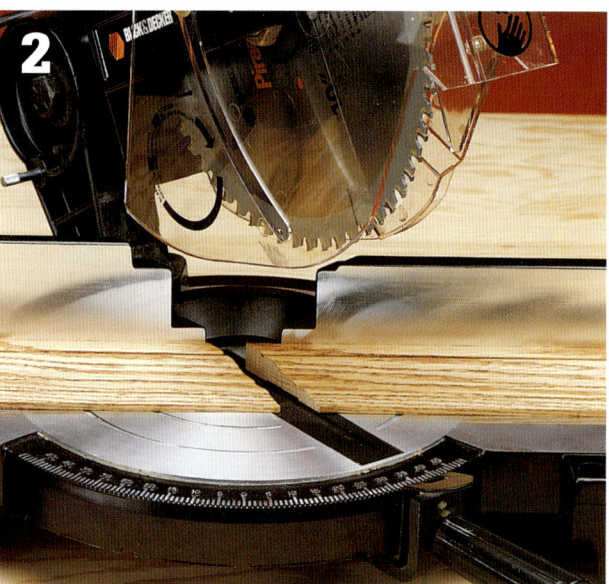

Placez la pièce de l'encadrement de fenêtre ou de porte à plat sur la table de la scie et réglez la lame sur la ligne de coupe. Si vous utilisez une scie composée, placez le réglage du biseau sur 0°. Immobilisez l'encadrement de la main, à une distance de sécurité de la table.

Comment couper les plinthes

Tracez une ligne de coupe le long du bord supérieur de la plinthe pour indiquer le point de départ et la direction de chaque coupe. Pour couper les plinthes et les moulures dans le sens de la longueur, appuyez-les contre la cale-guide de la scie.

Comment préparer des joints en biseau

Assemblez les moulures formant de grandes longueurs au moyen de joints en onglet de 45°. Ce type de joint ne risque pas de s'ouvrir ni de se fissurer si le bois se contracte.

Comment couper les gorges en onglet au moyen d'une scie à onglet standard

Pour couper les gorges au moyen d'une scie à onglet ordinaire, il faut les incliner. Placez la gorge à l'envers, de manière que les plats, derrière la moulure, s'appuient respectivement sur la table de la scie et sur sa cale-guide.

Réglez la lame de la scie à 45° et coupez la moulure. Pour couper la moulure du mur adjacent, faites pivoter la scie à onglet pour qu'elle soit dans la position symétrique, à 45°, et coupez la deuxième moulure, qui formera avec la première un coin parfait.

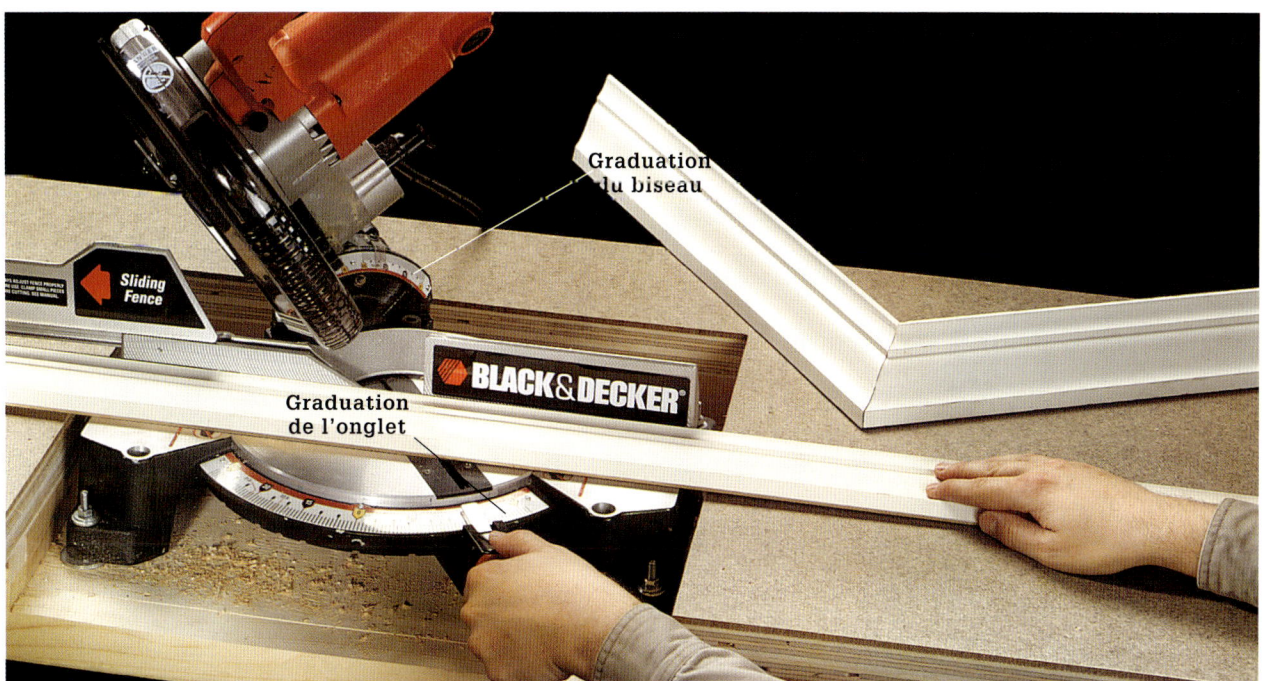

Option : Placez la moulure à plat sur la table de la scie et réglez les angles de l'onglet et du biseau. Pour les gorges, les réglages standard sont de 33° (onglet) et de 31,62° (biseau). Sur la plupart des graduations des scies, la marque de ces réglages est accentuée pour faciliter leur repérage. Si les murs ne sont pas perpendiculaires, vous devrez procéder par tâtonnements pour trouver les bons réglages.

Scies circulaires à table

La scie circulaire à table est un des outils les plus utiles à tout bricoleur qui entreprend des travaux de menuiserie d'une certaine importance. Elle permet d'effectuer les coupes en onglet, de refente, transversales et en biseau. Elle permet aussi de faire les rainures, les joints à queue d'aronde, les joints à feuillure et les joints à tenon qui font partie d'une multitude de travaux de menuiserie.

Lorsque vous utilisez une scie circulaire à table, il existe plusieurs accessoires faits à la main qui vous permettent d'améliorer les résultats obtenus et de réduire au minimum les risques de blessures. Les poussoirs et les poussoirs chevauchants (page 88) servent à pousser plus facilement les pièces en bois vers la lame tout en gardant les mains à une distance sûre. Les planches à languettes permettent de maintenir les pièces à plat et dans la trajectoire rectiligne pendant la coupe.

Si vous souhaitez utiliser une scie circulaire à table dans votre atelier, mais ne possédez pas les ressources financières ou l'espace nécessaire à l'acquisition d'un modèle normal, considérez l'achat d'une scie circulaire à table portative. Ces scies sont plus petites, mais elles offrent la plupart des possibilités des modèles plus importants.

Pour les travaux de menuiserie générale, utilisez une lame combinée. Si vous comptez effectuer de nombreuses coupes de refente ou transversales et qu'elles doivent être précises, installez une lame qui est conçue exclusivement pour ce genre de travail.

REMARQUE : il faut prendre des précautions particulières lorsqu'on utilise une scie circulaire à table, car la lame est nue. N'oubliez pas que vos mains et vos doigts sont vulnérables, même si vous avez installé une protection. Lisez les instructions spéciales du manuel du propriétaire concernant l'utilisation de votre scie et portez toujours l'équipement de protection oculaire et auditive lorsque vous utilisez votre scie circulaire à table.

La scie circulaire à table est un outil de coupe polyvalent et très précis. La gamme de gabarits et d'accessoires étant pratiquement illimitée, comme ce gabarit pour coupe en biseau, il existe très peu de coupes qu'une scie circulaire à table ne peut réaliser.

Conseils pour l'utilisation de la scie circulaire à table

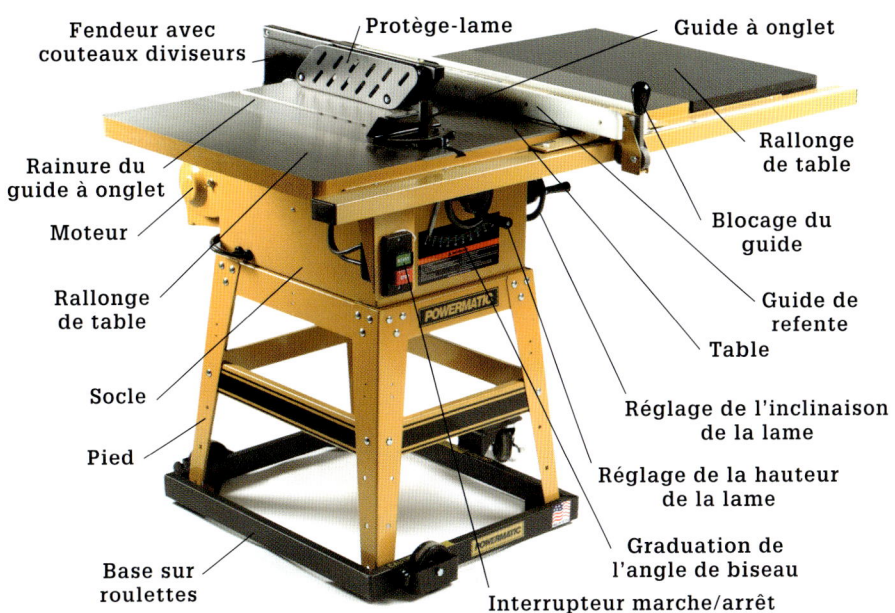

Légendes : Fendeur avec couteaux diviseurs ; Protège-lame ; Guide à onglet ; Rallonge de table ; Blocage du guide ; Guide de refente ; Table ; Réglage de l'inclinaison de la lame ; Réglage de la hauteur de la lame ; Graduation de l'angle de biseau ; Interrupteur marche/arrêt ; Base sur roulettes ; Pied ; Socle ; Rallonge de table ; Moteur ; Rainure du guide à onglet.

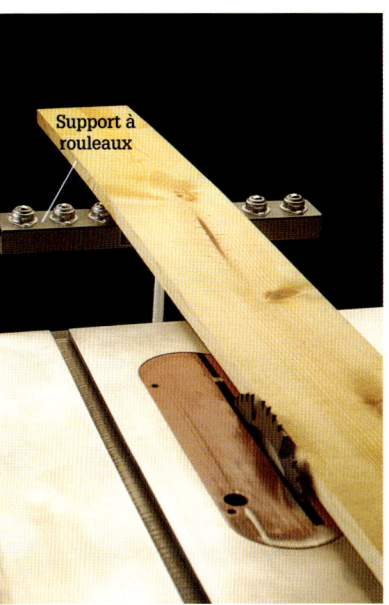

Utilisez un support à rouleaux pour maintenir les longues pièces de bois à la bonne hauteur pendant que vous les coupez avec la scie circulaire à table. Le support à rouleaux vous permet de faire glisser la pièce vers la lame sans risquer qu'elle ne tombe par terre.

Sachez à quoi servent les parties et les accessoires de la scie circulaire à table avant de l'utiliser. La scie représentée comprend les parties suivantes : le protège-lame ; la cale de refente, pour aligner la ligne de coupe de la pièce sur la lame ; le réglage de la hauteur de la lame et la graduation de l'angle du biseau ; l'interrupteur marche/arrêt ; le réglage du biseau et la jauge à onglet qui permet de régler l'angle des onglets.

Comment régler une scie circulaire à table

Vérifiez l'alignement vertical de la lame en réglant le biseau à 0° et en pressant une équerre de menuisier contre la lame. La branche verticale de l'équerre doit s'appliquer parfaitement contre la lame ; sinon, réglez la lame conformément aux instructions que vous trouverez dans le manuel de l'utilisateur.

Vérifiez l'alignement horizontal de la lame en mesurant aux deux extrémités la distance entre la lame et la cale de refente. Si ces distances ne sont pas égales, la lame n'est pas parallèle à la cale, et la scie risque de se bloquer ou de rebondir. Réglez la scie en suivant les instructions du manuel de l'utilisateur.

Réglez la lame pour qu'elle ne dépasse pas la face supérieure de la pièce de plus de ½ po ; vous réduirez les sollicitations du moteur et obtiendrez de meilleurs résultats de coupe.

Outils et utilisation

Comment changer la lame d'une scie circulaire à table

Débranchez la scie à table. Enlevez le protège-lame et la plaque amovible de la table et tournez le bouton de réglage en hauteur de la lame dans le sens des aiguilles d'une montre jusqu'à ce que la lame ait atteint sa hauteur maximale.

Mettez des gants et immobilisez la lame avec un morceau de bois. Desserrez l'écrou de l'axe en le faisant tourner dans le sens des aiguilles d'une montre et enlevez-le. (La plupart des scies sont fournies avec la clé appropriée.)

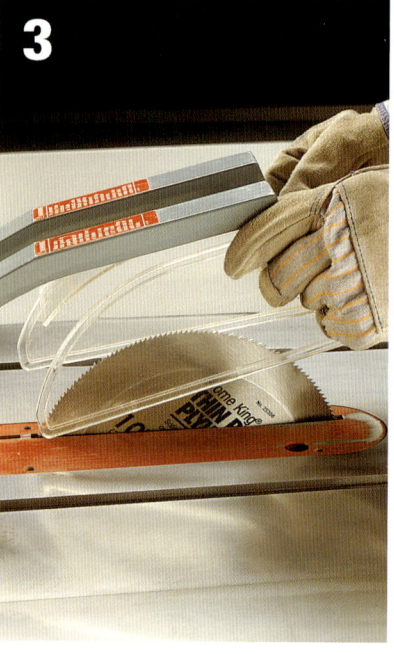

Enlevez soigneusement l'ancienne lame et installez la nouvelle, la courbure des dents orientée vers l'avant de la scie. Ne serrez pas exagérément l'écrou. Replacez la plaque amovible de la table et le protège-lame.

Utilisation de poussoirs et de poussoirs chevauchants

Les poussoirs sont des articles de sécurité essentiels lorsqu'on effectue une coupe de refente. Ils protègent vos doigts de la lame.

Les poussoirs chevauchants de divers styles tiennent les pièces contre la table ou le guide de refente. Ils sont particulièrement utiles pour refendre les longues pièces de bois, difficiles à maintenir.

Comment faire une coupe de refente avec une scie circulaire à table

Amorcez une coupe de refente en vous tenant à gauche de la pièce et en plaçant votre jambe gauche contre le coin de la table, votre hanche touchant le rail avant du guide de refente.

Faites avancer la pièce sur la lame avec votre main droite, tout en pressant la planche contre le guide, de la main gauche.

Vers la fin de la coupe, utilisez un poussoir pour faire avancer la planche au-delà de la lame.

Une fois la planche coupée en deux, il restera une pièce de rebut contre la lame. Ne l'enlevez pas avec vos mains. Éteignez la scie.

Lorsque la pièce à travailler est dégagée de la lame, utilisez le poussoir pour éloigner la pièce de rebut de la lame.

Comment faire une coupe transversale avec une scie circulaire à table

Alignez soigneusement la lame sur la ligne de coupe avant de mettre la scie en marche et d'effectuer la coupe.

En tenant fermement la pièce contre le guide à onglet, faites avancer les deux en direction de la lame pour effectuer la coupe. Tenez-vous derrière le guide à onglet, de façon à être éloigné de la pièce de rebut.

Faites avancer le guide à onglet vers la lame, jusqu'à ce que la pièce à travailler soit coupée en deux et dégagée de la lame.

Faites glisser la pièce de rebut hors de la portée de la lame à l'aide d'un poussoir. Si elle est trop petite pour être atteinte aisément, éteignez d'abord la scie. N'enlevez pas de petites pièces de rebut à la main lorsque la scie est en marche.

Coupe longitudinale de matériaux en feuilles à l'aide d'une scie circulaire à table

La scie circulaire à table constitue un bon choix pour effectuer des coupes nettes et précises dans du contreplaqué. En général, on obtient ainsi de meilleurs résultats qu'avec une scie circulaire. Toutefois, les panneaux de contreplaqué pleine grandeur peuvent être compliqués à manipuler et difficiles à soulever jusqu'à la table de sciage. La méthode la plus sûre pour scier de grands panneaux consiste à les couper d'abord en pièces plus petites à l'aide d'une scie circulaire. Les sections plus petites seront beaucoup plus faciles et moins dangereuses à manipuler sur la table de sciage. Soyez extrêmement prudent si vous ne disposez que d'une scie circulaire à table pour couper un panneau pleine grandeur. Pour régler la coupe, placez derrière la scie un robuste support sur roulettes ou un établi qui recevra le contreplaqué après le passage de la lame. Assurez-vous que le support côté sortie est légèrement plus bas que la table de sciage, pour éviter qu'il n'accroche les pièces à travailler pendant la coupe. Insérez dans la scie une lame tout usage ou une lame fine. Réglez la hauteur de la lame à environ ¼ po de plus que l'épaisseur du contreplaqué, et bloquez le guide.

Mettez la scie en marche et inclinez le panneau sur la table de sciage, en vous assurant qu'un bord long affleure le guide de refente. Tenez-vous du côté opposé du panneau, près du coin arrière, et faites-le avancer vers la lame. Une fois la coupe amorcée, faites avancer lentement le panneau vers la lame et déplacez-vous derrière, pour soutenir le bord arrière. Gardez vos mains éloignées de la lame pendant que vous terminez la coupe, en poussant la section contre le guide de refente jusqu'au-delà de la lame. Éteignez la scie et attendez que la lame soit arrêtée avant d'enlever les pièces.

Comment effectuer une coupe longitudinale de matériaux en feuilles à l'aide d'une scie circulaire à table

Si un panneau de contreplaqué est trop grand pour se manipuler facilement, taillez-le d'abord en sections plus petites avec une scie circulaire. Coupez juste à l'extérieur des lignes de coupe finales de façon à pouvoir terminer les coupes sur la table de sciage.

Entamez la coupe en vous tenant derrière le coin arrière du panneau et en le faisant avancer de la main droite. Maintenez fermement le panneau contre le guide de refente avec votre main gauche. Faites avancer lentement le panneau vers la lame.

À mesure que la coupe progresse, déplacez-vous derrière le panneau pour soutenir le bord arrière. À la fin, votre main droite devrait pousser le panneau entre le guide et la lame jusqu'à ce que la coupe soit terminée.

Perceuses et embouts

La perceuse électrique est l'un des outils les plus répandus et les plus polyvalents. Grâce aux nombreuses améliorations apportées à l'outil initial, la perceuse actuelle remplit bien d'autres fonctions que celle de percer des trous. La plupart des perceuses sont réversibles et à vitesse variable (VSR, de l'anglais « variable-speed reversing »), ce qui les rend pratiques pour enfoncer des vis, des écrous et des boulons ou pour les enlever, ainsi que pour forer, poncer des objets ou mélanger la peinture. Elles ont souvent un mandrin sans clé qui facilite le changement d'embout ou la conversion instantanée de la perceuse en meule, en ponceuse ou en mélangeur à peinture. Les nouveaux modèles vous permettent de régler l'embrayage pour le perçage ou pour enfoncer des accessoires dans divers matériaux, de sorte que l'outil débraye automatiquement pour ne pas abîmer la tête de vis ou ne pas l'enfoncer trop profondément dans le matériau.

Les perceuses vendues dans le commerce ont les tailles suivantes : ¼ po, ⅜ po et ½ po. La taille de la perceuse correspond au diamètre des embouts et autres accessoires que vous pouvez y fixer. La perceuse de ⅜ po est le modèle le plus utilisé dans les travaux de menuiserie, car on peut la munir d'une gamme étendue d'embouts ou d'accessoires, et elle tourne à plus grande vitesse que les modèles de ½ po.

Vous devez connaître les avantages des modèles avec et sans cordon avant de décider celui que vous achèterez. La plupart des perceuses sans cordon tournent moins vite que celles à cordon. Par contre, elles sont plus commodes à utiliser parce qu'on peut s'en servir durant plusieurs heures avant de recharger la batterie et qu'elles éliminent le besoin de recourir à des rallonges. Les perceuses de la meilleure qualité tournent à environ 1200 tr/min. Les perceuses à cordon sont nettement plus légères, puisqu'elles ne contiennent pas de bloc-batterie, et certaines tournent à plus de 2000 tr/min. La vitesse plus lente des perceuses sans cordon ne présente aucun inconvénient dans la plupart des travaux, mais à mesure que la batterie se décharge, le perçage devient plus difficile et sollicite davantage le moteur. La batterie de rechange élimine cet inconvénient. Si vous possédez les deux types de perceuses, gardez le modèle avec cordon en réserve.

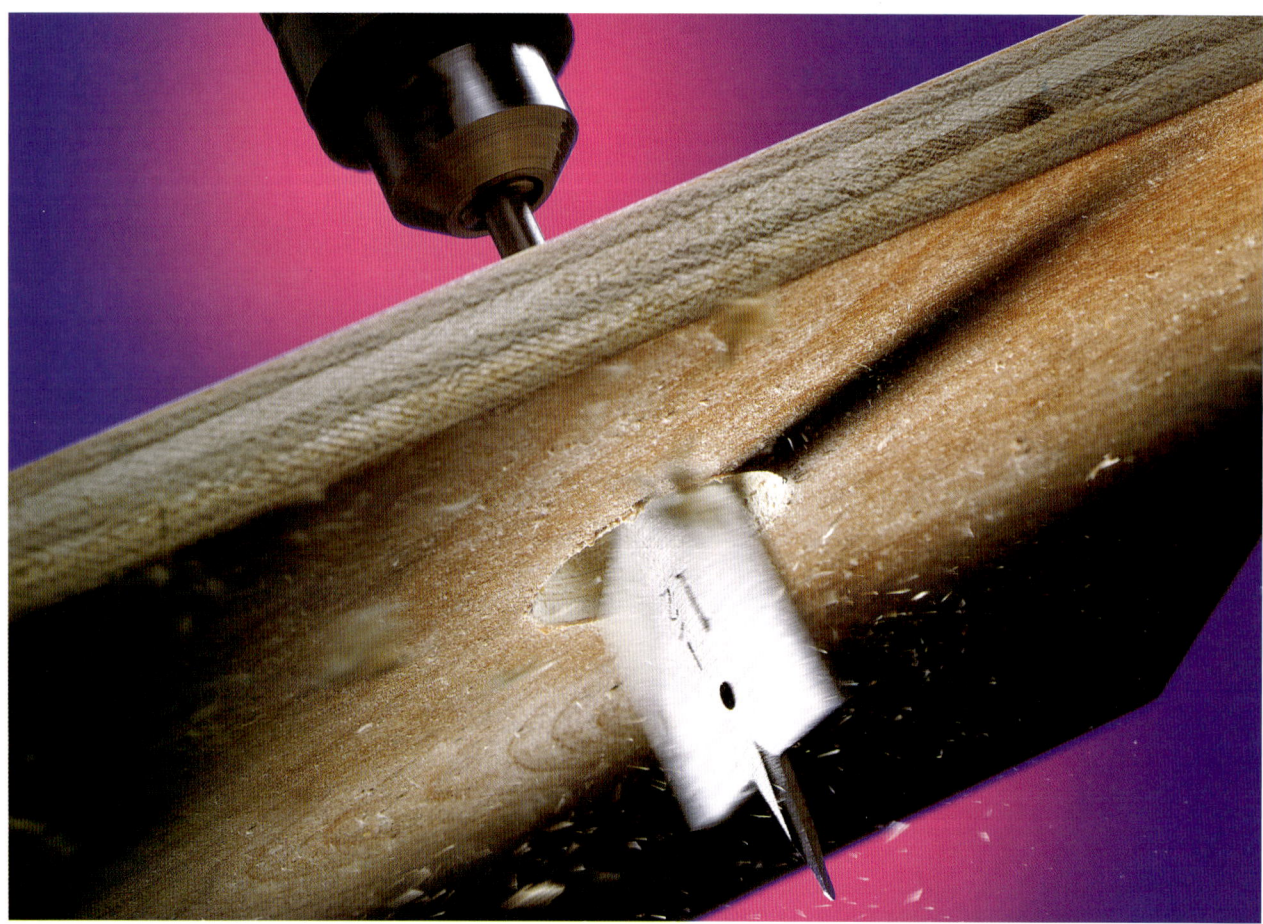

Achat d'une perceuse

Lorsque vous envisagez l'achat d'une perceuse, n'oubliez pas que l'outil le plus puissant n'est pas nécessairement le plus approprié pour le travail que vous avez à exécuter. Ce principe s'applique particulièrement aux perceuses sans cordon, car aux tensions nominales plus élevées, correspondent des batteries plus lourdes. Le modèle puissant de perceuse sans cordon est utile pour le perçage difficile, car sa plus grande puissance permet de percer des trous plus rapidement et plus facilement dans du bois épais ou dans de la maçonnerie. Pour enfoncer des vis et pour les travaux légers de perçage, la perceuse sans cordon, de puissance moyenne, ou une perceuse à cordon conviennent parfaitement. Tenez compte des caractéristiques telles que le mandrin sans clé, l'embrayage réglable, la vitesse variable et la réversibilité qui rendent la tâche plus facile et l'outil plus polyvalent. Essayez plusieurs perceuses, vous pourrez ainsi comparer la sensation qu'elles procurent sous charge.

Les perceuses comportent les éléments qui suivent:
(A) cadran de réglage de l'embrayage, (B) réglage de la vitesse (C) compartiment à embouts (D) mandrin sans clé, (E) blocage de la gâchette et interrupteur d'inversion (F) capacité en voltage (G) batterie.

Les perceuses à cordon sont encore fort répandues, car elles génèrent un couple puissant et fonctionnent à des vitesses pouvant atteindre et dépasser 2000 tr/min. Si vous cherchez une perceuse rapide, puissante et légère, le modèle à cordon est sans doute celui qui vous conviendra le mieux.

La perceuse à percussion combine le mouvement rotatif de la perceuse et la percussion du marteau. Elle permet de forer beaucoup plus rapidement que la perceuse ordinaire des trous dans la maçonnerie. La perceuse à percussion peut aussi fonctionner uniquement en mode perçage, ce qui la rend utile pour les travaux généraux de perçage.

Utilisation des embouts de perceuse

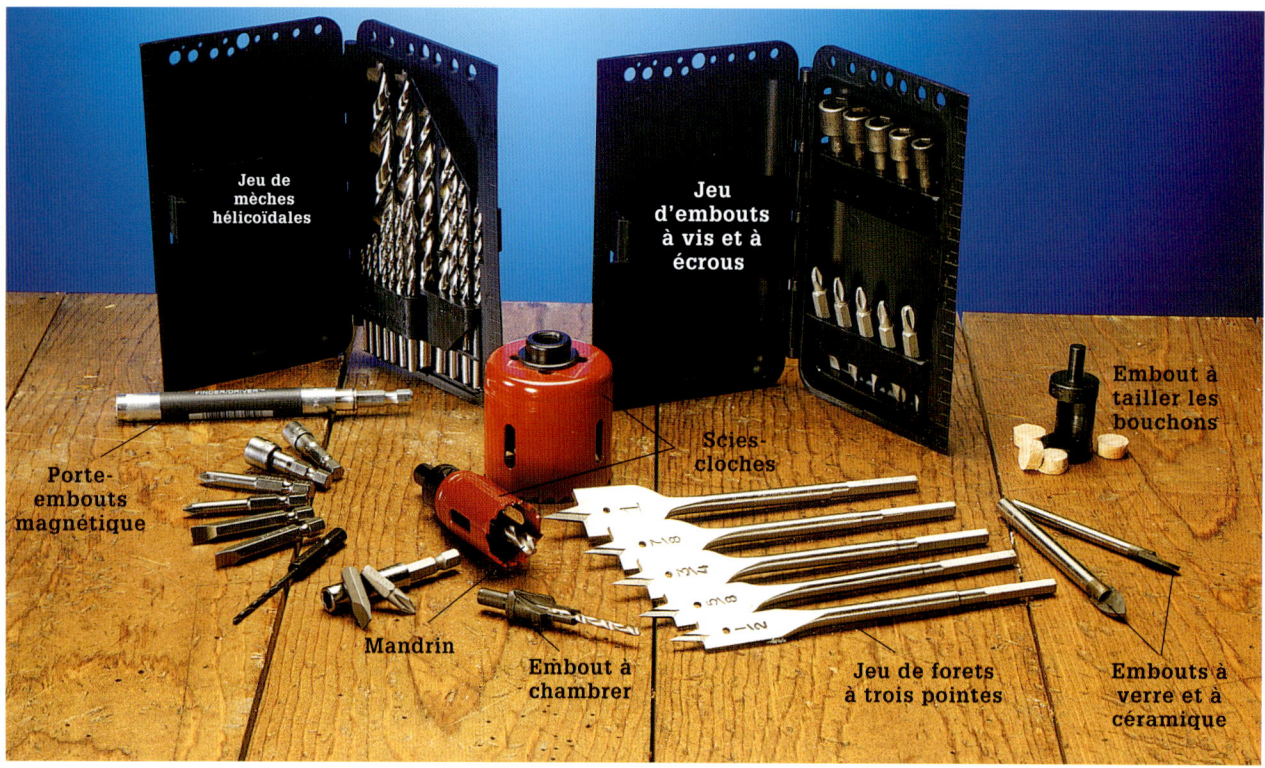

Les embouts de perceuse comprennent : un porte-embouts magnétique, un jeu de mèches hélicoïdales, un jeu d'embouts à vis et à écrous, un embout à tailler les bouchons, des embouts à verre et à céramique, un jeu de forets à trois pointes, des scies-cloches et un embout à chambrer. Ces accessoires sont souvent vendus avec la perceuse, mais on peut aussi les acheter séparément.

La mèche hélicoïdale comporte une pointe qui ressemble à une vis et un filetage prononcé. Elle perce un chemin de câblage rapidement et facilement, grâce à son auto-avance dans le bois.

Faites des avant-trous dans le bois dur. Commencez par un foret de petit diamètre et utilisez ensuite le foret du diamètre requis. En agissant ainsi, vous éviterez les inconvénients que vous risquez de rencontrer si vous entamez le bois avec le foret de grand diamètre, c'est-à-dire le blocage du foret et les éclats de bois.

Utilisez un embout à chambrer réglable pour forer, en une opération, l'avant-trou, la fraisure et la chambre. Desserrez la vis de blocage pour adapter l'embout à la forme et à la dimension de la vis.

Forez les trous des boutons de porte et des barillets des serrures au moyen d'une scie-cloche (photo supérieure) et d'un foret à trois pointes (mortaise). Pour que la surface de la porte n'éclate pas, arrêtez de forer dès que le mandrin de la scie-cloche apparaît de l'autre côté de la porte. Achevez de percer le trou en vous plaçant de ce côté. Utilisez un foret à trois pointes pour percer le trou du pêne, perpendiculaire au chant de la porte.

Utilisez une planche d'appui lorsque vous percez des trous dans du bois dur ou du contreplaqué de finition, ou chaque fois que vous voulez éviter d'abîmer la surface du bois. Une planche d'appui, placée sous la pièce, empêche le bois de la surface inférieure d'éclater lorsque le foret la traverse.

Enlevez une vis cassée en forant un avant-trou dans la tête de la vis et en retirant celle-ci avec un embout d'extraction, de dimension appropriée. On peut utiliser les embouts d'extraction avec une perceuse que l'on fait tourner dans le sens contraire à celui des aiguilles d'une montre, ou avec un outil d'extraction manuel.

Outils et utilisation

Ponceuses

Les ponceuses électriques servent à finir et à adoucir la surface des objets fabriqués en bois et dans d'autres matériaux de construction avant qu'on leur applique une peinture ou une teinture. Elles servent aussi à enlever de fines couches de matière. Les ponceuses vibrantes (page suivante, photo supérieure) sont recommandées pour le ponçage léger et intermédiaire, et lorsqu'il faut obtenir des surfaces très lisses. Les ponceuses à courroie (page suivante, photo inférieure gauche) conviennent à la plupart des travaux où il faut enlever rapidement et grossièrement de la matière. Dans les endroits exigus ou présentant un contour compliqué, poncez à la main, avec du papier de verre plié ou un bloc de ponçage, ou utilisez des accessoires de ponçage montés sur une perceuse (page suivante, photo inférieure droite).

Lorsque vous devez poncer une pièce brute dont la surface doit être polie, commencez par la poncer avec du papier de verre grossier. Passez ensuite à du papier de verre de plus en plus fin jusqu'à ce que la surface présente le fini voulu. Les travaux de ponçage intermédiaire comportent généralement trois étapes : le ponçage grossier, le ponçage intermédiaire et le ponçage fin.

Le ponçage est une opération laborieuse. Prenez le temps qu'il faut pour le réussir du premier coup. Si vous bâclez le travail, cela paraîtra dans le résultat obtenu.

REMARQUE : les ponceuses produisent des particules qui restent en suspension dans l'atmosphère. Envisagez l'achat d'une ponceuse munie d'un sac à poussière et portez toujours un masque respiratoire et l'équipement de protection oculaire nécessaire.

Utilisez une ponceuse pour enlever l'épaisseur de matière voulue et créer une surface lisse. La ponceuse orbitale représentée ici convient aux applications générales qui requièrent un ponçage intermédiaire ou poussé. Le mouvement orbital combine le mouvement circulaire et le mouvement de va-et-vient latéral. Contrairement aux ponceuses à disque, les ponceuses orbitales ne laissent aucune trace circulaire et n'exigent pas que l'on suive le sens de la fibre du bois. On trouve dans le commerce les disques de ponçage en paquets, attachés à l'aide d'une fermeture Velcro ou d'un adhésif sensible à la pression. On trouve également des applicateurs spongieux et des accessoires pour le polissage et l'application de cires en pâte.

Les ponceuses de finition sont conçues pour les travaux de ponçage légers ou intermédiaires qui donnent des surfaces finies. Les différents types de ponceuses sont les suivants : la ponceuse 3 en 1 (1), utilisée pour le ponçage de finition, l'enlèvement intermédiaire de matière et le travail de détail ; la ponceuse de finition classique (2), pour poncer les grandes surfaces ; la ponceuse de détails (3), utilisée pour les travaux de détail ; et la ponceuse à main (4), utilisée pour les petits travaux de finition et les coins facilement accessibles. La ponceuse de détails est également parfaite pour les travaux de polissage et de frottage lorsqu'on l'équipe des accessoires appropriés.

Enlevez rapidement la matière des grandes surfaces à l'aide d'une ponceuse à courroie. Il existe une gamme de courroies jetables allant du n° 36 (très grossier) au n° 100 (fin). On effectue la plupart des travaux en orientant la ponceuse à courroie dans le sens de la fibre. Cependant, il peut être efficace de poncer perpendiculairement à la fibre lorsqu'on veut enlever de la matière d'une surface de bois qui a été dressée grossièrement.

Les accessoires de ponçage pour perceuses comprennent (dans le sens horaire en commençant en haut, à droite) : le disque de ponçage pour ponçage rapide, les cylindres de ponçage et les bavettes de ponçage qui permettent de polir les surfaces compliquées.

Outils et utilisation

Utilisation des ponceuses

Le plateau et le guide d'onglets d'une ponceuse à disque sont pratiques pour poncer des rebords plats et droits. Inclinez le guide d'onglets pour affiner les pièces en angle, comme une moulure biseautée. Pour plus de précision, poncez jusqu'à une ligne de référence.

Il est possible de poncer de larges courbes à l'aide d'une ponceuse à courroie ou d'une ponceuse orbitale spéciale, mais utilisez une ponceuse à tambour montée sur une perceuse à colonne ou une perceuse électrique pour poncer des courbes serrées.

Nettoyez le papier de verre à l'aide d'une brosse métallique pour enlever la sciure de bois et les grains qui peuvent rendre le papier de verre moins rugueux et réduire son efficacité.

Il est souvent plus rapide d'enlever de grandes quantités de matières à l'aide d'une râpe à gros grain, puis de passer à la ponceuse, une fois la pièce limée. La râpe ne créera pas de sciure, c'est donc un outil plus propre à utiliser. Portez des gants si vous devez tenir la râpe près de la lame. Veuillez noter que la râpe ne coupe qu'en poussant.

Le bloc à poncer est utile pour polir les surfaces planes. Pour polir les surfaces courbes, enroulez du papier de verre autour d'un morceau de vieille carpette pliée ou de 2 po x 4 po.

Lorsque vous devez poncer les bords d'une planche au moyen d'une ponceuse à courroie, immobilisez la planche entre deux morceaux de bois inutilisés, pour empêcher la ponceuse d'osciller et d'arrondir les bords de la planche.

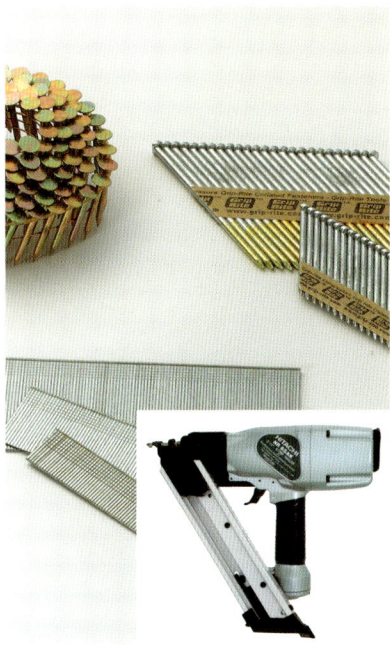

Les cloueuses à clous de finition sont conçues pour fixer des plinthes, des moulures et des cadres de portes et de fenêtres. Certaines comportent un magasin en angle qui facilite le travail dans les endroits restreints et les coins.

Les cloueuses à bobine pour toiture permettent de fixer rapidement et facilement les bardeaux ou les revêtements muraux. Le magasin circulaire peut recevoir de plus longues bobines de clous qu'un magasin droit, ce qui en accroît l'efficacité. On peut actionner ces cloueuses à répétition, en tenant la gâchette et en déplaçant la cloueuse le long de la surface de travail.

Les cloueuses pneumatiques sont offertes en divers styles, tailles et compositions convenant à diverses tâches. Les bobines de clous peuvent être droites ou en angle, et les têtes des clous de charpente peuvent être rondes ou inclinées. Vous pouvez acheter des clous galvanisés ou non enduits, ainsi que des clous conçus pour le bois traité ou les applications marines.

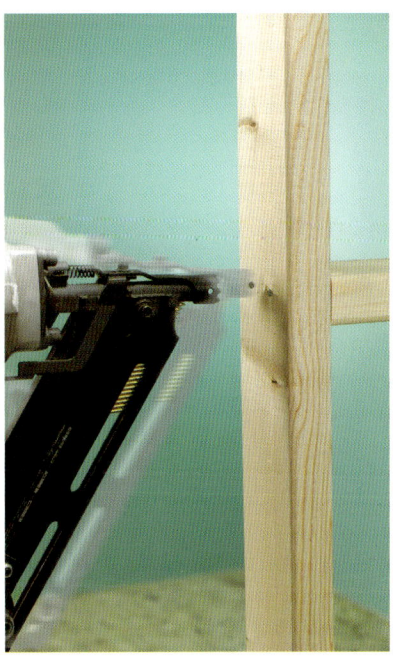

Pour préparer une cloueuse à l'utilisation, glissez une bobine de clous dans la fente du magasin et refermez le couvercle. Ajoutez quelques gouttes d'huile dans la buse du tuyau d'air, au besoin, avant chaque utilisation.

Ajustez le régulateur du compresseur selon la pression d'air recommandée pour la cloueuse que vous utilisez. Si la pression d'air est inadéquate, les clous risquent d'être enfoncés trop profondément ou pas suffisamment.

Enfoncez un clou en positionnant la pointe de clouage à l'endroit où vous voulez planter le clou, puis en poussant l'embout de sécurité contre la pièce à travailler. Tenez fermement la cloueuse et appuyez sur la gâchette. Relevez la cloueuse pour réengager le dispositif de sécurité.

Pistolets de scellement

Il se peut qu'à l'occasion, vos projets de menuiserie exigent de fixer du bois ou du métal à du béton, comme de clouer les semelles de murs à des planchers de béton. Vous pourriez même avoir à fixer des étriers de métal ou des colliers de serrage en plomberie à des poutres métalliques en I. Dans ces cas, vous pourriez utiliser des vis en acier trempé, après une fastidieuse tâche de perçage et, habituellement, après avoir cassé ou faussé quelques têtes de vis. Il serait plus facile d'utiliser quelques petites charges de poudre pour enfoncer des clous en acier trempé dans du métal ou du béton à l'aide d'un pistolet de scellement.

Le pistolet de scellement ressemble un peu à un appareil de battage ou à une arme de poing et fonctionne à peu près de la même façon. Un barillet d'acier contient des clous en acier trempé spéciaux, appelés goupilles moletées à cartouche. Les clous sont munis d'un manchon de plastique qui les maintient centrés dans le barillet. La force motrice est fournie par une petite charge explosive, appelée cartouche, qui ressemble à une petite balle d'arme à feu à la pointe ogivale. Les cartouches sont logées dans un magasin situé derrière le barillet de l'outil. En appuyant sur la gâchette de l'outil, ou en en frappant l'extrémité avec un marteau (selon le type d'outil), on actionne un percuteur qui amorce la mise à feu de la cartouche. L'expansion des gaz enfonce un piston contre le clou avec beaucoup de force. Les pistolets de scellement ne peuvent enfoncer qu'une attache à la fois, mais certains types d'outils peuvent recevoir une bobine de cartouches, ce qui accélère le travail.

Les cartouches sont offertes en divers calibres portant un code-couleur convenant à diverses applications de clouage et tailles de goupilles. Suivez soigneusement les recommandations du fabricant pour choisir la charge et l'attache appropriées à votre tâche. En général, la méthode la plus sûre consiste à commencer par la charge explosive la plus basse pouvant convenir à votre situation et voir si cela suffit pour enfoncer entièrement le clou. Au besoin, utilisez la charge du niveau supérieur.

Les pistolets de scellement sont faciles à utiliser par les bricoleurs et sont sûrs dans le cas de projets intérieurs, à condition de porter de l'équipement de protection des yeux et des oreilles, et de suivre les instructions du fabricant. Ces outils et leurs accessoires sont en vente dans la plupart des centres de rénovation. Vous pouvez aussi les louer.

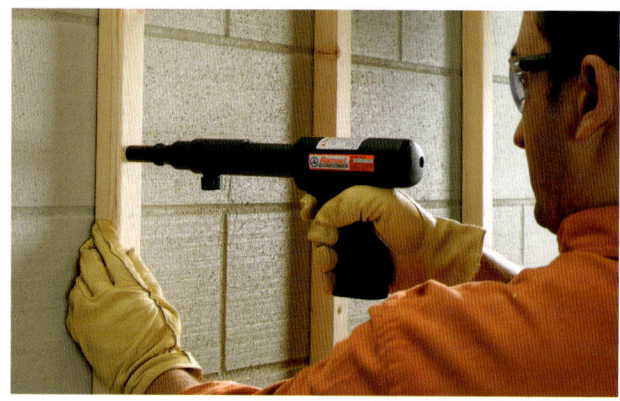

Les pistolets de scellement constituent la méthode la plus rapide et la plus facile pour fixer des éléments de charpente à des blocs de béton, à du béton coulé ou à de l'acier.

Les fixateurs à cartouches sont offerts en deux types : le type à plongée, que l'on actionne en en frappant l'extrémité avec un marteau, et le type à gâchette, qui fonctionne comme une arme de poing. Dans les deux cas, il faut abaisser le barillet contre la surface de travail pour dégager le dispositif de sécurité avant d'enfoncer une goupille.

Les cartouches sont des balles ogivales contenant diverses quantités de poudre. Un code-couleur permet d'assurer d'utiliser la charge appropriée à la taille des goupilles et aux matériaux à fixer. Conformez-vous au code-couleur, en commençant par une faible charge.

Les pistolets de scellement utilisent des clous en acier trempé, appelés goupilles, offerts en différentes tailles. Un manchon de plastique à ailettes maintient les goupilles centrées dans le barillet de l'outil.

Comment utiliser un pistolet de scellement

Pour préparer un pistolet de scellement à l'utilisation, glissez d'abord une goupille dans le barillet. Poussez-la jusqu'à ce que sa pointe affleure l'extrémité du barillet. Assurez-vous que le magasin ne contient pas de cartouche.

Ouvrez le magasin et insérez une cartouche dans le barillet. Un cercle autour de la cartouche fait en sorte qu'on ne peut la charger que d'un côté. Refermez le magasin.

Pressez fermement l'extrémité du barillet contre la surface de travail pour en dégager le dispositif de sécurité. Appuyez sur la gâchette ou frappez sur l'extrémité de l'outil avec un marteau pour amorcer la mise à feu. Une fois la goupille enfoncée, ouvrez le magasin pour éjecter la cartouche utilisée.

Conseil ▶

Il arrive que la première charge sélectionnée n'enfonce pas complètement le clou. Dans ce cas, utilisez un maillet pour finir le travail. Utilisez une plus forte charge pour enfoncer le reste des goupilles.

Outils spéciaux

Lorsqu'un travail de menuiserie exige l'emploi d'un outil que vous ne possédez pas, vous devez décider si ça vaut la peine de l'acheter. Les outils de bonne qualité coûtent parfois cher, et leur achat n'est justifié que si on les utilise assez fréquemment. La location de ce type d'outil constitue souvent la meilleure solution.

Les centres de location offrent à un coût raisonnable tout un assortiment d'outils, y compris ceux représentés dans ces pages. La location vous donne l'occasion d'essayer un outil que vous envisagez d'acheter plus tard et vous donne accès à des outils dont vous n'envisageriez jamais l'achat – le marteau perforateur, par exemple – mais qui peuvent vous faciliter l'exécution d'un projet donné.

Lorsque vous louez un outil, demandez toujours le manuel de l'utilisateur et une démonstration. Ainsi, vous gagnerez du temps et éviterez de mal utiliser l'outil ou de l'utiliser dangereusement.

Les outils se louent plus souvent à l'heure qu'à la journée. Si tel est le cas, vous ferez des économies en préparant le travail avant d'aller chercher l'outil.

La perceuse à percussion combine la percussion et la rotation et vous permet de forer rapidement dans le béton et la maçonnerie. Pour réduire la poussière au minimum et empêcher les embouts de surchauffer, lubrifiez à l'eau l'endroit du forage. Vous pouvez utiliser la perceuse à percussion comme une perceuse simple lorsque vous la placez en mode rotation.

La visseuse combinée permet de fixer rapidement des panneaux muraux ou des revêtements de faux-plancher. Cet outil accepte des bandes de vis à bois ou à plaques de plâtre, et un mécanisme d'avancement permet d'enfoncer celles-ci l'une après l'autre, sans s'arrêter. Un embrayage ajustable désengage le tournevis une fois que la vis est en place, afin d'empêcher qu'elle ne soit trop enfoncée.

Le tournevis à percussion comporte un mécanisme interne de martelage exclusif qui permet d'enfoncer des vis longues et de fort calibre, ou des tire-fond, en fatiguant beaucoup moins le bras qu'une perceuse, une visseuse ou un marteau-perforateur ordinaire. Cet outil est sans fil et accepte tant les mèches de tournevis que les douilles.

Les cloueuses sans fil sont actionnées par une explosion de gaz comprimé ou une batterie pour enfoncer des clous. Elles sont utiles lorsque vos projets de menuiserie sont hors de portée d'une prise de courant ou que vous travaillez en hauteur. Elles ne nécessitent pas de compresseur d'air.

Un lève-panneau permet à une personne seule de soulever un panneau mural au plafond ou au sommet d'un mur élevé. Cet appareil peut même soulever des panneaux de taille exceptionnelle jusqu'à 10 pi de hauteur. On peut en louer dans la plupart des centres de location pour une journée, un week-end ou une période plus longue.

Outils et utilisation

Menuiserie de base

L'ajout d'un étage à votre maison est, de toute évidence, un projet avancé qui exige des compétences spécialisées. Cependant, la plupart des projets de menuiserie pour la maison sont de plus petite envergure et réalisables par des bricoleurs aux compétences moyennes. Vous n'avez pas à être un entrepreneur professionnel pour poser des panneaux muraux ou des boiseries autour des fenêtres du sous-sol. Tout ce qu'il faut, ce sont des instructions claires, un peu de patience et de la pratique.

La section qui suit est consacrée aux projets de base que vous êtes susceptible d'entreprendre. Communiquez avec l'inspecteur en bâtiments de votre région pour savoir si votre projet exige un permis.

Dans ce chapitre :

- Anatomie d'une maison
- Préparation de la zone de travail
- Construction de murs
- Insonorisation des murs et des plafonds
- Installation de cloisons sèches
- Installation de portes intérieures
- Installation de portes pliantes
- Installation d'une contre-porte
- Installation des encadrements des portes et des fenêtres
- Installation de boiseries de fenêtres
- Installation de plinthes
- Lambrissage d'un plafond de grenier
- Installation de lambris bouvetés
- Revêtement des murs de fondation
- Charpentage des murs de fondation du sous-sol
- Boiseries de fenêtres de sous-sol

Anatomie d'une maison

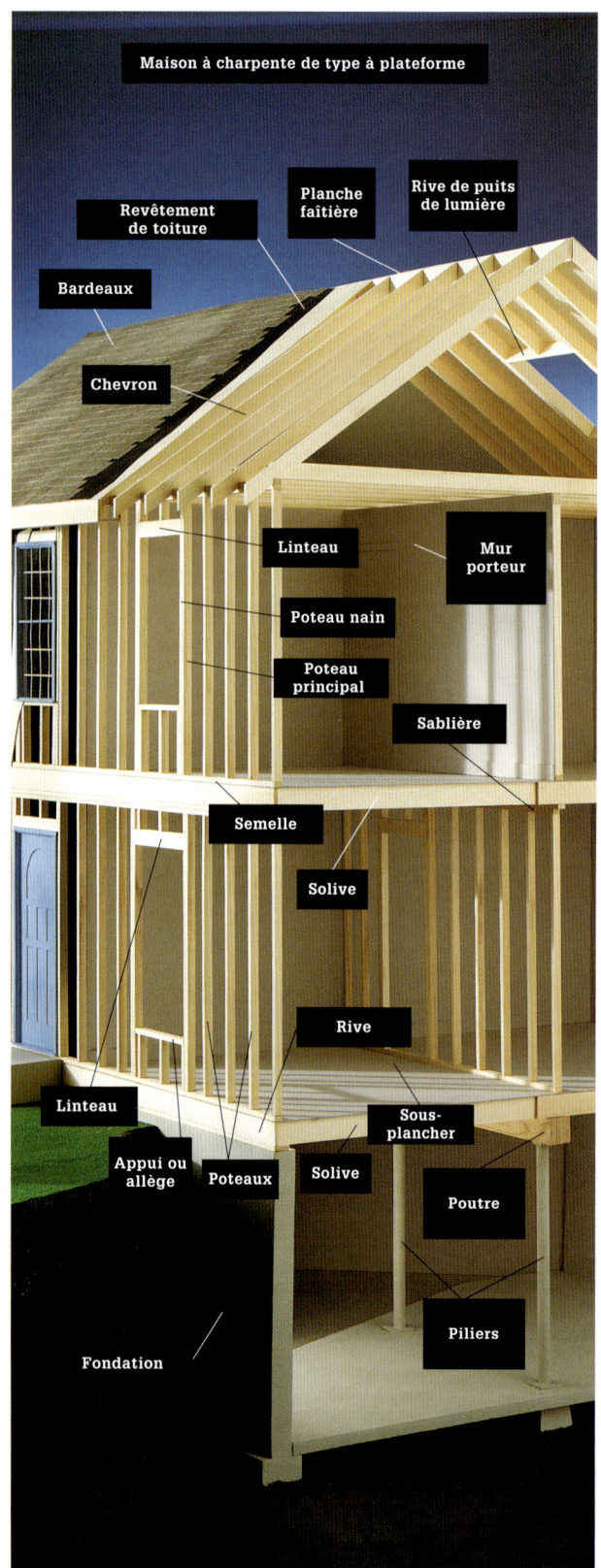

Avant de commencer votre projet de menuiserie, familiarisez-vous avec quelques éléments fondamentaux de la construction individuelle et de la rénovation. Consacrez le temps nécessaire à apprendre la terminologie utilisée pour les modèles illustrés dans les quelques pages qui suivent. Les connaissances acquises en étudiant cette section vous faciliteront les tâches ultérieures – planification du projet, achat des matériaux – et vous permettront d'élucider les questions concernant la conception intérieure de votre maison.

Si votre projet comprend la modification de murs extérieurs ou de murs porteurs, vous devez déterminer si la charpente de la maison est à plateforme ou à claire-voie. C'est le type de charpente qui détermine quels supports temporaires vous devez installer pendant les travaux. Si vous éprouvez des difficultés à déterminer le type de charpente de la maison, consultez les plans d'origine si vous les possédez ; sinon, consultez un entrepreneur en construction ou un inspecteur en bâtiments.

ANATOMIE D'UNE MAISON À CHARPENTE DE TYPE À PLATEFORME

La charpente à plateforme (photos de gauche et ci-dessus) est reconnaissable aux semelles des planchers et aux sablières des plafonds auxquelles sont fixés les poteaux muraux. La plupart des maisons postérieures à 1930 sont construites de cette façon. Si vous n'avez pas accès à des parties non finies, enlevez la surface murale au bas d'un mur : cela vous permettra de déterminer le type de charpente de la maison.

108 ■ LA MENUISERIE

L'installation d'une nouvelle porte ou d'une nouvelle fenêtre dans un mur extérieur nécessite normalement l'installation d'un linteau. Assurez-vous d'installer un linteau qui réponde aux exigences du code du bâtiment local et d'installer les poteaux d'allège aux endroits requis.

Les planchers et les plafonds sont constitués de matériaux en feuille, de solives et de poutres. Les planchers des locaux de séjour doivent être construits au moyen de solives ayant une section d'au moins 2 po x 8 po. Pour modifier les solives de section inférieure, reportez-vous à la page 112.

Les murs sont de deux types : les murs porteurs et les murs de séparation. Il faut installer des supports temporaires avant d'enlever un mur porteur ou d'y pratiquer une ouverture pour installer une porte ou une fenêtre. Par contre, cette mesure n'est pas nécessaire s'il s'agit de murs de séparation, car ils ne supportent aucune structure. Pour pouvoir déterminer à quel type de mur vous avez affaire, reportez-vous à la page 113.

ANATOMIE D'UNE MAISON À CHARPENTE DE TYPE À CLAIRE-VOIE

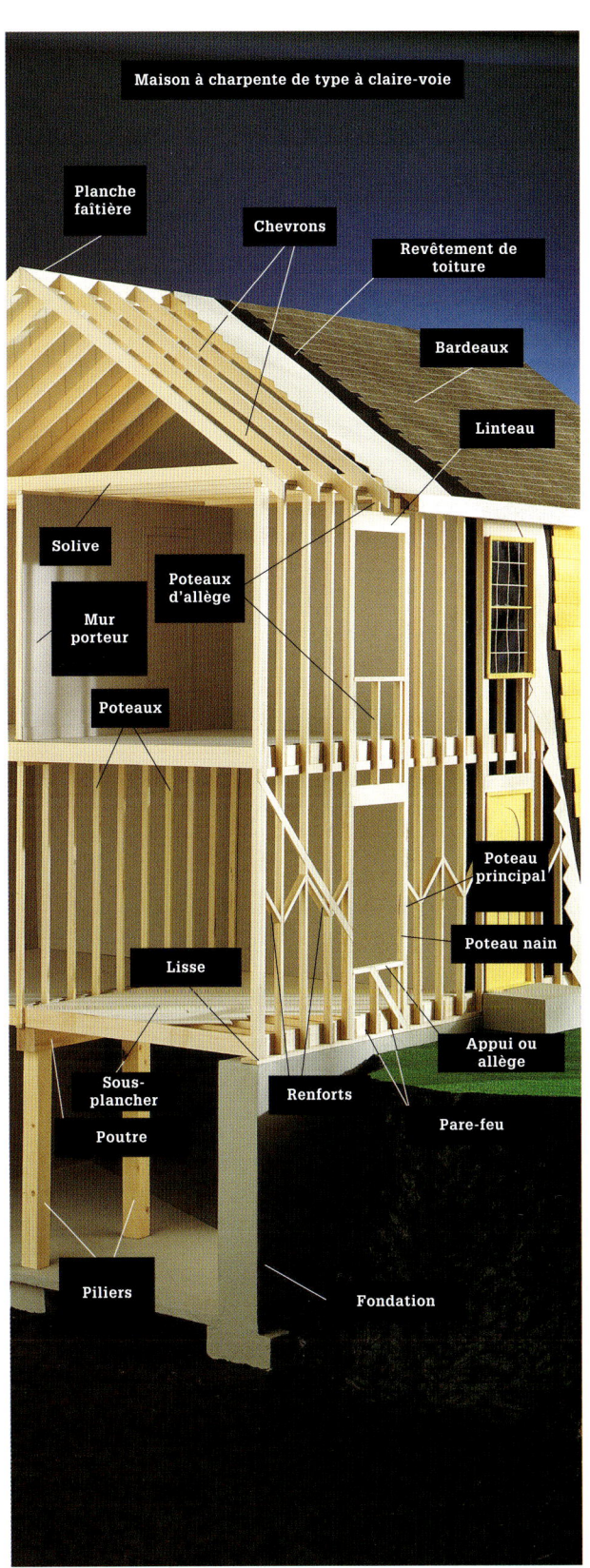

La charpente à claire-voie (photos de droite et ci-dessus) se caractérise par ses poteaux muraux ininterrompus qui joignent le toit à la lisse de la fondation, sans les semelles ni les sablières intermédiaires que l'on trouve dans les charpentes à plateforme (page précédente). La charpente à claire-voie était utilisée dans les maisons construites avant 1930 et on l'utilise encore dans certains types de maisons, en particulier dans les maisons à haut toit cathédrale.

Menuiserie de base 109

Anatomie détaillée

Dans plusieurs projets de transformation tels que l'addition d'une porte ou d'une fenêtre, il faut enlever un ou plusieurs poteaux faisant partie d'un mur porteur pour pratiquer l'ouverture nécessaire. Dans ce cas, il faut se rappeler que toute nouvelle ouverture exige l'installation permanente d'une poutre, appelée linteau, qui doit supporter directement la charge que la structure applique sur les poteaux que vous enlevez. Vous pouvez construire le linteau d'une porte ou d'une fenêtre en assemblant en sandwich du contreplaqué de ⅜ po entre deux morceaux de bois d'œuvre de dimensions courantes de 2 po d'épaisseur (voir le tableau ci-contre). Lorsqu'il faut enlever une partie importante d'un mur porteur (ou l'enlever complètement), il faut utiliser une poutre laminée en guise de nouveau linteau (page 23).

Si vous devez enlever plusieurs poteaux muraux, fabriquez des poteaux temporaires qui supporteront la charge de la structure pendant que vous installerez le nouveau linteau.

Dimensions de linteau recommandées

Largeur de l'ouverture	Construction recommandée du linteau
Jusqu'à 3 pi	Contreplaqué de ⅜ po entre deux morceaux de 2 po x 4 po
De 3 pi à 5 pi	Contreplaqué de ⅜ po entre deux morceaux de 2 po x 6 po
De 5 pi à 7 pi	Contreplaqué de ⅜ po entre deux morceaux de 2 po x 8 po
De 7 pi à 8 pi	Contreplaqué de ⅜ po entre deux morceaux de 2 po x 10 po

Ouverture de porte : la charge de la structure surmontant la porte est supportée par des poteaux d'allège qui reposent sur le linteau. Les extrémités du linteau sont supportées par les poteaux nains (appelés parfois poteaux d'enchevêtrure) et les poteaux principaux qui transmettent la charge à la semelle et à la fondation de la maison. L'ouverture pratiquée pour installer une porte doit être plus large de 1 po et plus haute de ½ po que les dimensions de la porte, jambages inclus. L'espace supplémentaire permet d'ajuster la porte lorsqu'on l'installe.

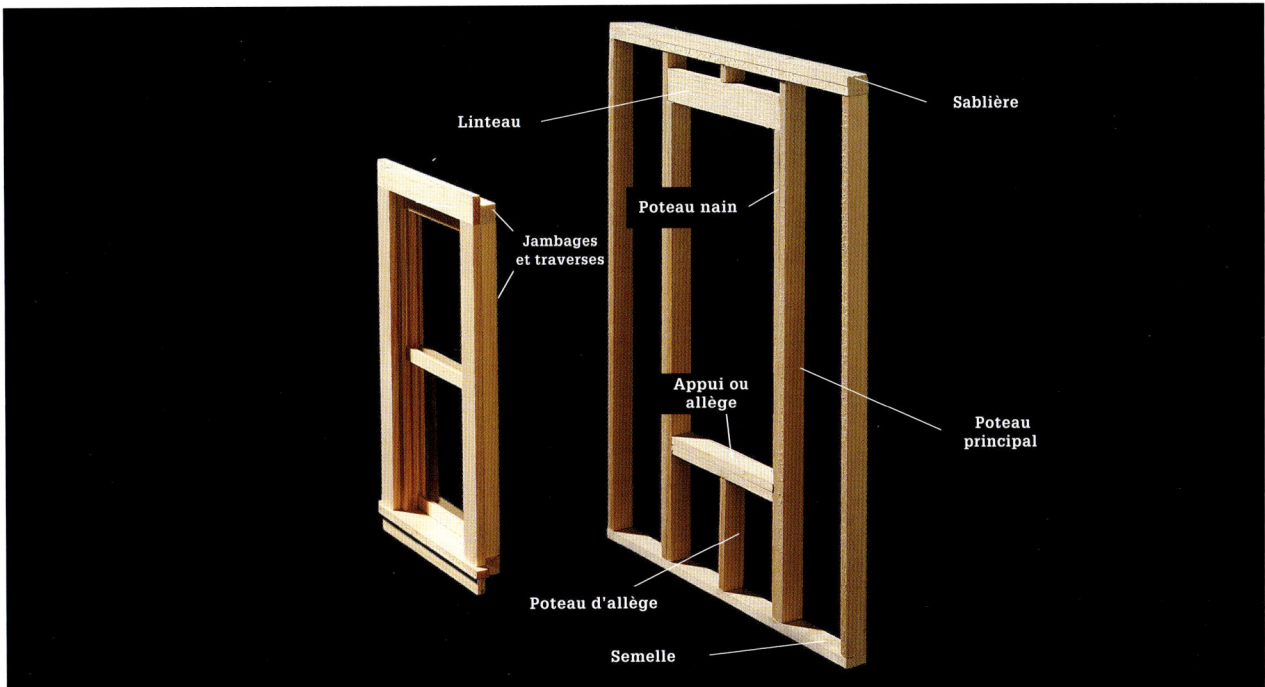

Ouverture de fenêtre : la charge de la structure surmontant la fenêtre est supportée par des poteaux d'allège qui reposent sur le linteau. Les extrémités du linteau sont supportées par les poteaux nains et les poteaux principaux qui transmettent la charge à la semelle et à la fondation de la maison. L'appui, qui permet d'ancrer la fenêtre mais ne supporte aucune charge, repose sur des poteaux d'allège. L'ouverture pratiquée pour installer une fenêtre doit être plus large de 1 po et plus haute de ½ po que les dimensions de la fenêtre, jambages compris. L'espace supplémentaire permet d'ajuster la fenêtre lorsqu'on l'installe.

Charpentes possibles pour les ouvertures de portes et de fenêtres (le bois ajouté est montré en jaune)

Utiliser une ouverture existante n'exige pas de charpente additionnelle. Cette solution est tout indiquée pour les maisons dont les murs extérieurs sont en maçonnerie, c'est-à-dire difficiles à modifier. Commandez une unité plus étroite de 1 po et moins haute de ½ po que l'ouverture.

Agrandir l'ouverture existante simplifie les travaux, surtout en ce qui concerne la charpente. Dans la plupart des cas, un poteau principal et un poteau nain existants peuvent former un côté de la nouvelle ouverture.

Construire une nouvelle charpente est une obligation incontournable si vous installez une porte ou une fenêtre là ou il n'en existait pas ou lorsque vous remplacez une porte ou une fenêtre par une unité beaucoup plus grande.

Menuiserie de base

Anatomie du plancher et du plafond

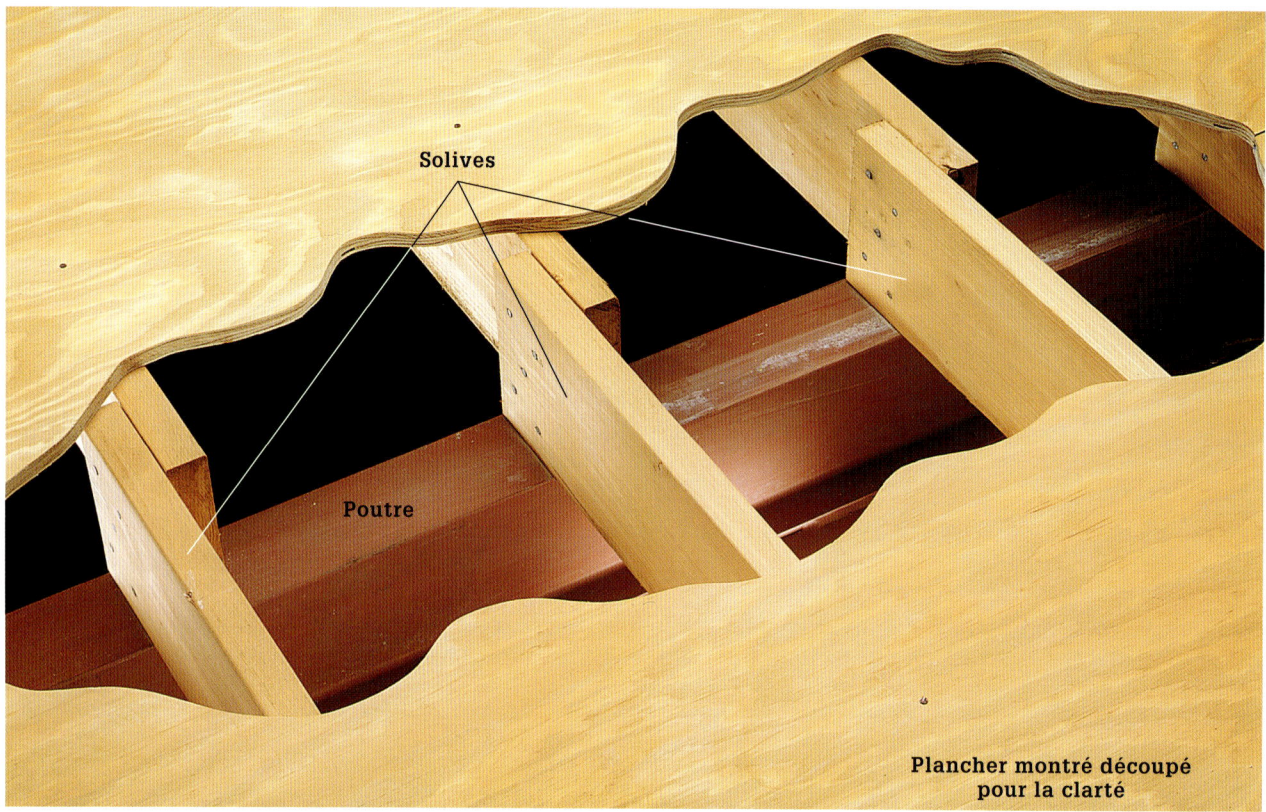

Les solives supportent la charge structurale des planchers et des plafonds. Leurs extrémités reposent sur les poutres, les fondations ou les murs porteurs. Les pièces utilisées comme lieux de séjour doivent être supportées par des solives de 2 po x 8 po au moins. On peut renforcer les planchers supportés par des solives plus petites au moyen de solives sœurs (voir les photos ci-dessous).

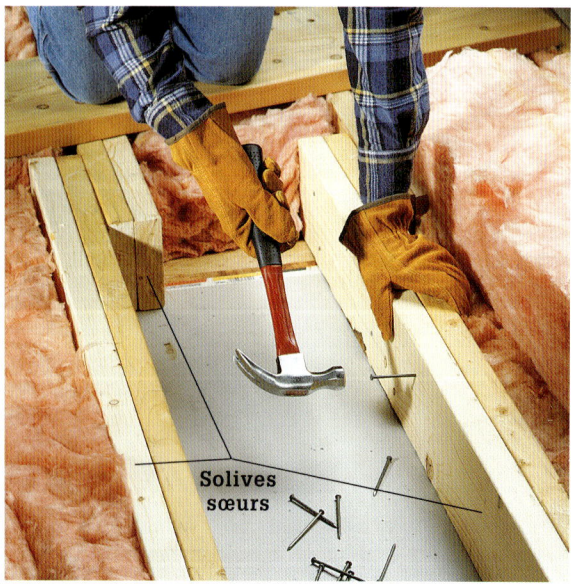
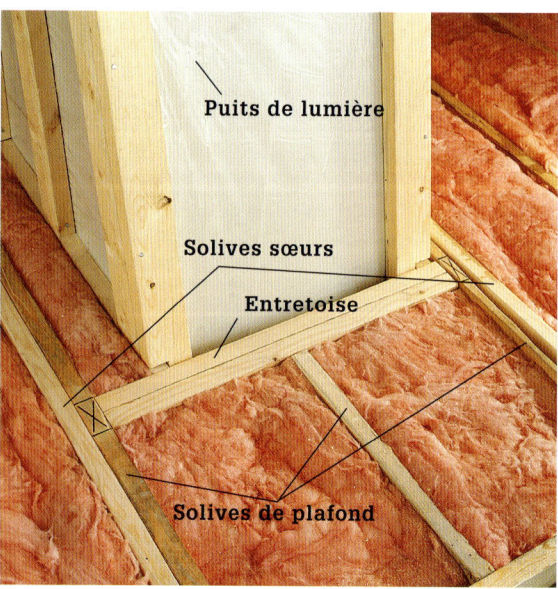

Les planchers supportés par des solives de 2 po x 6 po, comme ceux que l'on trouve parfois dans les greniers, ne peuvent servir de lieux de séjour à moins qu'on ne renforce chacune des solives originales au moyen d'une solive sœur (ci-dessus, photo de gauche). Il est souvent nécessaire de procéder ainsi lorsqu'on transforme un grenier en lieu de séjour. Les solives sœurs peuvent également servir à renforcer une entretoise lorsqu'il faut couper des solives de plafond, comme dans le cas d'une charpente de puits de lumière (ci-dessus, photo de droite).

Anatomie du toit

Les chevrons de 2 po x 4 po ou 2 po x 6 po, espacés de 16 ou 24 po, servent à supporter la plupart des toits des maisons construites avant 1950. En cas de besoin, on peut couper ces chevrons pour construire un puits de lumière. Vérifiez toutefois si la charpente de votre grenier est constituée de chevrons ou de fermes (photo de droite).

Les fermes sont des assemblages préfabriqués constitués de bois scié, de 2 po d'épaisseur. On les trouve dans la plupart des maisons construites après 1950. Il ne faut jamais modifier ou couper une ferme. Si vous désirez installer un puits de lumière dans une maison dont la charpente du toit est constituée de fermes, achetez une unité qui s'installe dans l'espace qui sépare deux fermes.

Anatomie des murs

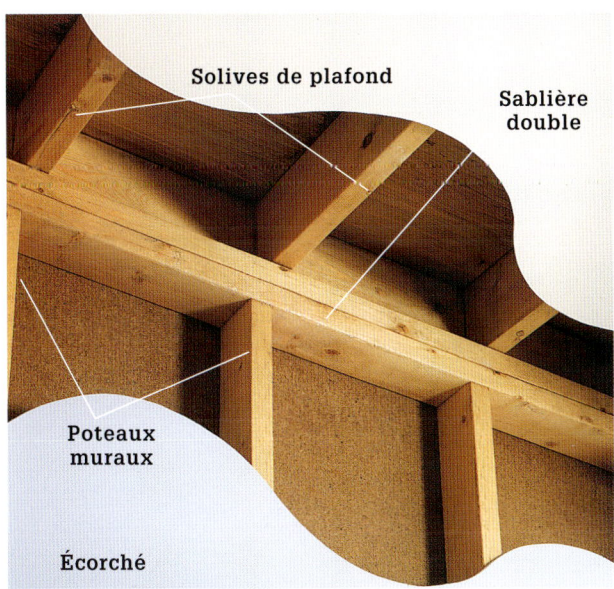

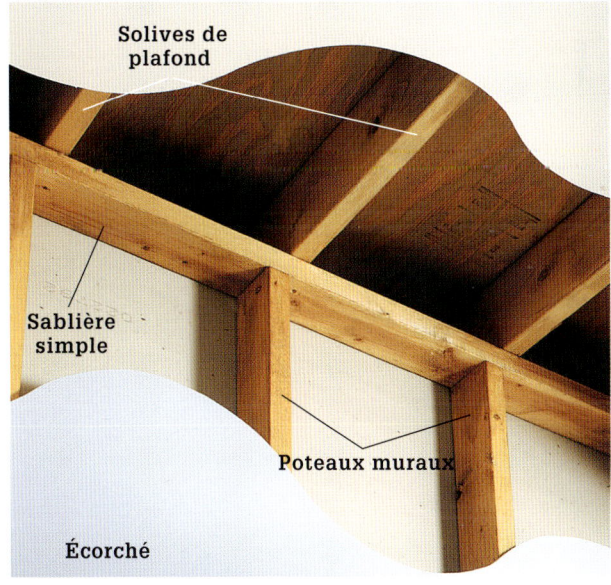

Les murs porteurs supportent le poids de la structure de votre maison. Dans les maisons à charpente de type à plateforme, les murs porteurs se distinguent par des sablières doubles, constituées de deux épaisseurs de bois de charpente. Les murs porteurs comprennent tous les murs extérieurs et les murs intérieurs qui se trouvent dans le même plan vertical que les poutres supports.

Les cloisons ou murs de séparation sont des murs intérieurs qui ne supportent pas le poids de la structure de la maison. Ils sont surmontés d'une sablière simple, peuvent être perpendiculaires aux solives de plancher et de plafond, mais ils ne sont pas dans le même plan vertical que les poutres supports. Tout mur intérieur perpendiculaire aux solives de plancher et de plafond est un mur de séparation.

Menuiserie de base

Prendre le temps de préparer la zone de travail permet de mener un projet plus efficacement. Étendez des toiles de protection, assurez la ventilation et l'éclairage, prévoyez des contenants pour les rebuts et vérifiez tous les circuits électriques de la zone.

Préparation de la zone de travail

La plupart des travaux de menuiserie font appel aux mêmes techniques de préparation et se déroulent dans le même ordre. Commencez par inspecter la zone de travail afin de déceler les parties mécaniques dissimulées, de couper le courant et de dévier le câblage électrique, les tuyauteries et autres lignes de service. Si ces tâches vous paraissent compliquées, faites appel à un professionnel.

Vérifiez toutes les prises de courant avant de démolir un mur, un plafond ou un plancher. À l'aide d'une pelle, débarrassez la zone de travail de tous les débris provenant de la démolition dès qu'ils forment un gros tas, et ce, tout au long des travaux de construction. Si les travaux sont importants, envisagez de louer une benne.

Outils et matériaux ▸

Tournevis divers
Balai
Récipients à déchets
Vérificateur de circuit au néon
Détecteur de montant électronique
Levier plat
Pince multiprise
Toiles de protection
Ruban-cache
Papier de construction
Contreplaqué

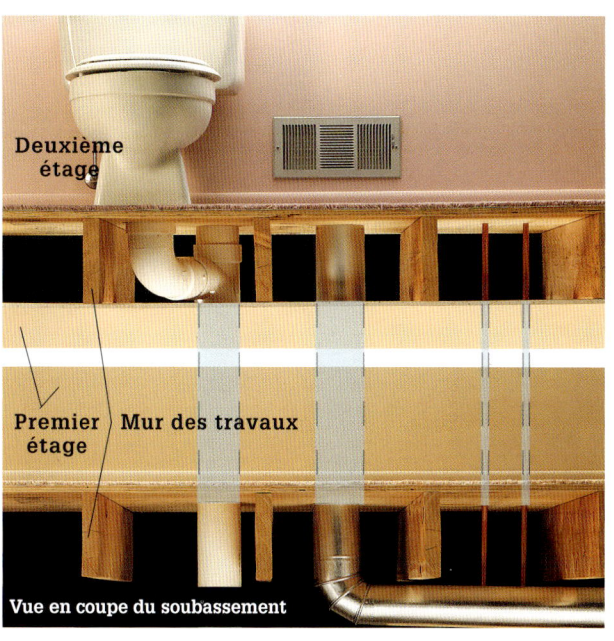

Avant de couper dans les murs, vérifiez où se trouvent les conduites de plomberie dissimulées, les gaines de ventilation et les tuyaux de gaz. Pour déterminer l'emplacement des tuyaux et des gaines, examinez les endroits situés juste en dessous et au-dessus du mur des travaux. Dans la plupart des cas, les tuyaux, les conduites de service et les gaines traversent les planchers en descendant verticalement à travers les murs. Les plans originaux de votre maison indiquent normalement où se trouvent les conduites de service.

Conseils de préparation

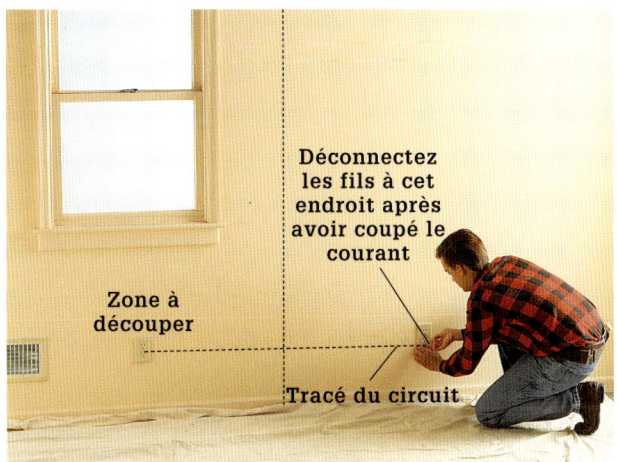

Déconnectez le câblage électrique avant de couper dans les murs. Suivez les câbles jusqu'à ce que vous trouviez une prise située hors de la zone à découper, coupez le courant et déconnectez les fils qui pénètrent dans la zone à découper. Rétablissez le courant et testez le circuit à l'aide d'un vérificateur de circuit avant de commencer à couper dans les murs.

Pelletez les débris et débarrassez-vous-en à travers une fenêtre bien placée, déversez-les dans une brouette. Vous accélérerez ainsi le déroulement des travaux de démolition. Recouvrez de panneaux de contreplaqué les buissons et les fleurs se trouvant à proximité des portes et des fenêtres ouvertes. Couvrez la pelouse avoisinante à l'aide de feuilles de plastique ou de toile, pour faciliter le nettoyage subséquent.

Enlèvement des vieilles moulures

Les moulures endommagées sont désagréables à regarder et peuvent causer des échardes. Il n'y a aucune raison de ne pas enlever les moulures abîmées pour les remplacer. Les centres de rénovation et les parcs à bois débités offrent différents styles de moulures, mais ils n'ont peut-être pas en stock celles dont vous avez besoin, particulièrement si votre maison a un certain âge. Si vous avez de la difficulté à trouver la moulure qu'il vous faut, songez à chercher du côté des magasins de récupération de matériaux de construction de votre région. Ils ont parfois des modèles qui ne sont plus fabriqués.

Enlever les moulures en place de façon à les réutiliser n'est pas toujours facile, surtout si elles présentent des motifs complexes. L'âge de la moulure et le schéma de clouage utilisé pour la fixer détermineront en grande partie si vous pouvez l'enlever sans la fissurer ou la fêler. Certaines moulures peuvent être réutilisables dans d'autres parties de la maison.

Mais que vous ayez ou non l'intention de réutiliser vos moulures, prenez votre temps et travaillez avec patience. Il est toujours bon d'enlever les moulures avec soin, de façon à ne pas endommager les murs, les planchers ou les plafonds environnants.

Outils et matériaux ▸

Couteau universel
Leviers plats (2)
Chasse-clou
Marteau
Pince à tranchant latéral ou pince coupante en bout
Lime de métal
Contreplaqué ou bois de construction de rebut

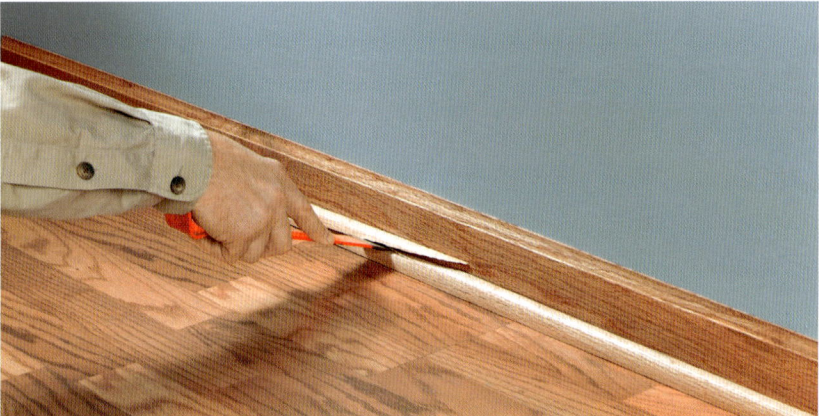

Même les moulures endommagées devraient être enlevées soigneusement.

Comment enlever les moulures peintes

Avant d'enlever des moulures peintes, coupez le joint supérieur entre la moulure et le mur à l'aide d'un couteau universel afin de dégager la moulure de toute accumulation de peinture sur le mur. Coupez carrément sur le bord supérieur de la moulure, en évitant d'entamer le panneau mural ou le plâtre qui se trouve derrière.

Éloignez la moulure du mur d'une extrémité à l'autre, en forçant aux emplacements des clous. Appliquez de la pression sur la moulure avec votre autre main pour en faciliter le décollement du mur. Un large couteau à joints ou à mastic permet d'assurer une protection entre l'outil et le mur.

LA MENUISERIE

Comment enlever les moulures au fini transparent

Enlevez les moulures en commençant par le quart de rond ou l'élément de moulure le plus mince. Forcez la moulure avec un levier plat, en utilisant l'effet de levier plutôt que la force brute, et travaillez d'une extrémité à l'autre. Frappez l'extrémité du levier avec un marteau, au besoin, pour dégager la moulure.

Utilisez de grosses pièces de bois de rebut pour éviter d'endommager les surfaces finies. Insérez un levier derrière la moulure, et l'autre, entre la base et le mur. Appuyez sur les leviers dans des directions opposées pour dégager la moulure du mur.

Comment enlever les clous

Option 1 : Extraction. Utilisez une pince à tranchant latéral ou une pince coupante en bout pour retirer les clous des moulures. Tirez parti de la tête arrondie de la pince coupante en bout, en faisant « rouler » le clou hors de la moulure, plutôt qu'en l'extrayant d'un coup sec.

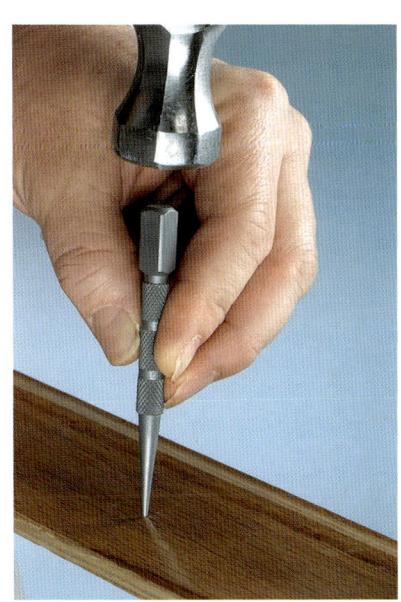

Option 2 : Démarche inversée. Assurez un vide derrière la pièce et enfoncez le clou dans la moulure à partir de l'avant, à l'aide d'un chasse-clou et d'un marteau.

Menuiserie de base

Construction de murs

Les murs de séparation sont construits entre les murs porteurs pour diviser l'espace. Ils devraient être robustes et bien construits, mais leur principale utilité est de recevoir des portes et de soutenir des revêtements.

Ancrage de nouveaux murs de séparation

Lorsqu'un nouveau mur est perpendiculaire aux solives de plafond ou du plancher situé au-dessus, fixez la sablière directement aux solives, à l'aide de clous de 16d.

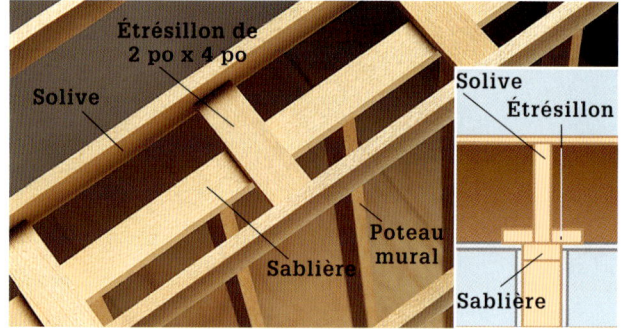

Lorsqu'un nouveau mur se situe entre des solives parallèles, posez des étrésillons de 2 po x 4 po entre les solives à tous les 24 po. Si le nouveau mur est aligné sur une solive parallèle, posez des étrésillons des deux côtés du mur, et fixez la sablière à la solive (mortaise).

Comment construire un mur de séparation non porteur

Marquez l'emplacement du nouveau mur au plafond, puis cinglez le cordeau pour tracer deux lignes de craie ou utilisez un colombage de rebut comme gabarit pour tracer les lignes de repère de la sablière. Utilisez un détecteur de montants pour localiser les solives de plancher ou la charpente du toit au-dessus du plafond, et indiquez ces emplacements à l'aide de marques épaisses ou de ruban placé à l'extérieur des lignes de repère.

Coupez la sablière et la semelle aux longueurs voulues, puis placez-les côte à côte. Utilisez une équerre combinée ou une équerre de charpentier pour tracer deux lignes sur les deux pièces de bois, afin de marquer l'emplacement des poteaux. Espacez les poteaux de 16 po, de centre à centre.

Marquez l'emplacement des cadres de porte sur la sablière et la semelle. Suivez les mesures de l'ouverture brute pour tracer les lignes de repère. Tracez des lignes pour les poteaux principaux et les poteaux nains.

Fixez la sablière au plafond à l'aide de vis pour terrasse de 3 po ou de clous de 10d. Assurez-vous d'orienter la sablière de façon que le poteau soit face vers le bas.

Suspendez un fil à plomb depuis le bord de la sablière en divers points, pour déterminer l'emplacement de la semelle sur le plancher. L'extrémité du fil à plomb devrait presque toucher le sol. Attendez qu'il arrête d'osciller avant de marquer le point de repère sur la semelle. Reliez les points par une ligne afin de déterminer l'emplacement d'un bord de la semelle. Utilisez un colombage de rebut comme gabarit pour marquer l'autre bord.

Taillez la portion de la semelle où sera située la nouvelle porte, et clouez ou vissez les deux sections au plancher entre les lignes tracées sur la semelle. Utilisez la portion découpée de la porte comme cale d'espacement pour la porte lorsque vous fixez les semelles. Enfoncez les attaches dans le cadre de porte. Dans le cas de planchers de béton, fixez la semelle à l'aide d'un pistolet de scellement (page 102) ou de vis à maçonnerie en acier trempé.

Mesurez la distance entre les sablières et les semelles en divers points le long des murs pour déterminer la longueur des poteaux. La distance peut varier, selon le tassement de la structure ou la déformation du sol. Ajoutez 1/8 po à la longueur des poteaux et taillez-les aux longueurs voulues. La longueur supplémentaire permet d'assurer un ajustement serré entre les sablières.

Utilisez un marteau pour bien caler les poteaux à leur place, puis clouez les poteaux en biais à la sablière et à la semelle. Vous devrez peut-être rogner légèrement le poteau pour en améliorer l'ajustement. D'abord, rognez et clouez les poteaux, un à la fois. CONSEIL : si les poteaux ont tendance à bouger pendant le clouage, percez d'abord des avant-trous ou utilisez des vis pour terrasse de 3 po au lieu de clous. (En médaillon) Option pour fixer les poteaux muraux aux sablières : utiliser des connecteurs métalliques et des clous de 4d.

Clouez les poteaux principaux, les poteaux nains, un linteau et un poteau d'allège en place pour terminer le cadre de l'ouverture brute. Voir la page 110 pour plus d'information sur le charpentage d'une ouverture de porte.

(suite à la page suivante)

Menuiserie de base 119

Si les codes du bâtiment de votre région exigent des pare-feu, posez à cette fin des rebuts de colombage entre les poteaux, à 4 pi du sol. Décalez les pare-feu de façon à pouvoir clouer l'extrémité de chaque pièce.

Percez des trous dans les poteaux pour créer une canalisation où passeront les fils électriques et les tuyaux. Une fois cette tâche terminée, fixez des plaques protectrices en métal sur ces zones pour empêcher que l'on ne perce ou ne cloue dans les fils ou les tuyaux ultérieurement. Faites inspecter votre travail avant de poser les panneaux muraux.

Recouvrez le mur de panneaux muraux. Planifiez-en bien l'agencement pour réduire les pertes et pour éviter les joints d'extrémité non recouverts de ruban. Si vous posez également des panneaux muraux au plafond, commencez par cette zone. Pour plus d'information sur la pose de panneaux muraux, voir la page 135.

Outils et matériaux pour construire une charpente métallique

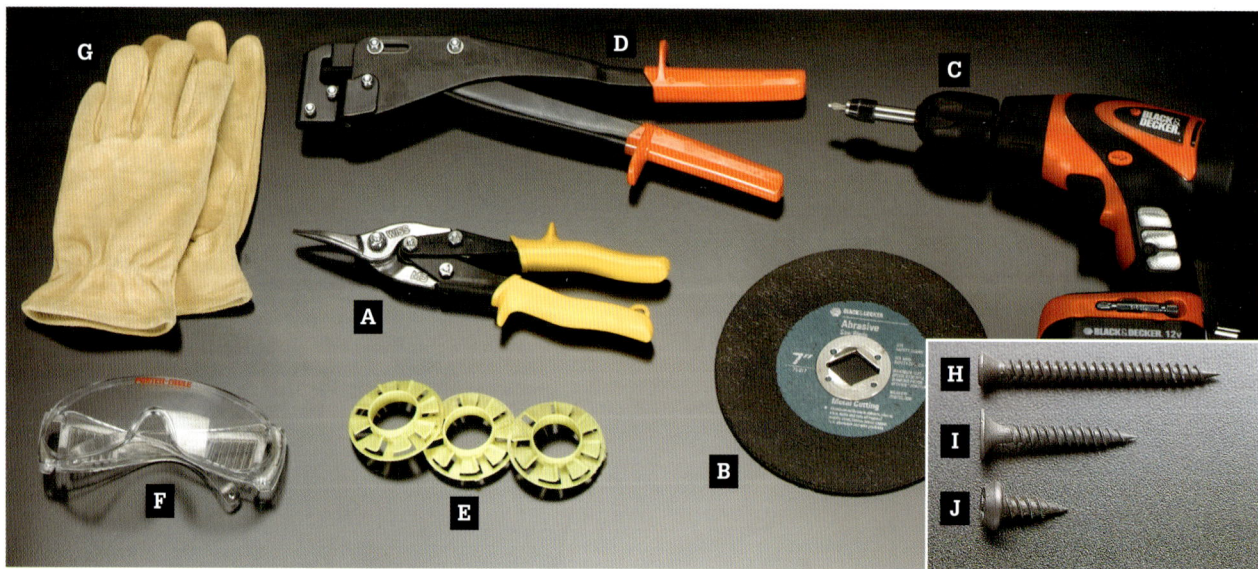

La construction d'une charpente métallique exige quelques outils et matériaux spéciaux. La cisaille aviation (A) est nécessaire pour couper des rails et des poteaux, bien qu'une scie à onglet munie d'une lame à métaux (B) puisse accélérer le processus. Une perceuse ou une visseuse (C) est nécessaire pour fixer les éléments de charpente. Utile dans les grands projets, la pince à sertir (D) crée des joints mécaniques entre les rails et les poteaux. Les rondelles de plastique (E) sont placées dans les entrées défonçables pour protéger les canalisations. Des lunettes de protection et d'épais gants de travail (F, G) sont nécessaires lorsqu'on manipule des éléments de charpente métallique aux arêtes tranchantes. Utilisez des vis autotaraudeuses (en médaillon) pour fixer des composantes d'acier. Pour poser des moulures de bois, utilisez des vis à boiseries de type S (H); pour fixer des panneaux muraux, des vis pour cloisons sèches de type S (I); et pour fixer des poteaux et des rails ensemble, des vis à tête tronconique de type S, de 7/16 po (J).

Comment joindre des sections à l'aide de poteaux d'acier ▸

Les poteaux et les rails d'acier ont la même structure de base : une âme entourée de deux brides ; cependant, les poteaux comportent en outre un rebord de ¼ po qui en accroît la rigidité.

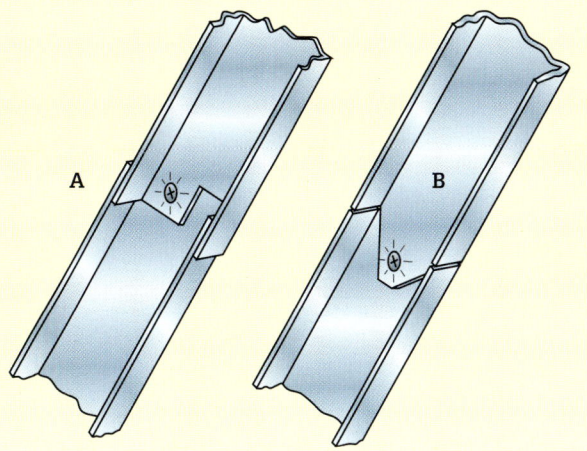

Joignez les sections à l'aide d'un assemblage à enture (A) ou d'un assemblage à encoche (B). Faites un assemblage à enture en taillant une fente de 2 po dans l'âme d'un rail. Glissez l'autre rail dans la fente et fixez-le à l'aide d'une vis. Pour faire un assemblage à encoche, coupez les brides d'un rail et frappez sur l'âme de façon qu'il s'ajuste à l'autre rail ; fixez le tout avec une vis.

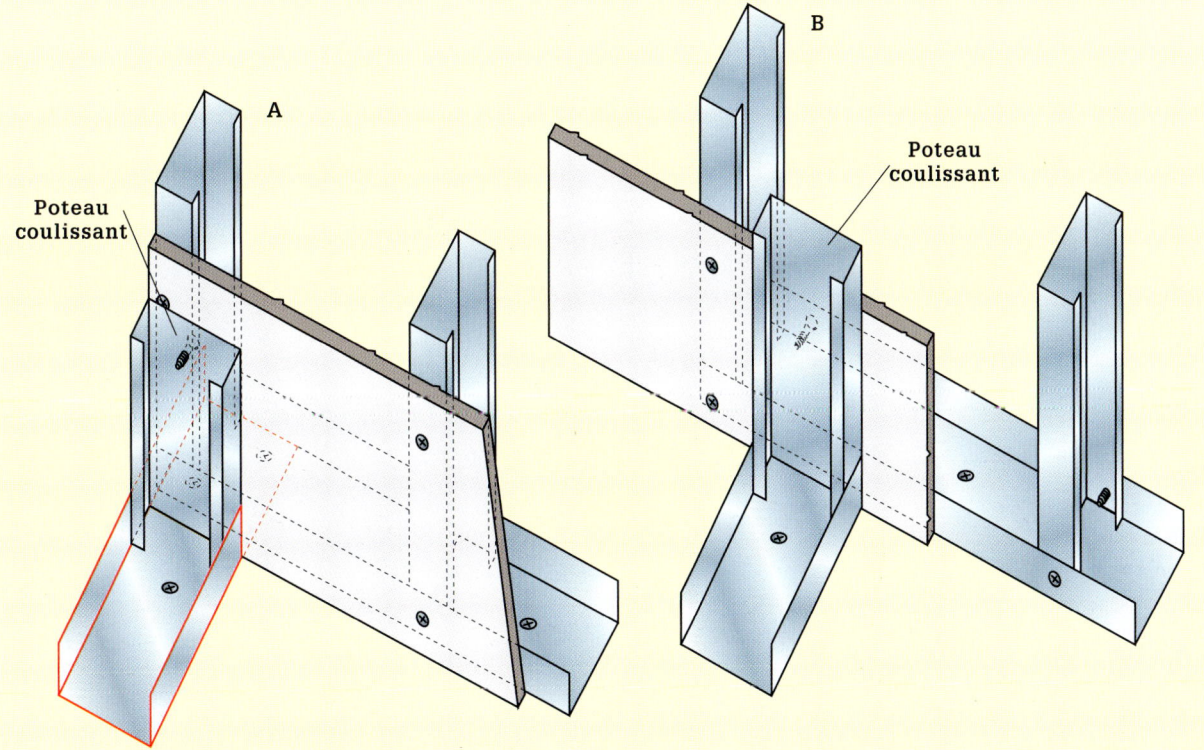

Construisez des coins à l'aide de poteaux coulissants : le poteau coulissant n'est pas fixé avant que la cloison sèche ne soit en place. Formez des coins en L (A) en faisant chevaucher les rails. Coupez la bride d'un côté du rail, en laissant un espace suffisant pour le chevauchement du rail et de la cloison sèche. Formez un coin en T (B) en laissant un écart entre les rails où s'insérera la cloison sèche. Fixez chaque poteau coulissant en vissant dans le poteau jusque dans les rails du mur adjacent. Vissez aussi dans le côté arrière de la cloison sèche jusque dans le poteau coulissant, si c'est possible. Lorsqu'il n'y a pas d'appui derrière le poteau coulissant, enfoncez des vis à un angle de 45°, dans les coins arrière du poteau coulissant, jusque dans la cloison sèche.

Menuiserie de base ■ 121

Construction d'un mur nain

Les murs nains sont une version raccourcie des murs classiques et ont habituellement trois ou quatre pieds de hauteur. Ordinairement, ils sont fixés à un mur adjacent auquel ils s'harmonisent grâce à des moulures assorties. La surface supérieure peut être munie d'un couronnement de bois et de moulures, ou simplement revêtue de panneaux muraux. Les murs nains peuvent également être faits de blocs de verre, ce qui procure un aspect plus contemporain, ou être modifiés en une armoire ou une bibliothèque encastrée.

Du point de vue de la conception, un mur nain permet de diviser une grande pièce en des zones plus petites, sans perdre le côté ouvert d'un grand espace. Une paire de murs nains peut même constituer une jolie antichambre à un salon ou une salle à manger s'ils se terminent par des poteaux assortis. Selon le style de la maison, ces poteaux pourraient également être porteurs. Les grandes salles de bains peuvent également profiter d'un mur nain qui crée un écran à proximité d'une toilette, d'une baignoire ou d'une zone d'habillage.

La construction de murs nains est un projet simple qui n'exige que des techniques de base dans la construction de murs. Vous pouvez même construire le mur nain dans votre atelier et le transporter sur les lieux de l'installation. À moins que vous ne construisiez un mur nain porteur ou qui abrite des fils électriques, il n'est pas nécessaire d'obtenir un permis ou de faire inspecter la propriété.

Outils et matériaux ▸

Couteau universel
Ruban à mesurer
Équerre de charpentier et équerre combinée
Marteau ou cloueuse
Chasse-clou
Perceuse/tournevis
Niveau
Outils de finition des panneaux muraux
Bois de charpente
Clous de 10d ou goupilles pour cloueuse pneumatique
Panneaux muraux
Matériaux pour cadres de bois
Clous de finition de 6d ou goupilles pour cloueuse pneumatique de calibre 16
Vis pour terrasse
Adhésif de construction
Fournitures pour finition des panneaux muraux

Comment construire un mur nain

Marquez l'emplacement du mur nain sur un mur adjacent. Il est utile de positionner le mur nain devant un poteau mural, car cela en facilite la fixation.

Option : Si vous ne pouvez pas localiser un poteau mural, vous devrez retirer le revêtement entre deux poteaux muraux et installer un étrésillon entre eux pour combler la cavité et créer un point de fixation. Voir « Enlèvement d'un mur non porteur », page 198.

(suite à la page suivante)

Marquez la zone du mur nain sur le sol à l'aide de ruban-cache ou d'un stylo. Si le mur nain doit être installé sur un sol moquetté, coupez le tapis et le sous-tapis à l'intérieur des lignes de repère. Utilisez un ciseau tranchant pour enlever la baguette à tapis le long du mur. Retirez soigneusement la moulure à la base du mur ; vous pourrez la réutiliser si vous ne l'endommagez pas.

Construisez le bâti du mur nain avec du bois de charpente, en y incorporant une sablière, une semelle et des poteaux, comme pour un mur classique. Espacez les poteaux de 16 po, de centre à centre. N'oubliez pas que la sablière et la semelle ajouteront de la hauteur au mur nain. Tenez-en compte lorsque vous mesurerez la longueur des poteaux du mur nain.

Mettez la charpente du mur nain en place et vérifiez-en le niveau. Au besoin, placez des cales sous la semelle. Fixez le mur nain au poteau mural adjacent à l'aide de vis pour terrasse de 3 po. Utilisez des vis plus courtes et un trait d'adhésif de construction pour fixer la semelle au faux-plancher. Placez en zigzag les vis retenant la semelle pour accroître la résistance. (*Remarque : si vous installez un mur nain sur un carrelage de céramique, percez des avant-trous à l'emplacement des vis à l'aide d'une mèche à maçonnerie pour éviter de craqueler la céramique.*)

Fixez les panneaux muraux sur les côtés et l'extrémité du mur nain (et sur le dessus, si vous ne prévoyez pas le finir avec un couronnement). Clouez des baguettes d'angle en métal sur les coins externes, puis posez du ruban et du composé à joints sur les joints (voir les pages 128 à 135). Appliquez un apprêt et de la peinture sur les revêtements muraux.

Clouez un couronnement de bois sur la sablière du mur nain à l'aide de clous de finition de 6d. Taillez le couronnement de façon qu'il surplombe les panneaux muraux et les moulures que vous pourriez poser en dessous. Taillez à onglets ces moulures et posez-les sous le couronnement pour dissimuler le joint avec le panneau mural.

Taillez et réinstallez les moulures que vous avez enlevées plus tôt du mur existant. Puis, recouvrez la base du mur nain de moulures taillées à onglets assorties à celles de la pièce.

Menuiserie de base ▪ 125

Insonorisation des murs et des plafonds

Le meilleur moment pour insonoriser des murs et des plafonds est à l'étape de la construction, lorsque la charpente est accessible et que les matériaux d'insonorisation peuvent être dissimulés à l'intérieur des murs. On peut insonoriser les murs existants en ajoutant des matériaux comme des panneaux insonorisants ou un panneau mural supplémentaire fixé à des profilés d'acier souples. L'une ou l'autre de ces méthodes calfeutrera le mur contre la transmission du bruit.

On mesure l'insonorisation des murs et des plafonds à l'aide d'un système appelé « indice de transmission du son » (ITS). Plus l'ITS est élevé, plus le son est étouffé par les matériaux. Par exemple, si un mur a une cote ITS de 30 à 35, on peut entendre une conversation à voix forte à travers le mur. À un ITS de 42, la conversation à voix forte devient un murmure. À un ITS de 50, on n'entendra plus cette conversation à travers le mur. Les méthodes de construction standard donnent habituellement lieu à un ITS de 32, alors que les murs et les plafonds insonorisés peuvent atteindre un ITS de 48.

Conseil : lorsque vous construisez de nouveaux murs, calfeutrez les joints au plafond et au plancher pour atténuer la transmission du bruit.

Outils et matériaux ▸

Pièces de 2 po x 6 po pour la sablière et la semelle
Matelas de fibre de verre comme isolant
Panneaux insonorisants
Perceuse
Mèches de perceuse
Profilés d'acier souples
Cloisons sèches de ⅝ po
Adhésif de construction
Calfeutrant
Pistolet à calfeutrer
Vis pour cloisons sèches de 1½ po et de 1 po

Calfeutrant
Cloison sèche de ⅝ po
Panneau insonorisant
Isolant
Calfeutrant

Comment installer des profilés d'acier souples

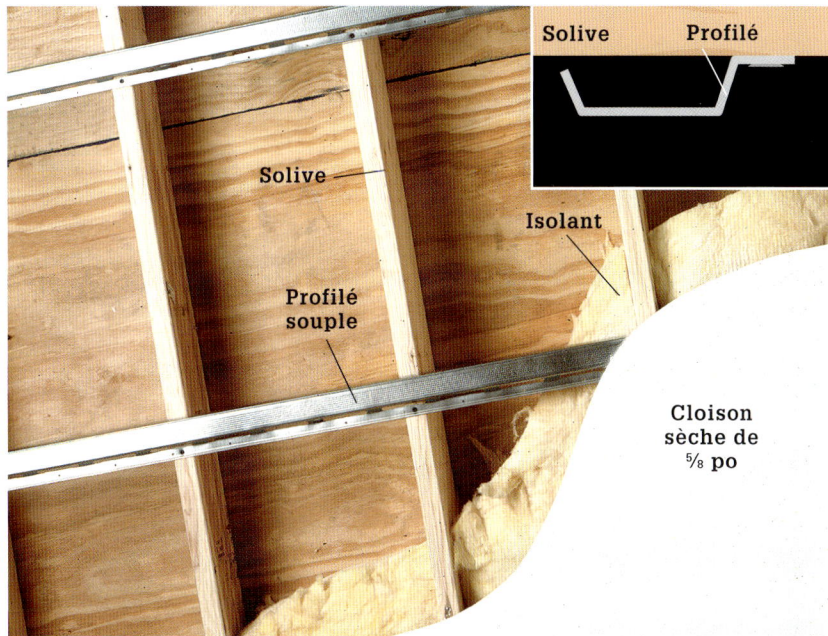
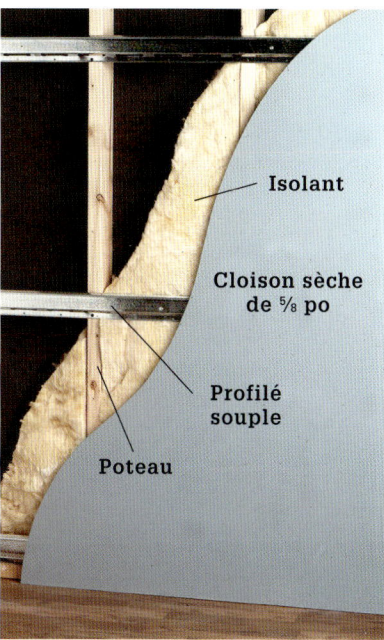

Au plafond, installez des profilés perpendiculaires aux solives, espacés de 24 po, de centre à centre. Fixez-les sur chaque solive avec des vis pour cloisons sèches de type W de 1¼ po, enfoncées dans la bride du profilé. Coupez les profilés à 1 po des murs. Joignez les pièces des sections longues en faisant chevaucher les extrémités et en enfonçant une fixation dans les deux pièces. Isolez les travées des solives avec de la fibre de verre non revêtue, de coefficient R-11, ou un autre isolant, et installez des cloisons sèches résistant au feu de ⅝ po, perpendiculaires aux profilés. Dans le cas d'une application double, installez la deuxième couche de cloisons sèches perpendiculairement à la première.

Sur les murs, utilisez les mêmes techniques d'installation que pour le plafond, en posant les profilés horizontalement. Placez le profilé du bas à 2 po du plancher, et le profilé du haut, à 6 po du plafond. Isolez les travées entre les poteaux et posez les cloisons sèches verticalement.

Comment construire des murs de séparation à poteaux en chicane

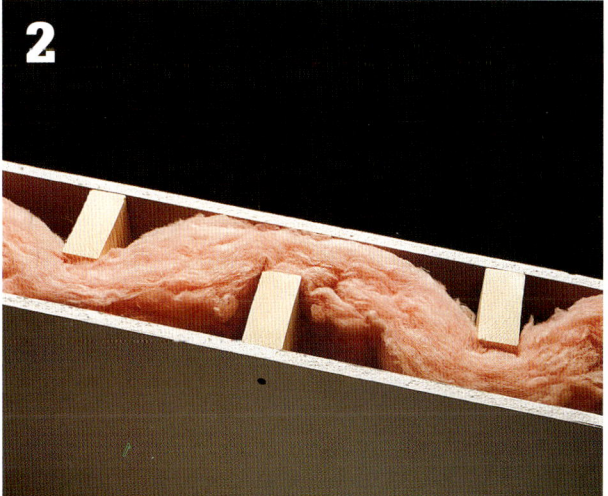

Construisez la charpente de nouveaux murs de séparation sur des semelles de 2 po x 6 po. Espacez les poteaux de 12 po, en chicane, de façon que les poteaux affleurent en alternance les deux côtés de la semelle. Calfeutrez au-dessus et en dessous des semelles avec du scellant acoustique.

Entrecroisez un matelas de fibre de verre non revêtu, de coefficient R-11, horizontalement, entre les poteaux. Recouvrez chaque côté d'une ou plusieurs couches de cloisons sèches résistant au feu de ⅝ po.

Installation de cloisons sèches

La pose de cloisons sèches est une tâche qui s'effectue rapidement et facilement avec un peu d'aide et de planification.

La planification de l'agencement des panneaux vous aidera à réduire les pertes et à composer avec les zones à problème. Lorsque c'est possible, posez des panneaux complets perpendiculairement à la charpente afin d'ajouter de la résistance et de la rigidité aux murs et aux plafonds. Pour vous épargner du temps et des difficultés pendant le processus de finition, évitez les joints d'extrémité entre deux panneaux. Ces joints sont difficiles à finir, car ils ne comportent pas d'enfoncement où appliquer le ruban et le composé à joints. Dans les zones restreintes, posez les panneaux longs horizontalement, sur toute la longueur des murs. Ou bien, posez les panneaux à la verticale, ce qui crée davantage de joints à finir, mais élimine les joints d'extrémité. Si les joints d'extrémité sont inévitables, décalez-les et positionnez-les loin du centre du mur, ou installez des étrésillons à l'arrière pour masquer les effets peu flatteurs.

Outils et préparation

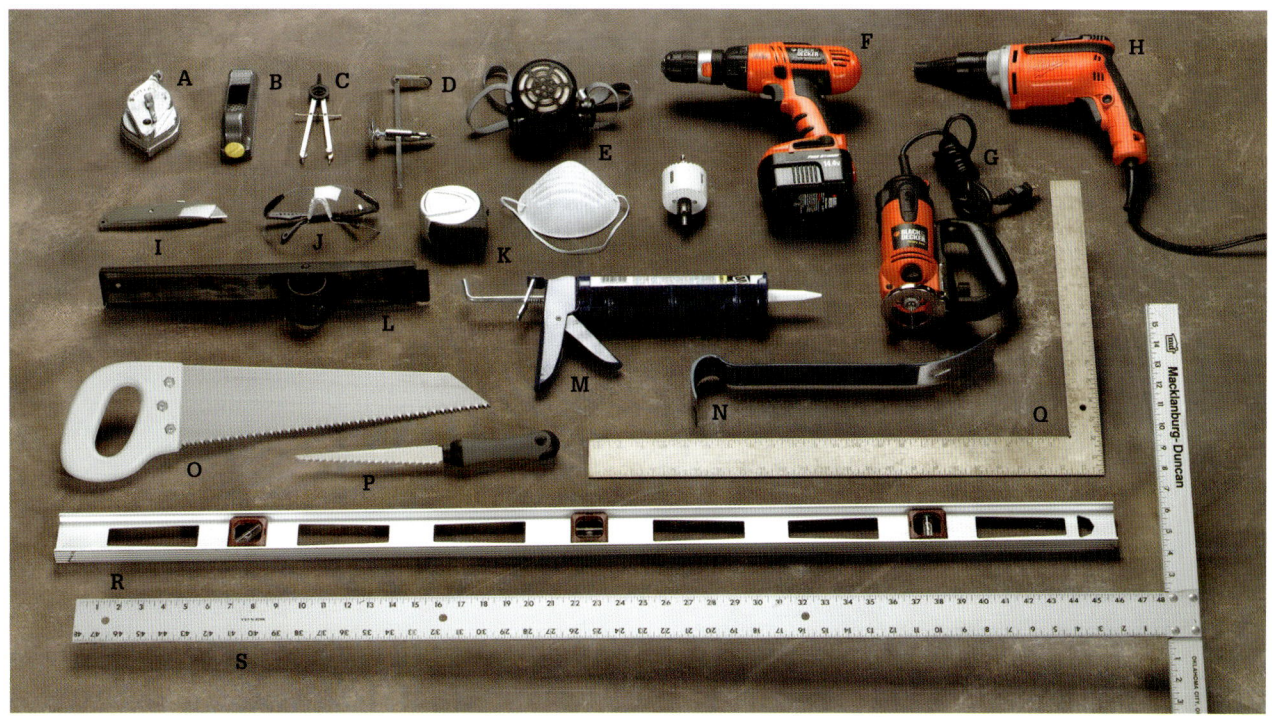

Outils pour poser des cloisons sèches: cordeau traceur (A), rabot-râpe (B), compas (C), compas à cloisons sèches (D), masque de protection (E), perceuse avec scie-cloche (F), toupie pour moulures (G), perceuse à placoplâtre (H), couteau universel (I), lunettes de protection (J), ruban à mesurer (K), levier se manœuvrant au pied (L), pistolet à calfeutrer (M), levier (N), scie à panneaux (O), scie à guichet (P), équerre de charpentier (Q), niveau (R), équerre à panneaux en T (S).

Préparation de l'installation de cloisons sèches

Posez des plaques protectrices aux endroits où des fils ou des tuyaux traversent des éléments de charpente à moins de 1¼ po du bord. Ces plaques empêcheront les vis pour cloisons sèches d'endommager les fils ou les tuyaux.

Fixez des fourrures à la charpente pour prolonger la surface murale au-delà des obstacles à dissimuler, comme les conduites d'eau ou les conduits d'air chaud.

Marquez l'emplacement des poteaux sur le sol, à l'aide d'un crayon de menuisier ou de ruban-cache. Une fois que les cloisons sèches couvriront les poteaux, ces marques en indiqueront l'emplacement.

Menuiserie de base

Comment couper des cloisons sèches

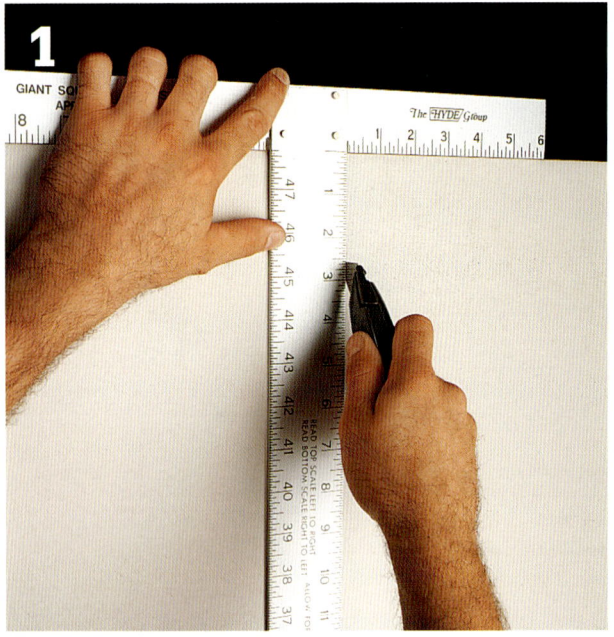

Placez la branche courte de l'équerre en T à cloisons sèches de façon qu'elle affleure le bord du panneau. À l'aide d'un couteau universel, entamez le papier en suivant la branche longue de l'équerre, au point de coupe.

Pliez des deux mains la partie entamée pour casser l'âme du panneau. Pliez vers l'arrière la partie rejetée et coupez l'épaisseur de papier pour séparer les deux sections.

Comment faire une coupe droite

Lissez les arêtes rugueuses avec une râpe à panneaux. Un ou deux passages de la râpe devraient suffire. Pour faciliter l'ajustement d'un panneau dans un endroit restreint, biseautez-en légèrement le bord vers l'arrière du panneau.

Lorsque vous devez joindre des extrémités de panneaux non amincies, coupez en biseau les bords externes de chaque panneau à un angle de 45°, en enlevant environ ⅛ po de matière. Vous éviterez ainsi que le papier ne plisse le long du joint. Enlevez tout morceau de papier décollé le long du bord.

Comment tailler une ouverture pour une prise de courant : méthode coordonnée

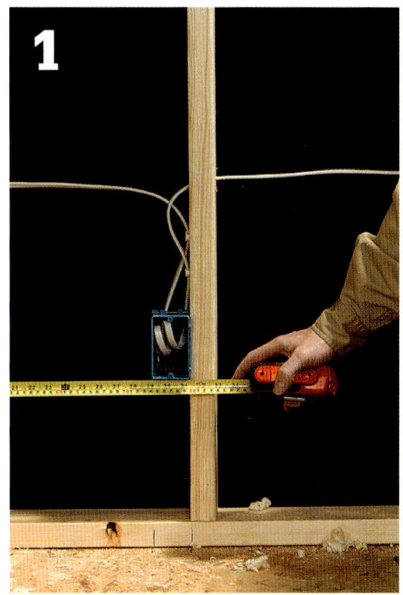

Déterminez les quatre coins de la prise en mesurant à partir du bord fixe le plus près (un coin, le plafond ou le bord d'un panneau installé) jusqu'aux bords externes de la prise.

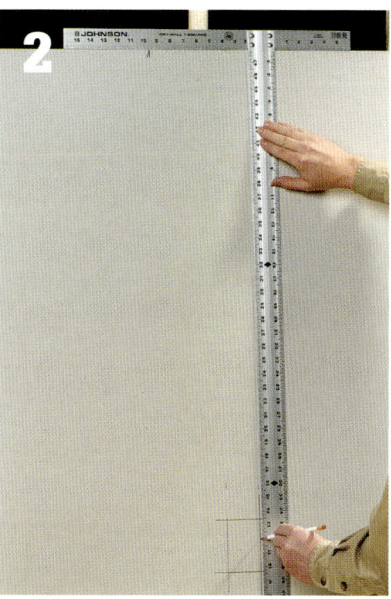

Transposez les coordonnées sur le panneau et reliez les points à l'aide d'une équerre en T. Prenez les mesures à partir du bord du panneau qui aboutera le bord fixe où vous avez déjà pris les mesures. Si le panneau a été coupé court afin qu'il s'ajuste mieux, assurez-vous d'en tenir compte dans vos mesures.

Percez un avant-trou dans un coin de la ligne de repère, puis effectuez la découpe à l'aide d'une scie à guichet.

Comment tailler une ouverture pour une prise de courant : méthode à la craie

Passez une craie sur l'avant de la prise, puis positionnez soigneusement le panneau à son futur emplacement, et pressez-le contre la prise.

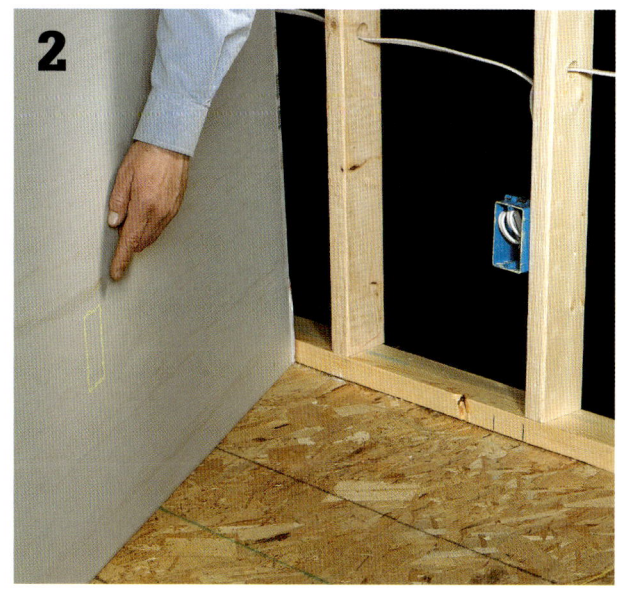

Retirez le panneau du mur ; le contour à la craie de la prise de courant apparaîtra derrière le panneau. Percez un avant-trou dans un coin du contour, puis effectuez la découpe à l'aide d'une scie à guichet.

Comment poser des cloisons sèches sur un plafond plat

Cinglez le cordeau pour créer une ligne perpendiculaire aux solives, à 48⅛ po du mur de départ.

Mesurez les solives pour vous assurer que le premier panneau se termine au centre d'une solive. Au besoin, taillez le panneau à partir de l'extrémité qui aboute le mur latéral, de façon que le panneau se termine sur la prochaine solive la plus éloignée. Placez le panneau sur un lève-panneau de location, ou faites-vous aider, et hissez-le jusqu'à ce qu'il soit à plat contre les solives.

Placez le panneau de façon que le bord latéral soit aligné avec la ligne de référence et que l'extrémité avant soit centrée sur une solive. Fixez le panneau à l'aide de vis pour cloisons sèches de taille appropriée à tous les 12 po, le long des solives.

Une fois la première rangée de panneaux installée, amorcez la deuxième rangée avec un demi-panneau. Ainsi, les joints d'extrémité seront décalés d'une rangée à l'autre.

Conseil ▶

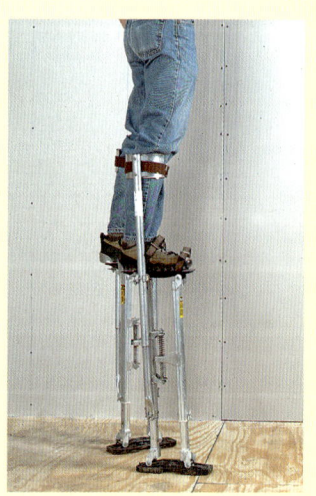

Les échasses vous permettent d'atteindre les plafonds, de sorte que vous pouvez fixer et finir les cloisons sèches sans échelle. Vous pouvez vous en procurer dans les centres de location, et elles sont étonnamment faciles à utiliser.

Comment installer des cloisons sèches sur les murs

Planifiez l'agencement des panneaux de façon qu'il n'y ait pas de joints dans les coins des portes ou des fenêtres. Souvent, les joints des cloisons sèches dans les coins se fissurent ou causent des boursouflures qui causent des problèmes aux moulures des portes et des fenêtres.

Avec de l'aide ou en utilisant un levier se manœuvrant au pied, soulevez le panneau contre le plafond, en vous assurant que le bord latéral est centré sur un poteau. Poussez le panneau à plat contre la charpente et enfoncez les vis de départ pour assujettir le panneau. Faites les découpes nécessaires, puis fixez le panneau à l'aide de vis pour cloisons sèches espacées de 12 po.

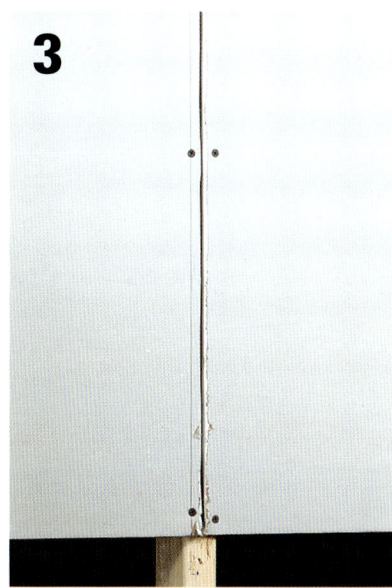

Mesurez, taillez et installez les panneaux restants le long du haut du mur. Biseautez légèrement les extrémités des panneaux, en laissant un intervalle de ⅛ po entre eux. Vous pouvez également poser des panneaux comportant des joints d'extrémité si vous installez des étrésillons à l'arrière pour créer un enfoncement.

Mesurez, taillez et installez les panneaux de la rangée du bas, en ajustant les panneaux étroitement contre ceux de la rangée du haut et en laissant un intervalle de ½ po au bas. Fixez-les à la charpente le long du bord supérieur à l'aide de vis de départ, puis faites les découpes nécessaires avant de fixer le reste du panneau.

Variante: lorsque vous posez des panneaux à la verticale, taillez chaque panneau de façon qu'il soit ½ po plus court que la hauteur du plafond, afin de lui permettre de prendre de l'expansion. (L'intervalle sera couvert par une moulure.) Évitez de placer des bords amincis dans les coins externes; ils sont difficiles à finir.

Comment tirer les joints des cloisons sèches

À l'aide d'un couteau à cloisons sèches de 4 po ou de 6 po, appliquez une mince couche de pâte à joints sur le joint. Pour charger le couteau, trempez-le dans un plateau contenant de la pâte à joints.

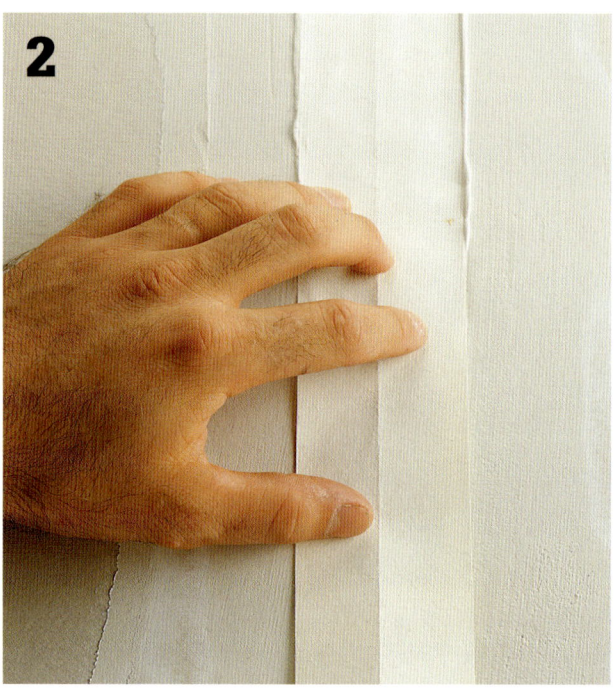

Pressez immédiatement le ruban à cloisons sèches pour qu'il s'enfonce dans la pâte, en centrant le ruban sur le joint. Essuyez l'excédent de pâte et lissez le joint avec un couteau de 6 po. Laissez sécher jusqu'au lendemain.

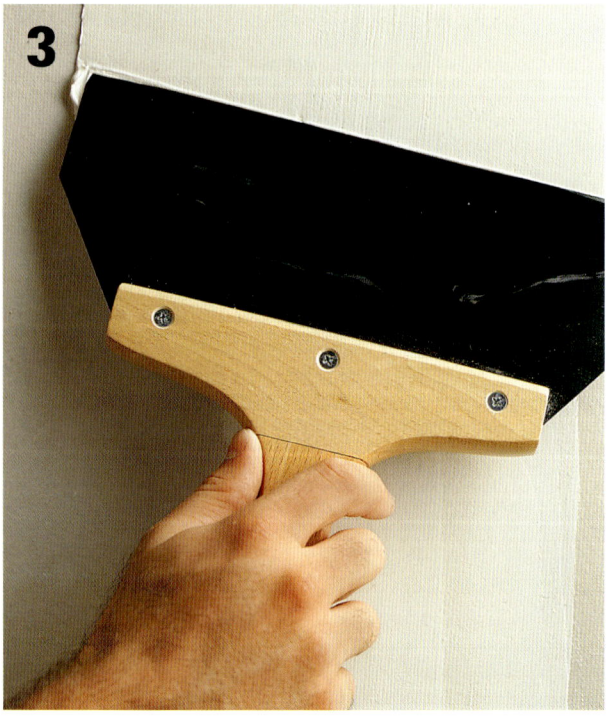

Appliquez une mince couche de pâte à l'aide d'un couteau à cloisons sèches de 10 po. Laissez cette deuxième couche sécher et se contracter jusqu'au lendemain. Appliquez ensuite une dernière couche et laissez-la durcir un peu avant de la polir avec une ponceuse à eau.

Conseil ▶

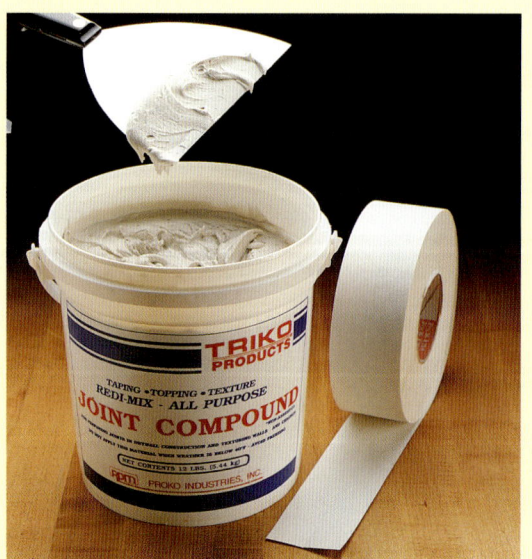

Évitez d'avoir à mélanger la pâte à joints: pour tirer des joints ou effectuer des travaux de finition, utilisez de la pâte mélangée, prête à l'emploi, et du ruban à cloisons sèches.

Comment finir les coins intérieurs

Pliez une bande de ruban de papier à cloisons sèches en deux en la pinçant entre le pouce et l'index et en tirant dessus. À l'aide d'un couteau à cloisons sèches de 4 po, appliquez une mince couche de pâte à cloisons sèches sur les deux côtés du coin intérieur.

Placez l'extrémité du ruban plié au sommet du joint et utilisez le couteau pour appuyer sur le ruban et l'enfoncer dans la pâte humide. Lissez les deux côtés du coin. Terminez l'opération comme à l'étape 3, page 134.

Comment finir les coins extérieurs

Placez une baguette d'angle sur le coin extérieur. Servez-vous d'un niveau pour vérifier si elle est verticale. Fixez-la à l'aide de clous ou de vis de 1¼ po, espacés de 8 po. (Certaines baguettes de coin se fixent à l'aide de pâte à cloisons sèches.)

À l'aide d'un couteau à plaques de plâtre de 6 ou 10 po, couvrez successivement la baguette de coin de trois couches de pâte à cloisons sèches, en laissant chaque couche sécher et se contracter jusqu'au lendemain. Lissez la dernière couche au moyen d'une ponceuse à eau.

Conseil ▶

Poncez légèrement les joints lorsque la pâte à plaques de plâtre est sèche. Utilisez une ponceuse à manche pour atteindre les endroits élevés. Portez un masque respiratoire si vous poncez à sec.

Installation de portes intérieures

Pour installer une nouvelle porte dans un mur, il faut pratiquer une ouverture d'environ 1 po plus large et ½ po plus haut que le cadre de porte. Cette grande ouverture, appelée ouverture brute, vous permettra de positionner facilement la porte et de la mettre d'aplomb et de niveau. Avant de construire l'encadrement, il vaut toujours mieux acheter la porte et suivre les recommandations du fabricant quant aux dimensions de l'ouverture brute.

Un cadre de porte est constitué de deux poteaux principaux pleine longueur et de deux poteaux nains plus courts, qui soutiennent le linteau au-dessus de la porte. Le linteau fournit un point de fixation pour les panneaux muraux et l'encadrement de la porte. S'il s'agit de murs porteurs, il est également utile de transférer la charge structurale supérieure de l'immeuble à la charpente du mur, et jusqu'aux fondations.

Les cadres de porte requièrent du bois de construction plat, droit et sec. Choisissez donc soigneusement les pièces qui deviendront les poteaux principaux, les poteaux nains et le linteau. Examinez-en les bords et les extrémités pour vous assurer qu'ils ne sont pas gauchis et coupez les extrémités des pièces fendues.

Outils et matériaux ▸

Ruban à mesurer
Équerre de charpentier
Marteau ou cloueuse
Scie à main ou scie alternative
Bois de charpente
Clous de 10d ou goupilles pour cloueuse
Panneau de contreplaqué de ⅜ po (pour les linteaux)
Adhésif de construction

La création d'une ouverture droite et aux bonnes dimensions constitue l'élément le plus important de l'installation réussie d'une porte.

Comment créer l'ouverture brute d'une porte intérieure prémontée

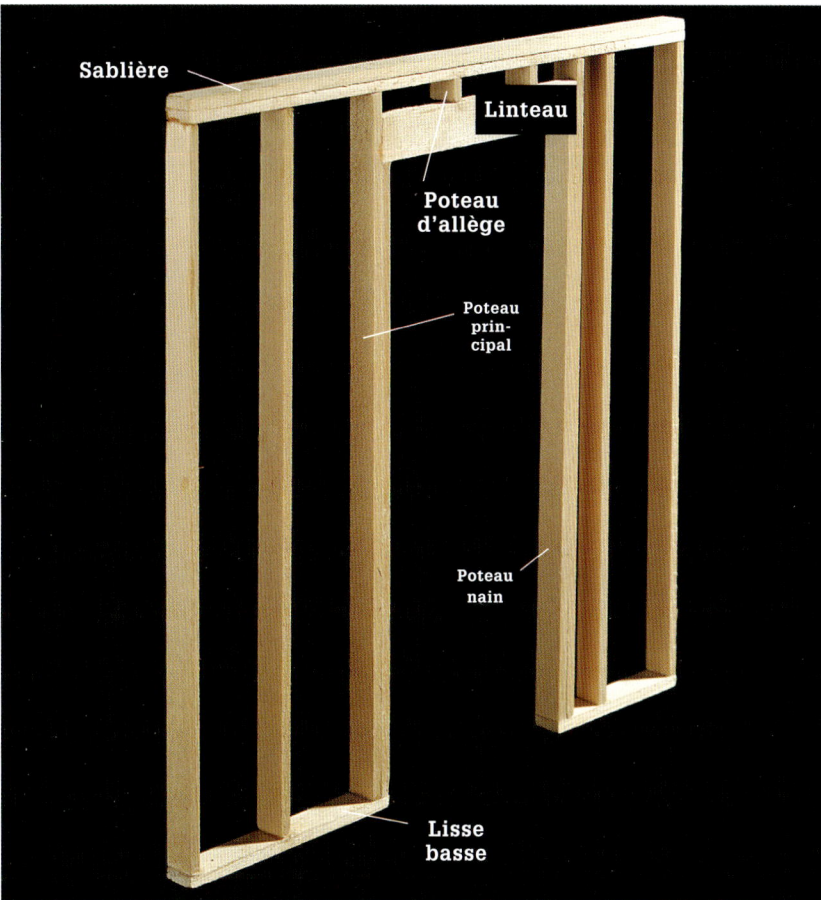

On commence la construction des cadres de portes prémontées (à gauche) par l'installation de poteaux principaux, fixés à la sablière et à la lisse basse. Entre les poteaux principaux, des poteaux nains supportent le linteau, au sommet de l'ouverture. Les poteaux d'allège prolongent le colombage au-dessus de l'ouverture. Dans le cas de murs non porteurs, le linteau peut être une pièce de 2 po x 4 po posée à plat, ou un linteau assemblé. Les dimensions de l'ouverture charpentée s'appellent l'ouverture brute.

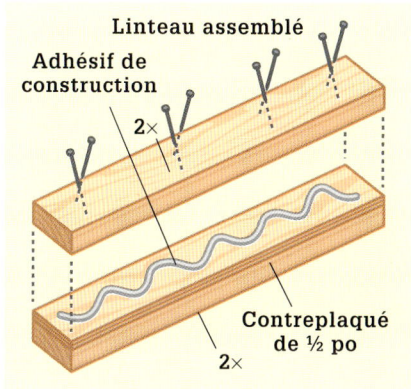

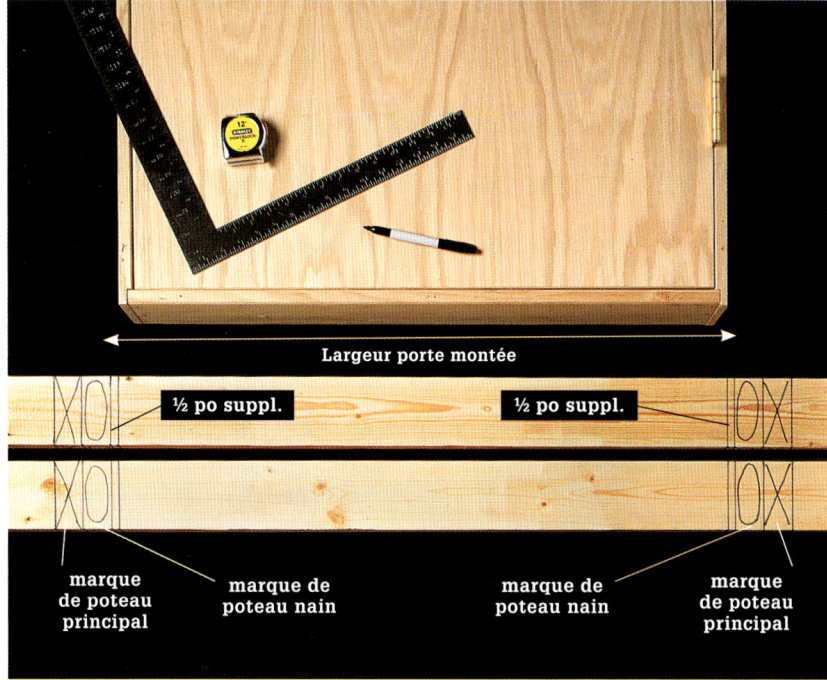

Pour faire le plan du cadre de porte, mesurez la largeur de la porte, au bas. Ajoutez-y 1 po pour déterminer la largeur de l'ouverture brute (la distance entre les poteaux nains). Cela vous donne un jeu de ½ po de chaque côté pour ajuster le cadre de porte pendant l'installation. Marquez la sablière et la lisse basse à l'emplacement des poteaux principaux et des poteaux nains.

Menuiserie de base ■ 137

Comment encadrer l'ouverture d'une porte prémontée

Marquez l'emplacement des poteaux principaux et nains sur la sablière et la lisse basse (voir à la page 137). Taillez les poteaux principaux légèrement plus longs que la distance entre la sablière et la lisse basse, et clouez-les en biais à l'aide de clous de 10d ou de goupilles pour cloueuse de 3 po.

Taillez les poteaux nains aux longueurs voulues (ils devraient reposer sur la lisse basse). La hauteur d'un poteau nain pour une porte intérieure standard est de 83½ po, ou ½ po de plus que la hauteur de la porte. Clouez les poteaux nains aux poteaux principaux.

Dans le cas d'un mur non porteur, le linteau peut être une pièce de bois de charpente de 2 po, placée sur le dessus des poteaux nains. Taillez-le aux dimensions voulues et clouez-en les extrémités aux poteaux principaux ou aux poteaux nains.

Fixez un poteau d'allège au-dessus du linteau, à mi-chemin entre les poteaux principaux. Cela empêchera le linteau de gauchir. Clouez-le en biais à la sablière, jusque dans le linteau.

Si vous n'avez pas encore taillé une ouverture pour la porte dans la lisse basse, faites-le maintenant, à l'aide d'une scie alternative ou d'une scie à main. Faites affleurer la semelle avec les poteaux nains.

Comment encadrer une ouverture dans un mur porteur

L'encadrement d'une porte dans un mur porteur exige un linteau structural qui transfère la charge au-dessus du mur aux poteaux nains, à la semelle, et jusqu'aux fondations de la maison. Construisez-le en plaçant une section de contreplaqué de ⅜ po entre deux pièces de 2 po x 4 po. Utilisez de l'adhésif de construction pour fixer ensemble les pièces du linteau.

Installez le linteau assemblé en le posant sur les poteaux nains et en le clouant en biais sur les poteaux principaux. Utilisez des clous de 10d ou des goupilles pour cloueuse de 3 po.

Clouez en biais un poteau d'allège entre la sablière et le linteau, à mi-chemin entre les poteaux principaux. La charge structurale sera ainsi transférée au linteau.

Option : encadrement d'ouvertures pour des portes pliantes ou coulissantes

On utilise la même technique de base pour encadrer une porte coulissante, une double porte pliante, une porte escamotable ou une porte prémontée. Les différents types de portes exigent des encadrements de largeurs différentes. Il se peut que vous ayez à encadrer une ouverture deux ou trois fois plus large que l'ouverture d'une porte prémontée standard. Achetez les portes et la quincaillerie à l'avance et consultez les instructions du fabricant de la quincaillerie pour connaître les dimensions exactes de l'ouverture brute nécessaire et du linteau, en fonction de la porte que vous choisissez.

La plupart des doubles portes pliantes sont conçues pour être installées dans une ouverture finie de 80 po de hauteur. Les portes pliantes en bois ont l'avantage de pouvoir être rabotées, au besoin, si l'ouverture est un peu moins haute.

Menuiserie de base

Installation d'une porte d'intérieur prémontée

Installez une porte d'intérieur prémontée une fois que la charpente est terminée et que les cloisons sèches sont en place. Si l'ouverture brute de la porte a été encadrée avec précision, l'installation de la porte devrait prendre environ une heure.

Les portes prémontées standard comportent un jambage de 4½ po d'épaisseur et elles conviennent à des murs faits de pièces de 2 po x 4 po et de cloisons sèches de ½ po d'épaisseur. Si vos murs sont faits de pièces de 2 po x 6 po ou d'un matériau plus épais, vous pouvez commander une porte sur mesure ou donner plus d'épaisseur aux jambages d'une porte standard (photo ci-dessous).

Outils et matériaux ▸

Niveau
Marteau
Scie à main
Porte d'intérieur prémontée
Cales de bois
Clous à boiseries de 8d

Conseil ▸

Si vos murs sont faits de poteaux de 2 po x 6 po, vous devrez donner plus d'épaisseur aux jambages en y fixant des bandes de bois de 1 po d'épaisseur, une fois la porte installée. Pour ce faire, utilisez de la colle et des clous à boiseries de 4d. Les cales doivent être du même bois que le jambage.

Comment installer une porte d'intérieur prémontée

Glissez la porte dans son ouverture de manière que les bords des jambages viennent au ras de la surface des murs et que le jambage côté charnières soit d'aplomb.

Enfoncez, tous les 12 po, une paire de cales, un dans chaque sens, dans l'espace entre l'embrasure et le jambage côté charnières. Vérifiez si le jambage côté charnières est toujours vertical et s'il ne s'incurve pas.

Fixez le jambage côté charnières en enfonçant des clous de boiserie 8d à travers le jambage et les cales, dans le poteau nain.

Enfoncez, tous les 12 po, une paire de cales dans l'espace entre l'embrasure et l'ensemble du jambage côté serrure et du linteau. La porte étant fermée, réglez les cales pour laisser un espace de ⅛ po entre le bord de la porte et le jambage. Enfoncez des clous de boiserie 8d dans l'embrasure, à travers le jambage et les cales, d'une part, et à travers le linteau et les cales, d'autre part.

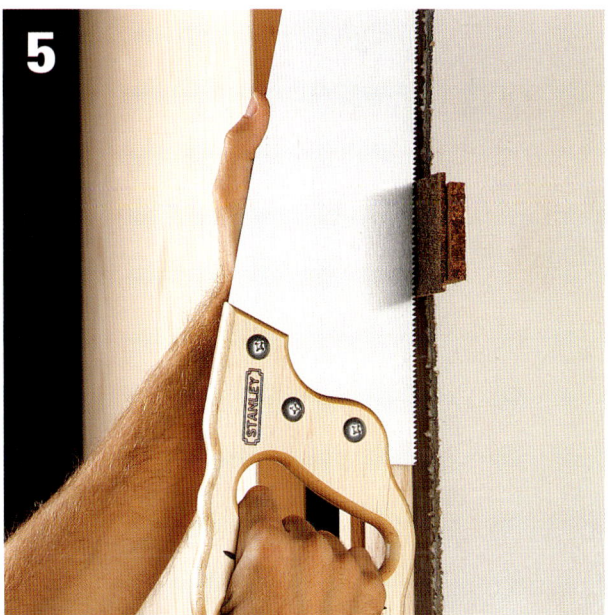

À l'aide d'une scie à main, sciez les cales au ras de la surface des murs. Tenez la scie verticalement pour éviter d'endommager les jambages ou le mur. Finissez la porte et installez la serrure en suivant les instructions du fabricant. Voir pages 152 à 155 pour l'installation de l'encadrement autour de la porte.

Menuiserie de base

Raccourcir une porte intérieure

Les portes intérieures toutes montées laissent normalement un espace de ¾ po entre le bas de la porte et le plancher. Cet espace permet à la porte de pivoter sans accrocher la moquette ou le revêtement de sol. Mais si on installe une moquette plus épaisse ou un seuil plus haut, il arrive que l'on doive raccourcir la porte.

Raccourcir une porte à âme creuse demande quelques opérations supplémentaires parce que ces portes sont constituées de plusieurs pièces. C'est la largeur de la coupe qui déterminera s'il faut couper certaines de ces pièces pour les replacer ensuite.

Si la porte est en bois massif, on peut habituellement la raccourcir en la rabotant à l'aide d'un rabot manuel ou à commande mécanique.

Outils et matériaux ▸

- Ruban à mesurer
- Marteau
- Tournevis
- Couteau universel
- Tréteaux
- Scie circulaire
- Ciseau
- Règle rectifiée
- Serres
- Colle de menuisier

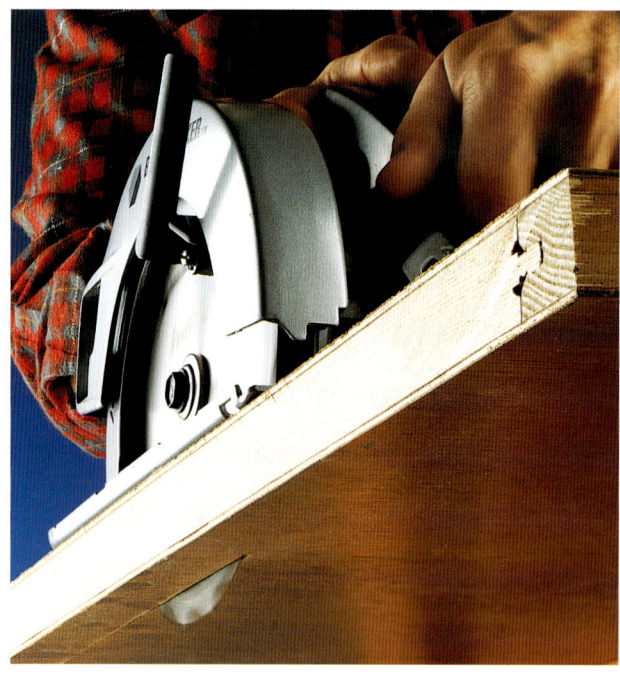

Les portes à âme creuse ont des cadres en bois massif et des âmes creuses. Si on enlève complètement le bord inférieur du cadre de la porte, pour la raccourcir, on peut ensuite replacer ce bord pour refermer le cadre de la porte. Prenez soigneusement les mesures lorsque vous marquez une porte pour la raccourcir.

Comment raccourcir une porte à âme creuse

1 La porte se trouvant à sa place, mesurez ⅜ po à partir du revêtement de plancher et marquez la porte à cet endroit. Retirez la porte de ses gonds en enlevant les pivots des charnières au moyen d'un tournevis et d'un marteau.

2 Tracez la ligne de coupe. Coupez à travers le parement de la porte à l'aide d'un couteau universel bien aiguisé, pour ne pas produire d'éclats lors du sciage.

Posez la porte à plat sur des tréteaux et fixez-y, au moyen de serres, une règle rectifiée qui guidera la lame de la scie.

Sciez le bas de la porte, au risque de faire apparaître la partie creuse.

Pour réinstaller la partie inférieure du cadre de la porte, enlevez son parement avec un ciseau, des deux côtés.

Appliquez un cordon de colle sur la partie sciée de cadre, introduisez-la dans l'ouverture de la porte et assujettissez-la avec des serres. Essuyez l'excédent de colle et laissez sécher la porte jusqu'au lendemain.

Menuiserie de base

Installation d'une nouvelle porte dans un ancien jambage

Si vous devez remplacer une porte qui n'est pas très jolie ou qui est endommagée, mais que le jambage et les moulures sont en bon état, il est inutile d'enlever le jambage. Achetez plutôt une porte plane et installez-la dans le jambage existant. C'est une excellente façon de préserver les moulures en place, particulièrement si vous habitez une maison âgée, et vous n'aurez pas à assortir la couleur d'un nouveau jambage aux matériaux environnants.

Si les charnières sont aussi en bon état, vous pouvez également les réutiliser. Ce peut être particulièrement souhaitable dans une maison historique comportant des charnières ornementées. La plupart des centres de rénovation ont en stock des portes planes à six panneaux; vous pouvez aussi en commander dans divers styles et essences de bois. À des fins esthétiques et pratiques, choisissez une porte dont les dimensions se rapprochent le plus possible de celles de l'ancienne porte.

Pour installer la porte, il faut la caler en place, en chantourner les extrémités et les bords, et la raboter pour qu'elle s'adapte à l'ouverture. Vous devrez aussi buriner les mortaises des charnières sur le bord de la porte afin qu'il corresponde à l'emplacement de la charnière sur le jambage.

Il s'agit d'un projet où la patience et le chantournage soigneux porteront fruit à la fin. Faites-vous aider pour tenir la porte en place pendant que vous la chantournez et l'ajustez.

Outils et matériaux ▸

Cales de porte
Ruban à mesurer
Compas
Équerre combinée
Couteau universel
Scie circulaire
Serres en C
Mèche de perceuse à serrage concentrique
Rabot électrique ou à main
Marteau
Ciseau
Perceuse/visseuse
Scie-cloche
Foret à trois pointes
Porte plane
Vis à charnières

En installant une nouvelle porte (à droite), dans un ancien jambage, vous pouvez transformer instantanément une entrée (ancienne porte à gauche).

Comment installer une nouvelle porte dans un ancien jambage

Demandez à quelqu'un de tenir la nouvelle porte contre le jambage depuis l'intérieur (où la porte s'ouvrira). Déposez deux cales épaisses sous la porte pour la soulever légèrement du sol ou du seuil. Déplacez les cales jusqu'à ce que les traverses supérieure et inférieure de la porte soient relativement de niveau avec le jambage, de façon que la porte ait l'air équilibrée dans l'ouverture.

Utilisez des morceaux de ruban-cache coloré pour marquer l'extérieur de la porte le long du bord de la charnière. Cela facilitera l'orientation de la porte, tout au long du processus d'installation.

À l'aide d'un compas porte-mine, ouvert à ³⁄₁₆ po, tracez des lignes de repère sur les deux bords longs et le haut de la porte. Ces lignes créeront de l'espace pour les charnières et l'ouverture de la porte. Si le bas de la porte doit se refermer sur du tapis, réglez le compas à ½ po et marquez le bas de la porte. Retirez la porte et reportez ces lignes de repère sur l'autre face de la porte.

Placez la porte sur un support robuste ou une paire de chevalets, le ruban-cache vers le haut. Faites une entaille sur les lignes de repère au haut et au bas de la porte à l'aide d'un couteau universel pour éviter que les fibres du bois n'éclatent lorsque vous taillerez les extrémités.

(suite à la page suivante)

Taillez les extrémités de la porte à l'aide d'une scie circulaire munie d'une lame de finition. Passez la scie le long d'une règle de précision serrée contre l'établi, la lame taillant 1/16 po sur le côté rejeté des lignes de repère. Assurez-vous que la lame est insérée bien droite dans la scie avant d'entamer la coupe. Utilisez un rabot électrique ou manuel pour niveler les extrémités de la porte jusqu'aux lignes de repère.

Placez la porte sur le côté et utilisez un rabot électrique ou manuel pour raboter jusqu'aux lignes de repère. Réglez l'outil pour une coupe fine ; utilisez une profondeur de coupe de 1/16 po dans le cas d'un rabot électrique, et une profondeur moindre pour un rabot manuel. Essayez de faire de longs passages de rabot, d'une extrémité à l'autre de la porte.

Calez la porte de nouveau dans l'embrasure, en demandant à un aide de la soutenir par l'arrière. Éloignez légèrement la porte du butoir de porte de façon à pouvoir marquer l'emplacement des charnières sur la face de la porte.

Utilisez une équerre combinée ou l'un des feuillets de charnière pour tracer des lignes de repère marquant l'emplacement des charnières. Faites des entailles dans les lignes de repère à l'aide d'un couteau universel.

Creusez des mortaises peu profondes pour les charnières sur le bord de la porte à l'aide d'un ciseau bien affûté et d'un marteau. Commencez par marquer la forme de la mortaise avec une règle de précision et un couteau universel ou un ciseau, puis donnez une série de légers coups de ciseau dans la zone de la charnière. La mortaise devrait être un peu plus profonde que l'épaisseur de la charnière.

Placez les charnières sur les mortaises et percez des avant-trous qui recevront les vis des charnières. Fixez les charnières à la porte.

Placez la porte dans l'embrasure de façon que la charnière supérieure s'appuie sur la mortaise supérieure du jambage. Enfoncez une vis dans la mortaise. Placez ensuite les autres feuillets dans leur mortaise et enfoncez les vis qui restent.

Percez des trous pour la serrure et la gâche à l'aide d'une scie-cloche et d'une mèche à trois pointes. Si vous réutilisez la quincaillerie originale, mesurez les cavités sur l'ancienne porte et réalisez les mêmes dans la nouvelle porte, en commençant par la plus grande ouverture qui recevra la serrure. Dans le cas d'une nouvelle serrure, utilisez le gabarit fourni par le fabricant et suivez les recommandations concernant la taille de l'ouverture avant de percer les trous. Installez la nouvelle quincaillerie.

Installation de portes pliantes

Les portes pliantes donnent facilement accès à une pièce ou une zone sans nécessiter beaucoup de dégagement. Elles sont pratiques dans le cas de placards, et pour dissimuler une salle de lavage, une machine à laver ou un séchoir.

La plupart des centres de rénovation ont en stock des ensembles comprenant deux portes pliantes à charnières, une glissière et toute la quincaillerie et les attaches nécessaires. Habituellement, ces portes sont prépercées pour recevoir le pivot et les goujons de guidage. Il se vend aussi de la quincaillerie séparément pour les portes faites sur mesure.

Il existe un éventail de styles de portes pliantes, depuis les portes à persiennes jusqu'aux portes vitrées. La plupart des portes sont conçues pour une ouverture standard de 80 po, mais si le sol est recouvert de moquette ou de carrelage, vous devrez peut-être les raccourcir. Utilisez un rabot pour effectuer de petites corrections, ou une scie circulaire et une règle de précision pour les modifications importantes (pages 142-143).

Pour bien fonctionner, les portes pliantes doivent être de niveau et d'aplomb dans l'ouverture. Avant de procéder à l'installation, assurez-vous que les coins de l'ouverture sont d'équerre, que le linteau est horizontal et que le jambage est droit.

Pour éviter que les portes ne coincent, laissez un dégagement d'au moins ⅛ po entre les portes au centre, à l'emplacement des charnières et entre les portes et le jambage.

Installer des portes pliantes n'est pas compliqué ; cependant, il existe autant de styles de quincaillerie que de modèles de portes. Lisez et suivez les instructions du fabricant pour le produit que vous utilisez. La plupart des modèles fonctionnent selon un système de goujons : deux goujons à pivot sur chaque porte et un goujon de guidage sur chaque porte centrale. Les pivots supérieurs s'installent dans la glissière montée sur le linteau, tandis que le pivot inférieur s'installe dans le support d'ancrage au pied de montant.

Une fois les portes installées, on peut les aligner en réglant les pivots inférieurs et supérieurs. Pour ajuster la hauteur d'une porte, il faut habituellement faire tourner le pivot inférieur dans le sens horaire pour abaisser la porte, et dans le sens inverse pour la relever. Pour aligner les portes verticalement, desserrez la vis du pivot supérieur et glissez celui-ci vers la gauche ou vers la droite. Certains supports de jambage permettent de déplacer le goujon du pivot inférieur dans le sens de la longueur du support, pour effectuer un réglage vertical supplémentaire.

Outils et matériaux ▸

Ruban à mesurer
Scie circulaire
Perceuse
Rabot
Tournevis
Scie à métaux
Portes pliantes
  à charnières montées
Glissière
Quincaillerie
Vis à tête cylindrique large
Vis à tête plate

Il existe différents modèles de portes pliantes qu'on peut installer pour diviser deux pièces. Ces portes sont aussi attrayantes que des portes-fenêtres, mais nécessitent beaucoup moins d'espace.

Comment installer des portes pliantes

À l'aide d'une scie à métaux, taillez la glissière à la largeur de l'ouverture. Insérez les montures à roulettes dans la glissière et positionnez la glissière dans l'ouverture. Fixez-la au linteau à l'aide de vis à tête cylindrique large.

Mesurez et marquez chaque montant au niveau du sol, de façon que le centre du support d'ancrage soit exactement sous le centre de la glissière. Fixez les deux supports à l'aide de vis à tête plate.

Vérifiez la hauteur des portes par rapport à l'ouverture et raccourcissez-les au besoin. Insérez un goujon de pivot dans chaque trou prépercé au haut et au bas des deux portes, côté jambage. Assurez-vous que les goujons sont bien serrés en place.

Insérez un goujon de guidage dans le trou prépercé, au haut des deux portes centrales. Assurez-vous que les goujons sont bien serrés en place.

Repliez une double porte et soulevez-la pour la mettre en place, en insérant le pivot et le goujon de guidage dans la glissière. Glissez le pivot inférieur dans le support d'ancrage. Répétez l'opération avec l'autre double porte.

Fermez les portes et vérifiez si l'espace est uniforme le long du jambage et au centre. Pour aligner les portes, réglez les pivots inférieurs et supérieurs en suivant les instructions du fabricant.

Menuiserie de base

Installation d'une contre-porte

Installez une contre-porte si vous désirez améliorer l'apparence et la résistance aux intempéries d'une vieille porte d'entrée ou si vous voulez protéger une nouvelle porte contre les intempéries. Sous tous les climats, l'installation d'une contre-porte prolonge la durée de vie d'une porte d'entrée.

Achetez une contre-porte ayant une âme massive et une enveloppe extérieure sans joints. Notez soigneusement les dimensions de l'ouverture de la porte, entre les bords intérieurs du chambranle de la porte d'entrée. Choisissez une contre-porte qui s'ouvre du même côté que la porte d'entrée.

Outils et matériaux ▸

Ruban à mesurer
Crayon, fil à plomb
Scie à métaux
Marteau, perceuse et mèches
Tournevis
Contre-porte
Bandes d'espacement en bois
Clous à boiserie de 4d

Les bas de porte réglables rendent les portes étanches aux intempéries. Après avoir monté la porte, réglez la hauteur du bas de porte de manière que celui-ci frotte légèrement contre le seuil lorsqu'on ferme la porte.

Comment couper le cadre d'une contre-porte pour l'ajuster dans l'ouverture de la porte

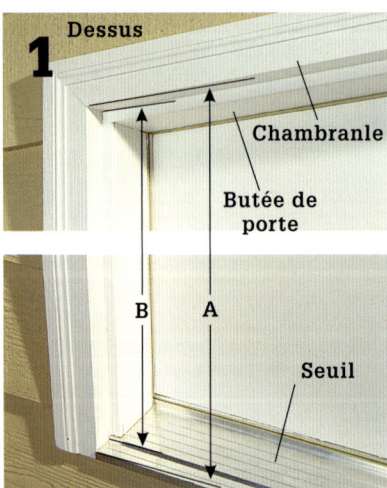

Les seuils des portes d'entrée étant inclinés, il faut couper le bas du cadre de la contre-porte suivant le même angle que celui du seuil. Mesurez la distance (A) du seuil à la partie supérieure de l'ouverture de la porte, dans le plan du coin intérieur du chambranle, et ensuite la distance (B) dans le plan de l'arrêt de la porte.

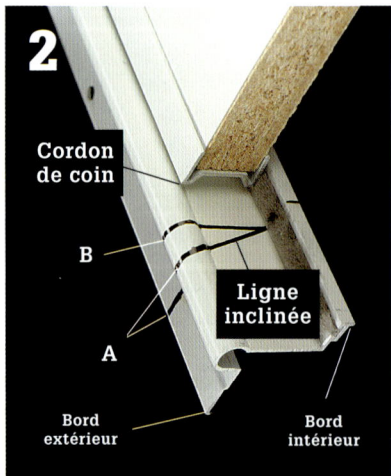

Soustrayez ⅛ po des distances A et B pour pouvoir effectuer de petits ajustements après que la porte sera installée. Mesurez, à partir du dessus du cadre de la contre-porte les distances ajustées A et B et marquez ces points sur le cordon de coin du cadre. Tracez une ligne du point A jusqu'au bord extérieur du cadre et une ligne du point B jusqu'au bord intérieur du cadre. Tracez ensuite la ligne inclinée qui joint les deux points ainsi obtenus sur les bords.

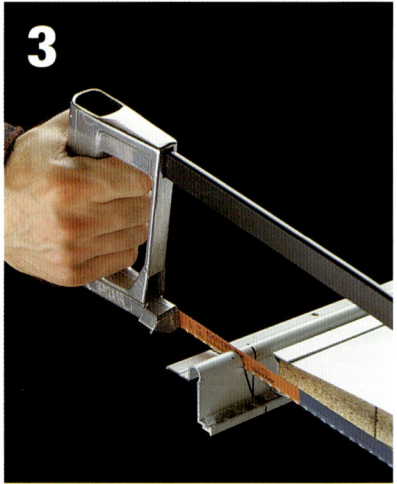

À l'aide d'une scie à métaux, sciez le bas du cadre de la contre-porte le long de la ligne inclinée. Veillez à tenir la scie inclinée suivant le même angle que celui de la ligne pour que la coupe soit nette et droite.

LA MENUISERIE

Comment ajuster et installer une contre-porte

Placez la contre-porte dans l'ouverture et poussez le cadre contre le chambranle, du côté des charnières de la contre-porte ; tracez une ligne de référence sur le chambranle en suivant le bord du cadre de la contre-porte.

Poussez le cadre de la contre-porte contre le chambranle, du côté de la serrure, et mesurez l'écart entre la ligne de référence et le côté charnières du cadre de la contre-porte. Si cet écart dépasse ⅜ po, vous devez installer des bandes d'espacement pour pouvoir ajuster la contre-porte.

Pour installer les bandes d'espacement, enlevez la contre-porte et clouez de minces bandes de bois à l'intérieur du chambranle, à l'endroit des charnières de la contre-porte. Les bandes doivent être de ⅛ po moins épaisses que l'écart mesuré à l'étape 2.

Replacez la contre-porte et poussez-la contre le chambranle, du côté des charnières. Forez, tous les 12 po, des avant-trous dans le cadre – du côté des charnières – et le chambranle. Fixez le cadre à l'aide de vis de montage.

Enlevez les pièces qui maintiennent le cadre attaché à la contre-porte. La contre-porte étant fermée, forez des avant-trous et fixez le cadre, du côté de la serrure, au chambranle. Glissez une pièce de monnaie, entre la contre-porte et son cadre, pour obtenir un écartement constant.

Centrez la traverse du cadre de la contre-porte sur les côtés du cadre. Forez des avant-trous et fixez la traverse au chambranle à l'aide de vis. Réglez le bas de porte et installez les charnières et la serrure en suivant les instructions du fabricant.

Menuiserie de base

Installation des encadrements des portes et des fenêtres

Les encadrements des portes et des fenêtres servent à dissimuler les espaces existant entre les jambages, les montants, les linteaux, les appuis, et les surfaces des murs avoisinants.

Installez les encadrements des portes et des fenêtres en retrait des bords intérieurs des jambages et en vous assurant que les encadrements sont de niveau et d'aplomb.

Pour que les encadrements soient bien ajustés, les jambages et le revêtement mural doivent se trouver dans le même plan. Si l'un d'entre eux dépasse, l'encadrement ne s'appliquera pas parfaitement à l'embrasure. Pour résoudre ce problème, vous devrez retirer de la matière de la surface qui dépasse.

Utilisez un rabot de coupe pour raboter les jambages qui dépassent et une râpe pour réduire l'épaisseur du bord d'une plaque de plâtre (page 130). Les vis à plaques de plâtre supportent la plaque de plâtre grâce à la résistance de la couche de papier qui recouvre celle-ci. Si le papier qui entoure une vis est endommagé, enfoncez une autre vis à proximité, là où le papier est en bon état.

Outils et matériaux ▸

Ruban à mesurer
Crayon
Équerre combinée
Chasse-clou
Niveau
Règle rectifiée
Scie à onglets à commande mécanique
Marteau ou marteau cloueur pneumatique
Listels d'encadrement
Socles de plinthes et blocs d'angles (facultatif)
Clous de finition de 4d et de 6d
Bois en pâte

Comment installer des encadrements biseautés aux portes et aux fenêtres

1

Sur chaque jambage, tracez une ligne à ⅛ po du bord intérieur. Vous installerez les encadrements le long de ces lignes. *REMARQUE : on installe généralement les encadrements des fenêtres à double battant au bord des montants ; dans ce cas, les lignes sont inutiles.*

2

Placez une moulure d'encadrement le long d'un côté du jambage, pour qu'elle se trouve au ras de la ligne tracée à l'étape 1. Au sommet et à la base de la moulure, marquez les points où les lignes verticales et horizontales se rencontrent. (S'il s'agit de portes, ne les marquez qu'au sommet.)

3

Coupez les extrémités de la moulure à 45° (page 84). Mesurez et coupez l'autre moulure verticale en utilisant la même méthode.

4

Forez des avant-trous, espacés de 12 po, pour éviter que le bois ne se fende et fixez les encadrements verticaux au moyen de clous de finition de 4d plantés à travers les encadrements, dans les jambages. Enfoncez des clous de finition de 6d dans les membres de l'ossature, près du bord extérieur des encadrements.

5

Mesurez la distance entre les moulures de côté et coupez les moulures supérieure et inférieure pour qu'elles s'ajustent parfaitement à celles-ci, avec des biseaux à 45°. Si la porte ou la fenêtre n'est pas parfaitement rectangulaire, faites des essais avec des rebuts pour trouver les angles des joints. Forez des avant-trous et fixez les moulures à l'aide de clous de finition de 4d et de 6d.

6

Consolidez les joints des coins en forant des avant-trous et en enfonçant des clous de 4d dans chaque coin, comme indiqué. À l'aide d'un chasse-clou, enfoncez toutes les têtes de clous sous la surface du bois et remplissez de bois en pâte les trous formés.

Comment installer des encadrements de porte aboutés

Tracez une ligne repère sur chaque jambage, à ⅛ po du bord intérieur. Vous devrez installer les encadrements le long de ces lignes.

Coupez le côté supérieur de l'encadrement à la bonne longueur. Marquez son centre et le centre du linteau. Alignez le côté supérieur de l'encadrement sur la ligne repère et faites coïncider les centres de manière que le linteau dépasse également des deux côtés. Clouez le côté supérieur de l'encadrement au mur – aux emplacements des poteaux – et au linteau.

Placez les montants de l'encadrement contre le linteau, marquez-les à la bonne longueur et sciez-les.

Alignez chaque montant de l'encadrement sur sa ligne repère et clouez-le au jambage et aux parties de l'embrasure. À l'aide d'un chasse-clou, enfoncez les têtes des clous sous la surface du bois et remplissez les trous de bois en pâte.

Options dans l'installation des encadrements de portes et de fenêtres

Ornez les encadrements des portes en ajoutant des blocs de plinthe. Coupez les blocs de plinthe dans du bois d'œuvre de 1 po et biseautez un côté. À l'aide de clous de finition de 10d de 2 po, clouez les blocs de plinthe aux jambages, en alignant les côtés biseautés sur la ligne repère de l'encadrement. Mesurez les parties de l'encadrement et sciez-les à la bonne longueur.

Ajoutez des blocs de coin, appelés parfois rosaces, aux extrémités du linteau. Installez-les dès que les montants sont en place et coupez ensuite le linteau à la bonne longueur. Utilisez un chasse-clou pour noyer les têtes des clous lorsque toutes les pièces sont installées.

Les feuillures peuvent agrémenter des cadres de fenêtre comportant des joints d'about. Posez la feuillure autour de la fenêtre, en biseautant les joints dans les coins. Clouez la feuillure en place à l'aide de clous de finition de 4d ou de goupilles pour cloueuse pneumatique.

Créez un linteau de porte décoratif en clouant une combinaison de moulures plates et de moulures à treillis par-dessus la traverse supérieure de la porte. Assurez-vous que le linteau surplombe l'encadrement.

Menuiserie de base

Installation de boiseries de fenêtre

Les rebords (ou tablettes) et les moulures d'allège ajoutent une note traditionnelle à une fenêtre, et ils sont le plus souvent utilisés avec des fenêtres à guillotine. Le rebord sert de seuil intérieur ; la moulure d'allège (le bas du cadre) dissimule l'intervalle entre le rebord et le mur fini.

Dans bien des cas, comme lorsque les murs sont faits de pièces de 2 po x 6 po, il faut épaissir le jambage à l'aide de bois de finition de 1 po d'épaisseur nominale pour faire affleurer les montants de la fenêtre avec le mur fini. De nombreux fabricants de fenêtres vendent des rallonges de jambage pour leurs fenêtres.

Le rebord est habituellement fait de bois de finition de 1 po d'épaisseur nominale, coupé aux dimensions de l'ouverture brute, avec des « projections » à chaque extrémité, le long du mur, qui viendront abouter les montants. Les projections dépassent du bord externe du montant dans la même mesure que le bord avant de la tablette dépasse la face avant du chambranle, soit habituellement moins de 1 po.

Si le bord de la tablette est arrondi, biseauté ou toupillé de façon décorative, vous pouvez créer un aspect plus fini en réalisant des retours aux extrémités de la tablette pour dissimuler les veines d'extrémité. Deux coupes en onglet sur la projection brute créeront la pièce parfaite pour terminer la projection. On peut en faire autant pour une allège taillée dans un châssis avec moulure.

Comme dans toute pose de moulures, le secret pour réussir la construction d'un rebord avec moulures d'allège consiste à réaliser des joints serrés. Prenez votre temps pour vous assurer que toutes les pièces sont assemblées étroitement. De plus, utilisez une cloueuse pneumatique : vous ne voudriez pas gâcher tout le temps que vous avez passé à caler soigneusement les montants à cause d'un seul coup de marteau qui déplace le tout.

Conseil ▶

Au besoin, faites une « coupe arrière », à l'aide d'un couteau universel, sur les pièces du châssis, afin que les joints soient serrés.

Outils et matériaux ▶

Ruban à mesurer
Règle de précision
Scie circulaire ou scie sauteuse
Scie à main
Rabot ou râpe
Perceuse
Marteau
Cloueuse pneumatique (facultatif)
Bois de finition de 1 po d'épaisseur nominale
Chambranle
Cales de bois
Clous de finition de 4d, 6d et 8d

Comment installer un rebord et une moulure d'allège

Taillez le rebord aux dimensions voulues, en laissant plusieurs pouces aux extrémités pour créer les retours des projections. Centrez le rebord devant la fenêtre et bien serré contre le mur ; calez-le à sa hauteur définitive. À chaque coin, mesurez la distance entre le cadre de fenêtre et la tablette, puis marquez cette dimension sur la tablette.

Ouvrez un compas de façon qu'il touche le mur et la pointe de l'ouverture brute sur la tablette, puis reportez la mesure prise sur la surface du mur sur la tablette pour tracer la ligne de coupe de la projection.

Coupez les entailles qui créeront la projection, à l'aide d'une scie sauteuse ou d'une scie à main. Mettez la tablette en place et apportez les correctifs nécessaires à l'aide d'un rabot ou d'une râpe afin qu'elle s'ajuste étroitement contre la fenêtre et les murs.

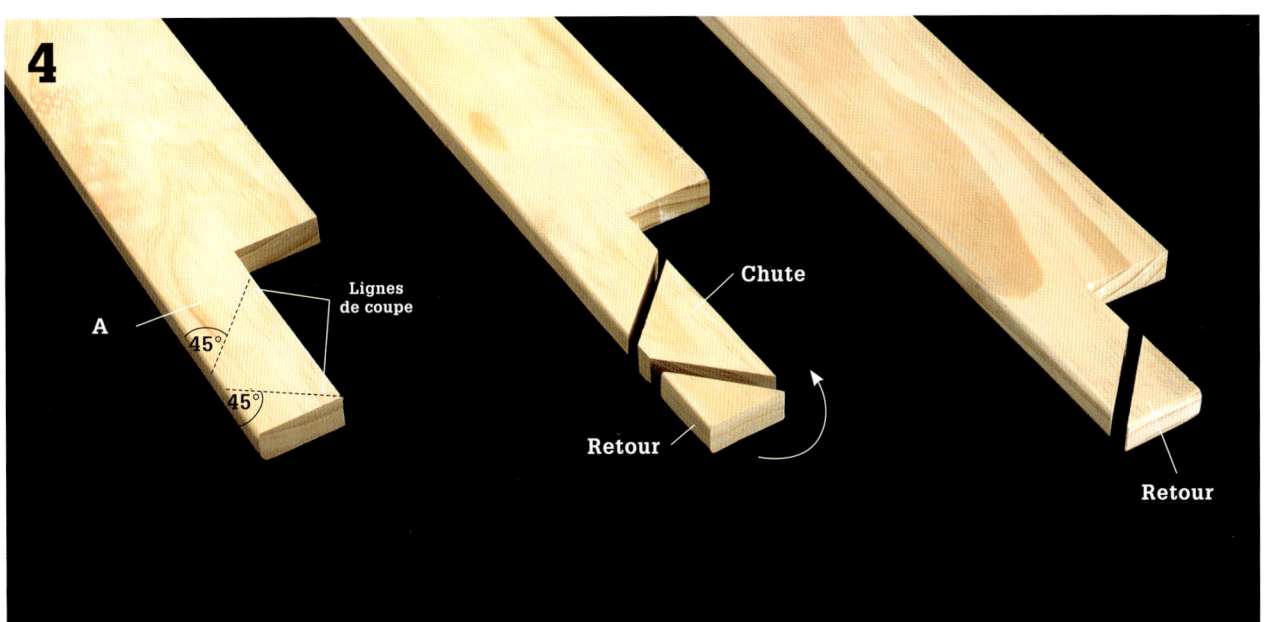

Afin de créer un retour pour la projection (A) de la tablette, taillez à onglet les pièces du retour, à des angles de 45°. Marquez la tablette à la totalité de sa longueur, puis taillez-la aux mesures voulues en réalisant des coupes à onglet de 45°. Collez le retour sur l'extrémité à onglet de la projection, de façon à dissimuler la veine d'extrémité. *Remarque : utilisez la même technique pour créer des retours sur la moulure d'allège (étape 13, page 159), mais effectuez les coupes en tenant la moulure sur le côté, plutôt qu'à plat.*

(suite à la page suivante)

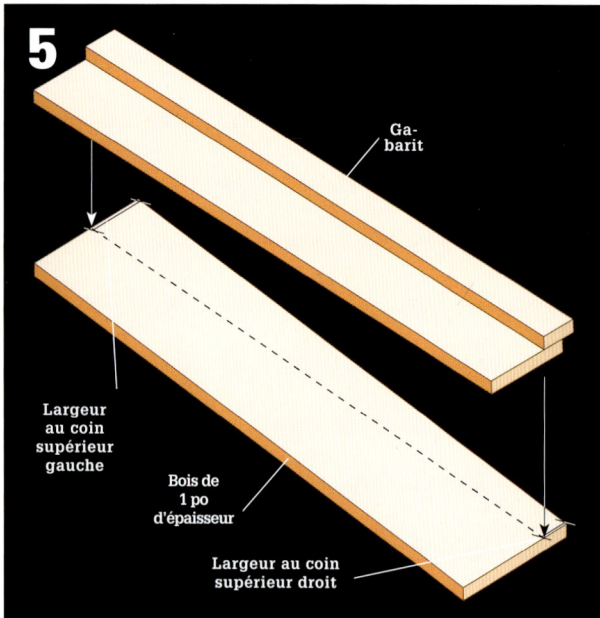

Si vous avez besoin de rallonges, taillez les rallonges de linteau aux dimensions définitives : la distance entre les montants latéraux de la fenêtre, plus l'épaisseur des deux rallonges latérales. Pour la largeur, mesurez la distance entre le montant de la fenêtre et le mur fini, à chaque coin, puis marquez les mesures sur les extrémités des rallonges. Utilisez une règle de précision pour tracer une ligne de repère reliant les points. Fabriquez-vous un gabarit de coupe simple, tel qu'illustré (voir à la page 77).

Serrez le gabarit sur la ligne de repère, puis refendez la rallonge à l'aide d'une scie circulaire pour obtenir la largeur voulue ; maintenez la plaque d'assise serrée contre le gabarit et faites avancer doucement la scie pour effectuer la coupe. Repositionnez la serre lorsque vous achevez la coupe. Taillez les deux rallonges aux dimensions voulues en utilisant la même technique que pour la rallonge de linteau (étape 5).

Construisez un bâti en forme de caisson avec les rallonges et la tablette, à l'aide de clous de finition de 6d et d'une cloueuse pneumatique. Prenez les mesures pour vous assurer que le caisson a les mêmes dimensions que le jambage de la fenêtre. Enfoncez des clous au sommet de la rallonge de linteau, jusque dans les rallonges latérales et dans le bas de la tablette, jusque dans les rallonges latérales.

Appliquez de la colle à bois sur les bords arrière du bâti, puis positionnez celui-ci contre le bord avant du jambage de la fenêtre. Utilisez des cales de bois pour ajuster le bâti, en vous assurant que les pièces affleurent le jambage. Fixez le bâti à l'emplacement de chaque cale, à l'aide de clous de finition de 8d enfoncés dans des avant-trous. Insérez de l'isolant sans le tasser entre les éléments de charpente et les rallonges.

Sur le bord de chaque rallonge, marquez une jouée de ¼ po aux coins, au centre et sur la tablette. Placez un montant le long de la rallonge de linteau, aligné avec les marques de jouée dans les coins. Marquez le point d'intersection des jouées, puis réalisez des coupes à onglet de 45º à chaque point. Repositionnez le chambranle à l'emplacement de la rallonge de linteau et fixez le tout à l'aide de clous de finition de 4d sur les rallonges, et de clous de finition de 6d sur les éléments de charpente.

Taillez les montants latéraux à la longueur brute, en laissant les extrémités un peu plus longues, pour le rognage final. Coupez une extrémité à un angle de 45º. L'extrémité pointue reposant sur la tablette, marquez la hauteur du montant latéral sur le bord supérieur de la traverse de linteau.

Pour que les montants latéraux soient bien ajustés, alignez un côté d'une fausse équerre avec la jouée, marquez la rallonge latérale et positionnez l'autre côté pour qu'il affleure la projection. Transposez l'angle de la fausse équerre à l'extrémité du chambranle, que vous couperez aux dimensions voulues.

Faites l'essai du positionnement du chambranle, et faites tous les ajustements finals à l'aide d'un rabot ou d'une râpe. Fixez le chambranle à l'aide de clous de finition de 4d sur les rallonges, et de 6d sur les éléments de charpente.

Taillez la moulure d'allège aux dimensions voulues, en laissant quelques pouces à chaque extrémité pour créer les retours (étape 4, page 157). Positionnez la moulure d'allège bien serrée contre le bord inférieur de la tablette, puis fixez-la à l'aide de clous de finition de 6d enfoncés à tous les 12 po.

Menuiserie de base

Installation de plinthes

On installe des plinthes pour dissimuler le joint entre le plancher fini et le revêtement mural. Elles servent aussi à protéger le bas du revêtement mural. La pose de plinthes unies, d'une seule pièce, comme le style ranch, est un projet simple. Les joints des coins externes sont taillés à onglet, les coins internes sont contre-profilés, et les longues bandes sont assemblées en biseau.

La plus grande difficulté dans la pose d'une plinthe réside dans le traitement des coins qui ne sont pas droits ou d'aplomb. Cependant, une fausse équerre rend ces obstacles faciles à surmonter.

Planifiez l'ordre de l'installation avant de tailler des pièces, et prévoyez une pièce précise pour chaque longueur de mur. Il peut être utile de marquer le type de coupe à l'arrière de chaque pièce afin d'éviter toute confusion pendant l'installation.

Repérez tous les poteaux et marquez-les avec du ruban-cache, 6 po au-dessus du sommet de la plinthe. Si vous devez réaliser des joints en biseau le long du mur, assurez-vous qu'ils arrivent au centre d'un poteau. Avant de commencer à clouer les plinthes, prenez le temps de finir les moulures. Vous en diminuerez ainsi le temps de nettoyage de la pièce.

Outils et matériaux ▸

Crayon
Ruban à mesurer
Scie à onglet électrique
Fausse équerre
Scie à chantourner
Ensemble de limes à métaux
Cloueuse de finition pneumatique et compresseur
Moulures
Attaches pour dispositif de fixation pneumatique
Colle de menuisier
Bois en pâte de finition

Comment installer une plinthe d'une seule pièce

Mesurez, taillez et installez la première section de plinthe. Ajustez bien les extrémités dans les coins. Pour les sections plus étendues, il vaut mieux laisser les bandes un peu plus longues (jusqu'à 1/16 po dans le cas de bandes de plus de 10 pi) et les forcer en place. Fixez les plinthes à l'aide de deux clous à l'emplacement de chaque poteau.

Taillez la deuxième section de plinthe en lui laissant de 6 à 10 po de plus, et contre-profilez-la pour pouvoir l'enchâsser dans la première section. Limez l'assemblage contre-profilé et poncez-le. Ajustez le joint, au besoin, pour qu'il soit bien serré.

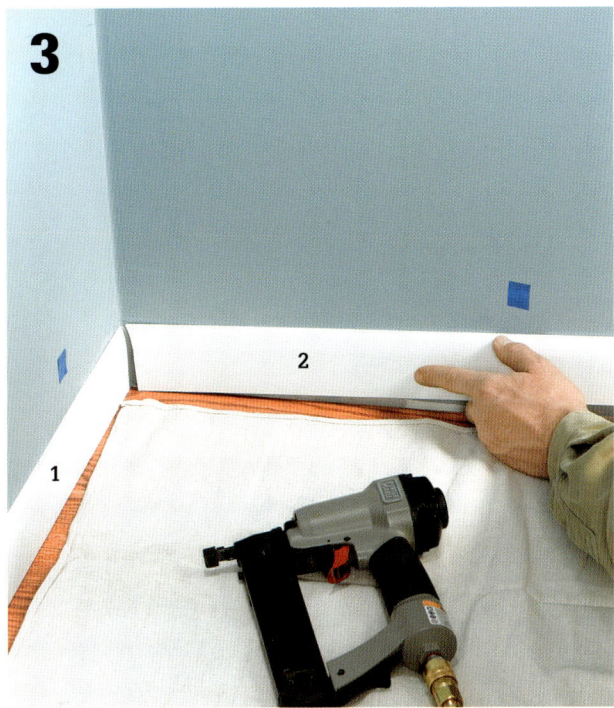

Vérifiez la perpendicularité du coin à l'aide d'une équerre de charpentier. Au besoin, ajustez la coupe à onglet de votre scie. Utilisez une fausse équerre pour transposer l'angle approprié. Taillez la deuxième pièce (contre-profilée) à la longueur voulue et fixez-la avec deux clous à l'emplacement de chaque poteau.

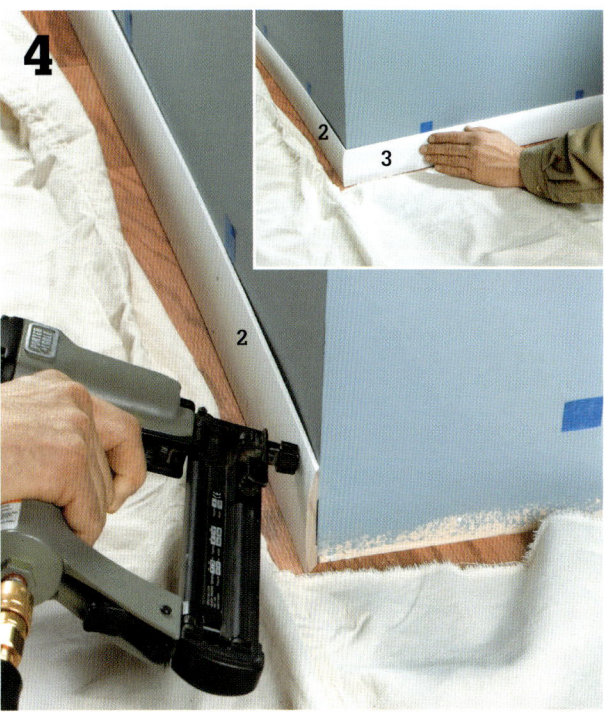

Ajustez l'angle de votre scie pour tailler le coin externe adjacent (3). Mettez les pièces en place pour vérifier qu'elles sont bien ajustées (en mortaise). Retirez la deuxième pièce et fixez la première pièce composant le joint du coin externe.

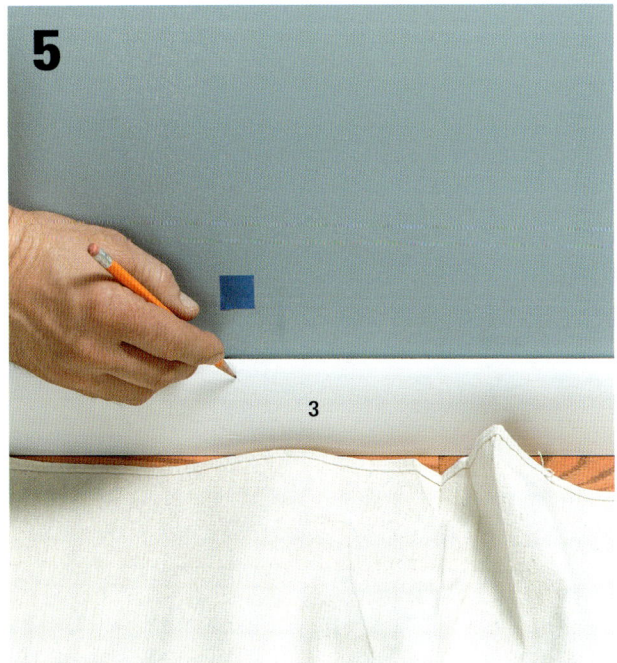

Préparez les joints en biseau en mettant la pièce en place, de façon que le joint précédent soit serré, puis marquez l'emplacement du centre d'un poteau situé le plus près de l'extrémité opposée. Réglez l'angle de votre scie à 30° et taillez la plinthe à l'endroit marqué (page 84).

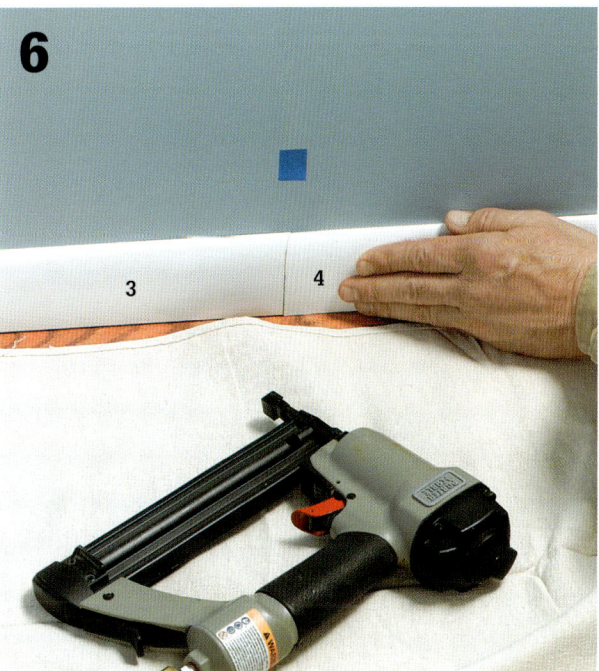

Clouez la troisième pièce, en vous assurant que le coin externe est serré. Taillez l'extrémité de la quatrième pièce de façon qu'elle corresponde à l'angle biseauté et fixez-la avec deux clous à l'emplacement de chaque poteau. Fixez le reste des plinthes, remplissez les cavités de bois en pâte et appliquez une couche de finition.

Menuiserie de base 161

Comment installer une plinthe composée

Transformez une simple latte en plinthe ornée d'une cimaise et d'un quart de rond. La plinthe peut être faite de bois massif, comme ci-dessus, ou de bandes de contreplaqué, tel qu'illustré à droite.

Coupez le panneau de contreplaqué en bandes de 6 po à l'aide d'une scie circulaire à table ou d'une règle de précision et d'une scie circulaire. Poncez légèrement les bandes pour éliminer tout éclat laissé par la scie. Puis, appliquez le fini de votre choix sur les moulures et les bandes de contreplaqué.

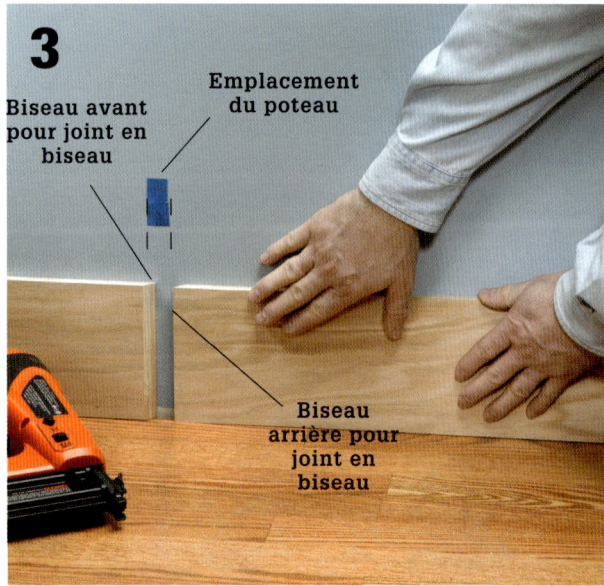

Fixez les bandes de contreplaqué à l'aide de clous de finition de 2 po enfoncés à l'emplacement des poteaux. Réalisez des joints en biseau sur les grandes longueurs, et enfoncez deux attaches sur les joints. Taillez et posez les moulures de façon que tous les joints en biseau se situent devant un poteau.

Conseil ▶

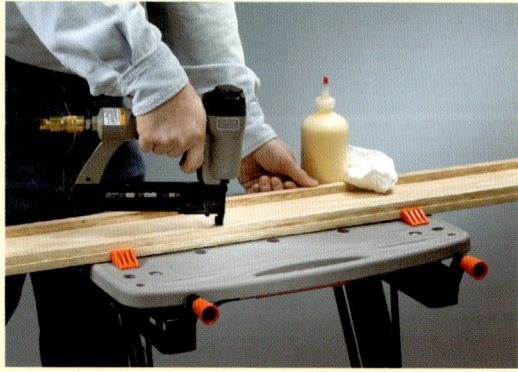

On peut augmenter l'épaisseur d'une plinthe en plaçant des bandes d'espacement à l'arrière, de façon que la plinthe soit plus éloignée du mur. Cela permet d'agencer la plinthe au reste du chambranle ou de donner l'impression que la plinthe est plus épaisse. Cependant, les cimaises doivent être assez épaisses pour recouvrir complètement le contreplaqué, sinon l'âme du panneau pourrait être visible.

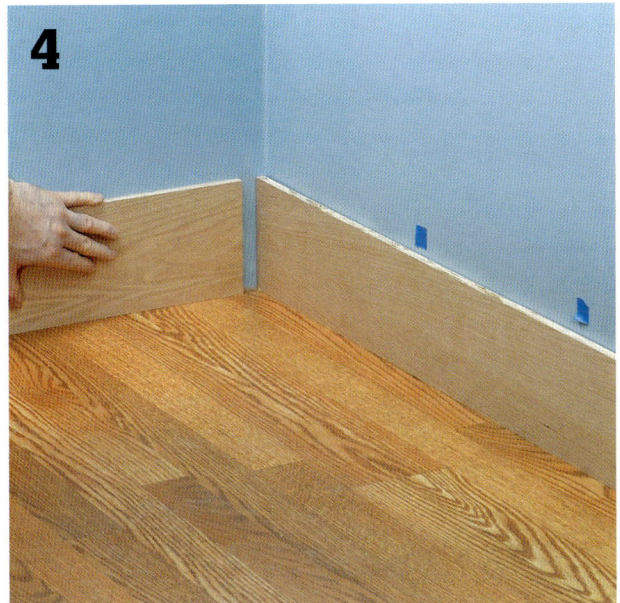

Faites l'essai des joints d'extrémité dans les angles intérieurs avant de tailler les pièces. Si les murs ne sont pas droits ou d'équerre, taillez l'extrémité en angle ou en biseau de quelques degrés de façon qu'elle s'ajuste à la pièce adjacente. La cimaise couvrira tout intervalle au sommet du joint.

Collez et clouez le joint à onglet de 45° avant de fixer la plinthe

Dans les angles saillants, taillez les pièces à onglet à 45°. Utilisez de la colle à bois et des clous de finition de 1¼ po pour bien retenir les pièces à onglet, puis fixez la plinthe au mur à l'emplacement des poteaux, à l'aide de clous de finition de 2 po. Les petits intervalles au haut ou au bas de la plinthe seront recouverts d'une cimaise ou d'un quart de rond.

Utilisez une cloueuse de finition de calibre 18 et des clous de finition de ⅝ po pour fixer la cimaise et le quart de rond le long des bords de la bande de contreplaqué. Sur les grandes longueurs, réalisez des joints en biseau, dans les angles intérieurs, des joints à contre-profil, et dans les angles extérieurs, des joints à onglet. Décalez les joints de façon qu'ils ne s'alignent pas avec ceux de la plinthe, en suivant le schéma de clouage suggéré (à droite). Noyez les clous à l'aide d'un chasse-clou et remplissez les cavités de bois en pâte.

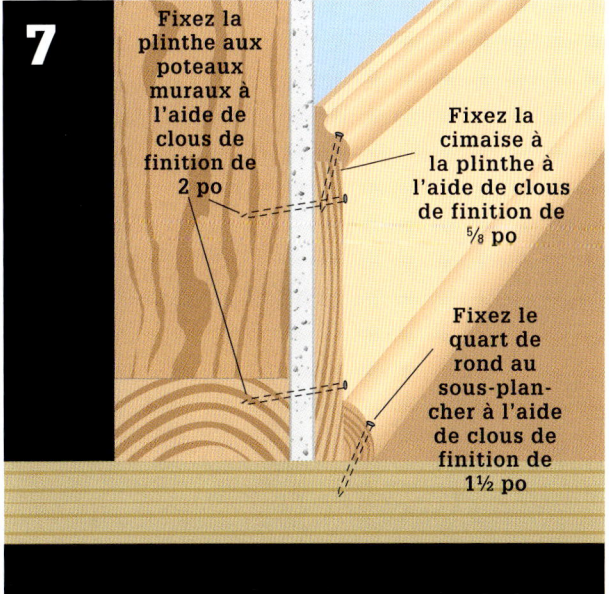

Fixez la plinthe aux poteaux muraux à l'aide de clous de finition de 2 po

Fixez la cimaise à la plinthe à l'aide de clous de finition de ⅝ po

Fixez le quart de rond au sous-plancher à l'aide de clous de finition de 1½ po

Une plinthe composée exige un schéma de clouage plus minutieux qu'une plinthe faite d'une seule pièce. Le plus important (à part de s'assurer que tous les clous sont enfoncés dans des poteaux ou une autre pièce de bois massif) est que le quart de rond soit fixé au sol, alors que la plinthe est fixée au mur. Ainsi, si l'intervalle entre le mur et le plancher change, les pièces de la plinthe composée peuvent bouger avec elles.

Lambrissage d'un plafond de grenier

Le lambrissage bouveté remplace avantageusement le plafond en plaques de plâtre, en particulier dans un grenier mansardé. Les panneaux en pin sont les plus répandus, mais n'importe quelle essence de panneaux bouvetés peut convenir. Les panneaux ont normalement une épaisseur de ⅜ po, à ¾ po, et on les fixe directement aux solives et aux chevrons du plafond (par-dessus de l'isolant à recouvrement, si nécessaire). La plupart des codes du bâtiment exigent l'installation d'un pare-feu en plaques de plâtre de ⅜ po en dessous d'un plafond dont l'épaisseur est inférieure à ¼ po.

Compte tenu des déchets, il faut que la quantité de matériaux achetée puisse couvrir 15 % de plus que la surface mesurée du plafond ; et vous devez prévoir encore plus de déchets si le plafond comporte de nombreuses coupes en angle. Comme la languette de la plupart des pièces glisse dans la rainure de la pièce adjacente, la surface doit être basée sur la surface exposée des panneaux lorsqu'ils sont installés. C'est avec une scie à onglets composée que vous effectuerez les coupes les plus nettes. Cet aspect est particulièrement important si le plafond ne comprend que peu d'angles droits.

On attache les panneaux bouvetés aux chevrons à l'aide de clous de plancher enfoncés dans l'épaulement de la languette (méthode appelée « clouage dissimulé » parce que les têtes des clous sont cachées par le panneau suivant). Seules la première et la dernière rangée de panneaux et les joints en biseau doivent être cloués en enfonçant les clous dans la face du panneau.

Pour réussir le lambrissage d'une surface, il faut absolument tracer les lignes qui révéleront clairement des défauts tels que les déviations, les murs mal alignés et les erreurs d'installation. Commencez par prendre les mesures, afin de déterminer la quantité de panneaux nécessaire (en ne tenant compte que de la surface finale exposée). Si le dernier panneau doit avoir moins de 2 po de large, réduisez la largeur du premier en le sciant longitudinalement du côté adjacent au mur.

Si l'arête du sommet du plafond n'est pas parallèle à l'arête du mur, vous devez combler la différence en sciant longitudinalement le panneau de départ suivant un angle tel que son bord supérieur et tous les panneaux qui suivent soient parallèles à l'arête, au sommet.

Outils et matériaux ▶

Ruban à mesurer
Perceuse
Marteau
Scie sauteuse
Scie à table ou scie circulaire avec guide
Angloir
Cordeau traceur
Chasse-clou

Panneaux bouvetés
Clous de planchers spiralés de 1¾ po
Moulures décoratives

Le lambrissage bouveté s'installe directement sur les chevrons ou les solives, ou sur des plaques de plâtre. Dans les greniers, il est important de commencer par isoler l'endroit et d'ajouter un pare-vapeur si le code du bâtiment local l'exige. Ce code exige parfois aussi qu'on double l'isolant recouvert de papier, installé derrière un mur mansardé, de plaques de plâtre ou d'un autre matériau.

Comment couvrir de panneaux le plafond d'un grenier

Pour préparer l'agencement des panneaux, commencez par mesurer la largeur exposée qu'auront les panneaux lorsqu'ils seront installés. Emboîtez deux pièces et mesurez la distance entre le bord de la pièce supérieure et le bord de la pièce inférieure. Calculez le nombre de panneaux nécessaires pour couvrir un côté du plafond en divisant la distance entre l'arête supérieure du mur et l'arête supérieure du plafond par la largeur exposée des panneaux.

Utilisez la mesure obtenue à l'étape 1 pour tracer une ligne indiquant le bord supérieur de la première rangée : aux deux extrémités du plafond, mesurez, depuis l'arête supérieure du plafond, une distance égale et tracez les traits qui correspondront au bord supérieur (languette) des panneaux de départ. N'oubliez pas que le bord inférieur de ces panneaux doit être coupé en biais pour que les panneaux s'appliquent exactement contre le mur (voir étape 4). À l'aide du cordeau traceur, tracez la ligne qui joint les deux traits.

Si les panneaux sont plus courts que la surface à couvrir, prévoyez les emplacements des joints. Décalez les joints selon un schéma qui se répète tous les trois panneaux, vous dissimulerez mieux les joints. N'oubliez pas que chaque joint doit tomber au milieu d'un chevron.

Sciez longitudinalement le premier panneau à la bonne largeur au moyen d'une scie circulaire, en éliminant le côté inférieur du panneau (côté rainure). Si la première rangée comporte des joints, coupez les panneaux à la longueur voulue suivant des biseaux de 30°, uniquement du côté du joint. Vous formerez ainsi des joints biseautés, qui se remarquent moins que les joints aboutés. Si le panneau est aussi long que le plafond, coupez les deux extrémités à angle droit.   (suite à la page suivante)

Menuiserie de base

Installez le panneau de départ en plaçant sa rainure contre le mur de côté de manière que sa languette soit alignée sur la ligne de contrôle. Laissez un espace de ⅛ po entre le bord à angle droit du panneau et le mur. Fixez le panneau en enfonçant des clous à travers le côté face, dans les chevrons, à environ 1 po du bord rainuré. Enfoncez ensuite des clous dans chaque chevron, à la base de la languette, inclinés à 45° vers l'arrière. À l'aide d'un chasse-clou, enfoncez les têtes des clous sous la surface.

Coupez et installez un à un les autres panneaux de la première rangée, en veillant à l'ajustage des joints biseautés. Soignez l'apparence en choisissant des panneaux de couleur et de grain semblables.

Coupez le premier panneau de la deuxième rangée et installez-le en glissant sa rainure sur la languette du panneau de la première rangée. Utilisez un marteau et un morceau de panneau inutilisé pour bien enfoncer le panneau en le tapotant sur toute sa longueur. Fixez la deuxième rangée de panneaux par clouage dissimulé seulement.

À mesure que vous installez les rangées successives, mesurez les distances entre l'arête supérieure du plafond et le bord des panneaux, pour vous assurer que les panneaux sont parallèles à cette arête. Corrigez tout défaut d'alignement en ajustant légèrement le joint languette-rainure d'une rangée à l'autre. Vous pouvez aussi tracer d'autres lignes de contrôle pour vous faciliter l'alignement des rangées.

Coupez longitudinalement les panneaux de la dernière rangée à la largeur voulue et biseautez leur bord supérieur pour qu'ils s'appliquent bien contre la poutre faîtière. Clouez les panneaux en place, perpendiculairement, dans le côté face. Installez les panneaux de l'autre côté du plafond et coupez les panneaux de la dernière rangée pour qu'ils forment un joint serré au sommet (mortaise).

Installez les moulures de garniture le long des murs, sur les joints autour des obstacles et le long des coins intérieurs et extérieurs, si nécessaire (les moulures de qualité de 1 po x 2 po font très bien l'affaire le long des murs). Biseautez, à l'arrière, les moulures du bord inférieur des panneaux pour qu'elles épousent la pente du plafond.

Conseils pour le lambrissage du plafond d'un grenier ▶

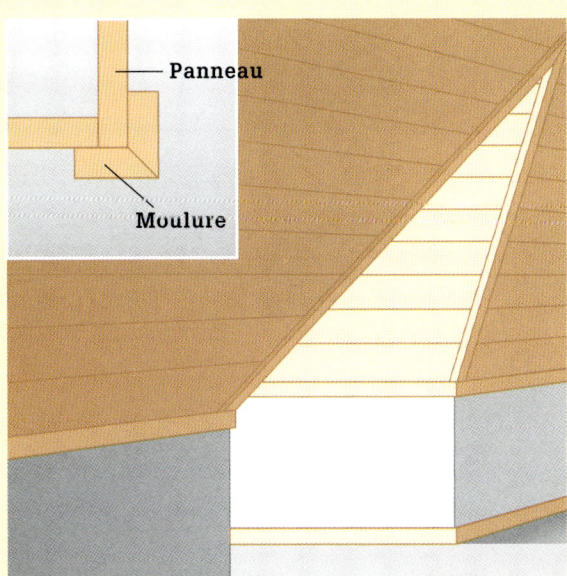

Installez les moulures décoratives qui dissimuleront les joints aux endroits où les panneaux se rencontrent dans des plans différents, comme sur les coins d'une mansarde. Biseautez les moulures et installez-les sur le joint bout à bout des coins, pour le dissimuler. Vous pouvez également couper les moulures dans les panneaux et enjoliver leur bord à l'aide d'une toupie ou d'un autre embout.

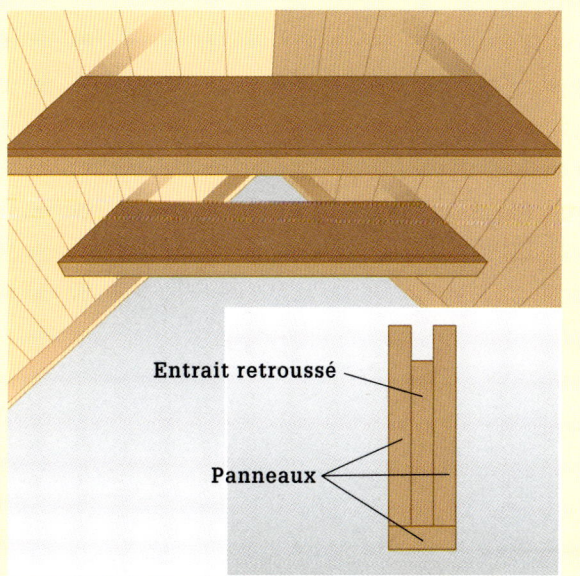

Enveloppez les entraits retroussés ou les poutres exposées de panneaux coupés sur mesure. Utilisez un angloir pour déterminer l'angle du biseau à donner aux extrémités des panneaux, à l'endroit où ceux-ci rencontrent la surface du plafond. Si les joints des panneaux installés sont aboutés, coupez la pièce inférieure de manière qu'elle soit assez large pour que les pièces latérales viennent buter contre elle.

Menuiserie de base ■ 167

Installation de lambris bouvetés

Le terme lambrissage englobe virtuellement tous les traitements spéciaux réservés aux trois ou quatre pieds inférieurs des murs intérieurs. Le modèle représenté ici, qui utilise des panneaux bouvetés, est devenu populaire au début du vingtième siècle et a réapparu récemment comme moyen de décorer une pièce.

Les panneaux bouvetés sont normalement fabriqués en pin, en sapin ou dans d'autres bois mous, et ils ont ¼ po à ¾ po d'épaisseur. Chaque panneau est muni d'une languette d'un côté et d'une rainure de l'autre, et il est taillé en biseau ou garni d'un rebord de chaque côté. On coupe les panneaux à la longueur voulue et on les attache au moyen de clous qu'on plante généralement dans les languettes des panneaux. Cette technique, appelée clouage dissimulé, permet de camoufler les clous.

Une fois installé, le lambris est coiffé, à une hauteur de 30 po à 36 po, d'une moulure appelée cimaise. La hauteur de la cimaise est une question de goût. Lorsqu'on l'installe à la hauteur des meubles se trouvant dans la pièce, il se dégage une impression de symétrie visuelle. Cela permet aussi à la cimaise de jouer le rôle de cimaise de fauteuils, protégeant la partie inférieure des murs contre les dommages.

Pour installer un lambris sur des plaques de plâtre, il faut fixer au préalable des bandes de clouage sur les poteaux muraux. Vous pouvez sauter cette étape si des étrésillons placés entre les poteaux muraux peuvent servir de bandes de clouage, mais il est difficile de le savoir si rien, dans la conception des murs, ne prévoyait le lambrissage.

On peut peindre ou teindre les lambris. On peut appliquer les teintures à l'huile avant ou après l'installation, puisque la plus grande partie de la teinture sera absorbée par le bois et ne gênera pas les joints bouvetés. Si vous peignez le lambris, choisissez une peinture au latex ; elle résistera à la fissuration lorsque les joints se dilateront et se contracteront au gré des conditions ambiantes.

Outils et matériaux ▸

Crayon
Niveau
Scie circulaire
Scie à onglets
Marteau
Chasse-clou
Rabot
Vérificateur de circuit
Levier
Ruban à mesurer
Pinceau

Panneaux bouvetés
Clous de finition
Bandes de clouage de 1 po x 3 po
Clous de finition 10d de 2 po
Extensions de boîtes de prises de courant, si nécessaire
Peinture ou teinture

Les panneaux de lambris bouvetés sont fabriqués avec des surfaces lisses ou rugueuses qui donnent plus de relief aux murs. Si vous comptez les teindre, choisissez des essences à fibre apparente. Si vous comptez les peindre, le peuplier constitue un bon choix, car il présente peu de nœuds et une structure de fibre très régulière.

Comment préparer un projet de lambrissage

Préparez un dessin de chaque mur faisant partie de votre projet. Indiquez-y l'emplacement des accessoires, des prises de courant et des fenêtres. À l'aide d'un fil à plomb, vérifiez si les arêtes des coins sont verticales. Dans le cas contraire, tracez des lignes verticales de référence sur les murs.

Conditionnez les planches en les empilant dans la pièce où elles seront installées. Séparez-les par des intercalaires, pour que l'air puisse circuler entre elles et qu'elles puissent s'adapter aux conditions de température et d'humidité ambiantes. Attendez 72 heures avant d'appliquer un produit de teinture ou de scellement sur les deux côtés et les extrémités de chaque planche.

Retirez les moulures des plinthes et les plaques des prises de courant, les plaques de ventilation et autres accessoires muraux fixés dans la zone que vous comptez lambrisser. Avant d'entamer les travaux, coupez l'électricité alimentant les circuits de cet endroit de la maison.

Tracez des lignes de niveau sur les murs pour indiquer la limite supérieure du lambris. Tracez une ligne à ¼ po du plancher pour laisser l'espace nécessaire à la dilatation du lambris installé.

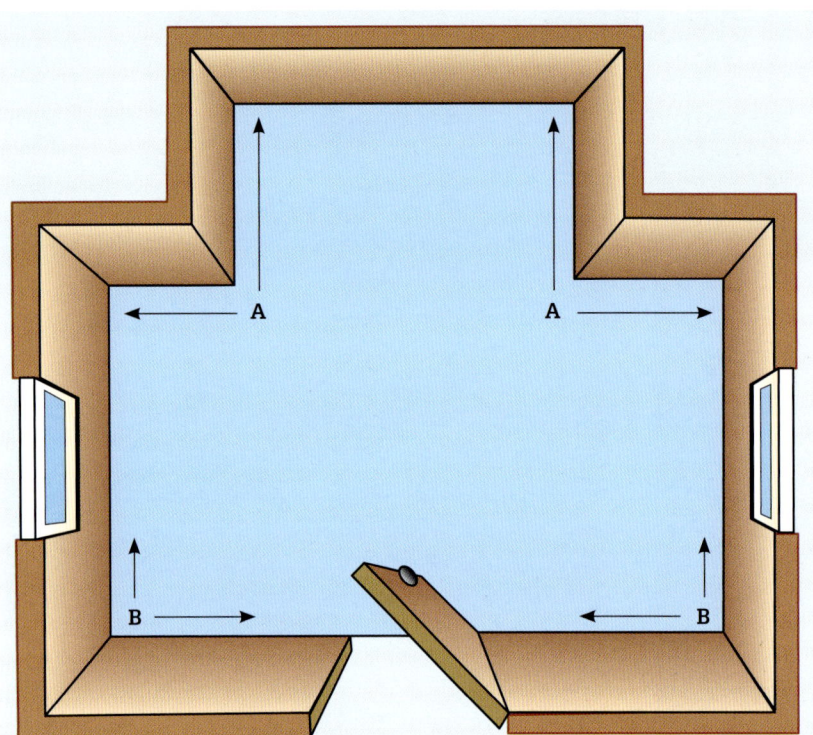

Commencez l'installation dans les coins. Installez d'abord le lambris aux coins extérieurs (A) et progressez vers les coins intérieurs. Si des parties de la pièce ne présentent pas de coins extérieurs, commencez par les coins intérieurs (B) et progressez vers les encadrements des portes et des fenêtres. Calculez le nombre de panneaux requis pour couvrir chaque mur en vous servant des mesures notées précédemment sur le dessin (en divisant la longueur du mur par la largeur d'une planche). Lors de ce calcul, n'oubliez pas qu'on enlève les languettes des panneaux de coin. Si le nombre de panneaux calculé pour un mur comprend un panneau qui doit avoir moins de la moitié de sa largeur, palliez cette situation en réduisant la largeur du premier et du dernier panneau.

Comment lambrisser les coins extérieurs

Coupez une paire de panneaux dont les largeurs correspondent au calcul effectué lors du processus de préparation.

Placez les panneaux au premier coin, en les aboutant pour qu'ils forment un coin d'aplomb. Clouez les panneaux en place en enfonçant des clous dans leurs faces et consolidez ensuite le joint au moyen de clous de finition de 6d. Enfoncez les clous jusqu'à ⅛ po de la surface et achevez le travail à l'aide d'un chasse-clou.

Placez un morceau de moulure de coin et clouez-la à l'aide de clous de finition de 6d. Installez les autres panneaux (voir page suivante, étapes 5 et 6).

Comment lambrisser les coins intérieurs

Appuyez un niveau contre le premier panneau et tenez le panneau le long du coin. Si le coin n'est pas vertical, découpez longitudinalement le panneau de manière à corriger la situation : tenez le panneau d'aplomb, placez la pointe sèche d'un compas dans le coin intérieur et tracez une ligne sur le panneau, en abaissant le compas le long de l'arête du coin intérieur.

À l'aide d'une scie circulaire, coupez le panneau le long de la ligne. Il faudra peut-être raboter légèrement le côté des panneaux suivants pour qu'ils soient d'aplomb.

Tenez le premier panneau dans le coin, en laissant un espace de dilatation de ¼ po et enfoncez des clous de finition de 6d au centre du panneau, à la hauteur de chaque bande de clouage. Enfoncez les clous supérieurs à environ ½ po du bord pour qu'ils soient dissimulés lorsque vous réinstallerez la cimaise.

Installez un deuxième panneau dans le coin en le plaçant contre le premier, puis clouez-le au moins à deux endroits, à travers la planche, jusqu'à ⅛ po de la surface ; terminez le travail à l'aide d'un chasse-clou.

Placez les panneaux suivants. Laissez un espace de dilatation de ¹⁄₁₆ po à chaque joint. Utilisez un niveau pour vérifier l'aplomb tous les trois panneaux. Si le lambris n'est plus vertical, ajustez le quatrième panneau de manière à corriger la situation.

Marquez le dernier panneau pour l'ajuster. Si vous avez atteint l'encadrement d'une porte, coupez le panneau pour qu'il arrive au ras de l'encadrement (enlevez au moins la languette). Si vous avez atteint un coin intérieur, vérifiez s'il est d'aplomb. Si ce n'est pas le cas, tracez une ligne comme à l'étape 1 et recoupez le panneau pour qu'il s'ajuste parfaitement.

Menuiserie de base

Comment faire une découpe

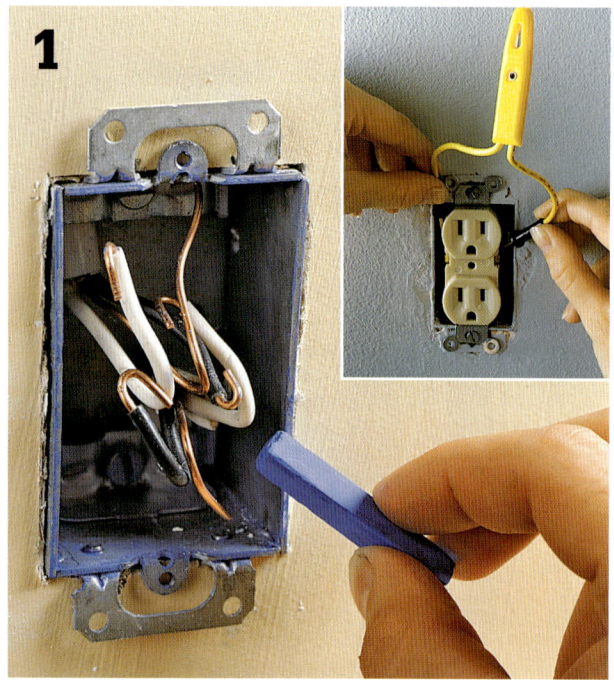

Vérifiez si le courant qui alimente la prise a bien été coupé (mortaise). Puis, dévissez la prise et retirez-la de sa boîte. Frottez les bords de la boîte avec un bâton de craie de couleur.

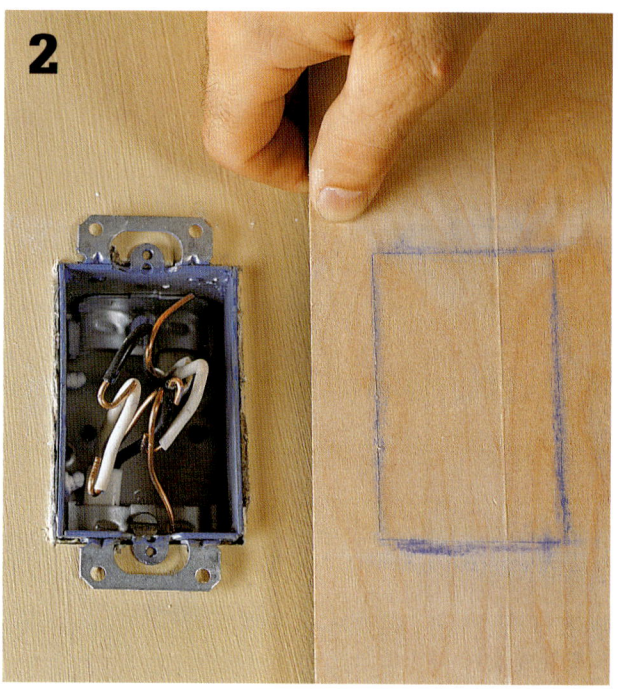

Pressez directement contre la boîte la face arrière du panneau qui sera installé à l'endroit de la prise, afin d'obtenir l'empreinte du contour de la boîte.

Posez le panneau côté face vers le bas et forez un avant-trou de grand diamètre dans un coin du contour. À l'aide d'une scie sauteuse munie d'une lame à petites dents, suivez le contour en veillant à ne pas dévier du tracé.

Clouez le panneau du lambris au mur et attachez la prise en plaçant ses pattes de manière que la prise arrive au ras du panneau. Vous aurez peut-être besoin de vis plus longues.

Conseil ▶

Si vous installez un panneau épais, vous devrez attacher, à la boîte de la prise, une extension vers l'intérieur et connecter de nouveau la prise pour qu'elle arrive au ras du panneau.

Comment lambrisser le contour d'une fenêtre

Lorsqu'il s'agit d'une fenêtre à battants, installez le lambris pour qu'il arrive jusqu'à l'encadrement, sur les côtés et en bas de la fenêtre. Installez un quart de rond ou une autre moulure pour finir les bords.

Lorsqu'il s'agit d'une fenêtre guillotine, enlevez les moulures de la fenêtre et installez le lambris pour qu'il arrive jusqu'aux montants de côté et jusqu'à la traverse inférieure. Coupez le rebord pour qu'il recouvre le lambris et réinstallez l'appui de fenêtre.

Comment parachever le lambrissage

1 **Coupez les plinthes** (pages 160 à 163) qui recouvriront le lambris et fixez-les à l'aide de clous de finition de 6d, aux emplacements des poteaux muraux. Si vous comptez installer une moulure de base, laissez un petit espace entre la plinthe et le plancher.

2 **Coupez la cimaise** comme s'il s'agissait d'une plinthe (page 85). Aux portes et aux fenêtres, installez la cimaise de manière que son extrémité arrive au ras des jambages ou des montants.

3 **Fixez la cimaise** en enfonçant des clous de finition 4d à travers les méplats des moulures aux emplacements des poteaux, de sorte que les clous pénètrent dans les poteaux et dans le lambris. Achevez le travail au moyen d'un chasse-clou.

Menuiserie de base 173

Revêtement des murs de fondation

Il existe deux méthodes courantes de couvrir les murs de fondation. La première, et la plus populaire parce qu'elle permet de gagner de l'espace, consiste à fixer des bandes de clouage de 2 po x 2 po au mur de maçonnerie. On crée ainsi, entre les bandes, un espace d'une profondeur de 1 ½ po qui peut recevoir l'isolant et les conduites de service, et qui peut servir également d'ossature aux plaques de plâtre. L'autre méthode consiste à construire un mur complet à l'aide de poteaux de 2 po x 4 po et de l'installer contre le mur de fondation. On crée ainsi un espace de 3 ½ po de profondeur pour les conduites et l'isolant, et une surface murale plane et verticale, quel que soit l'état du mur de fondation.

Déterminez la méthode qui convient le mieux à votre cas en examinant les murs de fondation de votre maison. S'ils sont relativement verticaux et plans, installez des bandes de clouage. S'ils sont ondulés ou s'ils ne sont pas verticaux, il vous sera sans doute plus facile d'appliquer la méthode du mur de poteaux. Avant de vous décider, vérifiez auprès des autorités locales si vous ne devez pas prévoir une épaisseur minimale d'isolant et utiliser certaines méthodes d'installation des tuyauteries de service le long des murs de fondation.

Un officiel local vous renseignera également sur la méthode préconisée dans votre région pour protéger les murs de fondation contre l'humidité. On utilise couramment des barrières d'humidité, composées d'un imperméabilisant pour maçonnerie qui s'applique au pinceau, et de feuilles de plastique installées entre le mur de maçonnerie et l'ossature de bois. Le code du bâtiment local vous indiquera également si vous devez installer un pare-vapeur entre l'ossature et les plaques de plâtre.

N'achetez le matériel qu'après avoir décidé de la manière dont vous allez fixer l'ossature de bois aux murs de fondation et au plancher. Si vous devez couvrir une grande surface murale, envisagez la location ou l'achat d'un marteau cloueur à poudre pour effectuer le travail.

Outils et matériaux ▸

Pistolet à calfeutrer
Truelle
Rouleau à peinture
Scie circulaire
Perceuse
Marteau cloueur à poudre
Fil à plomb
Isolant à revêtement de papier
Pâte à calfeutrer à la silicone
Ciment hydraulique
Imperméabilisant pour maçonnerie
Bois d'œuvre de 2 po x 2 po et de 2 po x 4 po
Vis à plaques de plâtre de 2 ½ po
Adhésif de construction
Attaches pour béton
Panneaux d'isolant-mousse

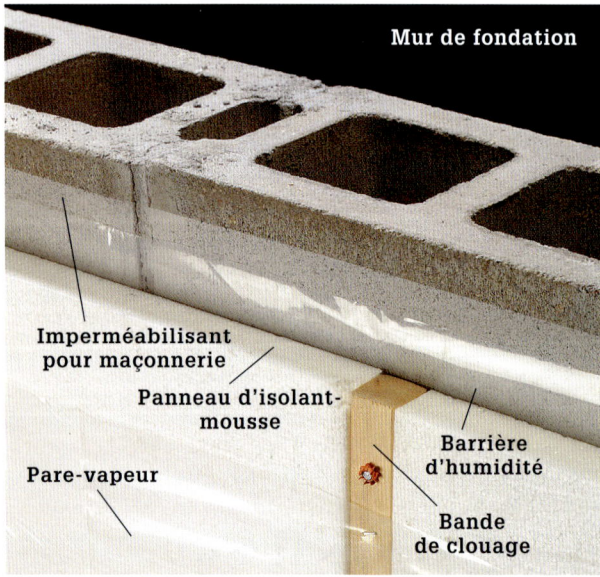

Le code du bâtiment de votre région peut exiger la pose d'une barrière contre l'humidité pour empêcher celle-ci d'endommager le bois et l'isolant recouvrant les murs de fondation. Il peut s'agir de feuilles de plastique placées devant ou derrière l'ossature.

Conseil ▸

Remplissez les petites fissures de ciment hydraulique ou de pâte à calfeutrer la maçonnerie et lissez l'excédent avec une truelle. Les autorités vous indiqueront s'il est obligatoire d'installer une barrière d'humidité ou d'appliquer un imperméabilisant de maçonnerie dans votre région.

Comment installer des fourrures sur des murs de maçonnerie

Coupez une sablière de 2 po x 2 po couvrant la longueur du mur. Indiquez, tous les 16 po, l'emplacement des fourrures (de manière que l'axe de chaque fourrure coïncide avec une marque). À l'aide de vis à plaques de plâtre de 2½ po, fixez la sablière au bas des solives. La face arrière de la sablière doit se trouver dans le même plan vertical que la face avant des blocs de béton.

Installez tout le long du mur une semelle coupée dans du bois d'œuvre de 2 po x 2 po traité sous pression. Appliquez de l'adhésif de construction à l'arrière et en dessous de la semelle et fixez-la au plancher au moyen d'un marteau cloueur. Utilisez un fil à plomb pour marquer sur la semelle les points qui correspondent à l'axe de chaque fourrure.

Remplissez de panneaux d'isolant-mousse les espaces existant entre les fourrures. Découpez les morceaux de panneau pour qu'ils serrent entre les éléments qui les encadrent. Pratiquez, le cas échéant, les découpes nécessaires au passage des éléments mécaniques et couvrez les chasses de plaques métalliques de protection avant de fixer la surface murale. Ajoutez un pare-vapeur en respectant les exigences du code du bâtiment local.

Option : laissez un espace appelé « chasse » pour l'installation des fils ou des tuyaux de service en installant les fourrures par paires, en alignant verticalement les deux éléments de chaque paire et en les espaçant de 2 po. *REMARQUE : consultez les autorités locales pour vous assurer que l'installation des accessoires de plomberie et d'électricité est réglementaire.*

Charpentage des murs de fondation du sous-sol

Vous pouvez utilisez des techniques de charpentage classiques pour transformer un sous-sol inutilisé en une surface habitable chaleureuse et invitante. Les murs de colombages offrent de profondes cavités où insérer l'isolant et permettent d'utiliser des coffrets électriques ordinaires pour les prises murales. Les murs entièrement charpentés sont plus robustes que les murs reposant sur des fourrures, méthode abordée aux pages 174 et 175, et ils peuvent constituer votre seule option, si les murs du sous-sol ne sont pas plats et d'aplomb. L'inconvénient, dans le charpentage des murs du sous-sol, c'est que le coût des matériaux sera supérieur à celui de la pose de fourrures et d'isolant en mousse. De plus, les murs à ossature murale réduisent la taille de la pièce, ce qui peut causer un problème si le sous-sol est petit.

L'assemblage d'une ossature murale contre un mur de fondation est essentiellement le même processus que la construction d'un mur ailleurs. Cependant, étant donné qu'il existe toujours des possibilités d'infiltration d'eau dans les murs de sous-sol en blocs de béton ou en béton coulé, il vaut toujours mieux construire les murs à ½ po des fondations, pour créer une couche d'air. Ce vide sera également utile pour masquer toute inégalité dans les murs de fondation.

Outils et matériaux ▸

- Ruban à mesurer
- Fil à plomb
- Équerre combinée
- Pistolet de scellement ou marteau perforateur
- Scie à onglet ou scie circulaire
- Agrafeuse
- Couteau universel
- Outils de finition de cloisons sèches
- Matériaux de charpentage
- Clous de 10d (enduits si vous utilisez du bois traité) ou clous de charpentage pour cloueuse pneumatique
- Attaches pour pistolet de scellement ou vis à maçonnerie
- Isolant en rouleaux
- Pare-vapeur de 6 mil
- Cloisons sèches résistant à l'humidité

Comment charpenter un mur de fondation au sous-sol

Marquez l'emplacement du nouveau mur sur la solive du plancher au-dessus, puis utilisez une pièce de 2 po x 4 po de rebut comme gabarit pour tracer les lignes de repère de la nouvelle sablière. Positionnez la sablière à environ ½ po du mur de fondation pour créer une couche d'air. Si les solives sont parallèles au mur de fondation, clouez des cales d'épaisseur entre elles afin de créer des points de fixation pour le nouveau mur.

Suspendez un fil à plomb depuis les lignes de repère de la sablière pour marquer l'emplacement de la semelle sur le sol. Marquez l'emplacement de la semelle en plusieurs points sur le sol. Placez une pièce de 2 po x 4 po de rebut sur le sol pour vous assurer que la semelle laisse suffisamment d'espace pour une couche d'air. Tracez deux lignes sur la sablière et sur la semelle à l'aide d'une équerre combinée afin de marquer l'emplacement des poteaux.

Fixez la sablière aux solives de plancher à l'aide de vis pour terrasse de 3 po ou de clous de 10d (en haut). Assurez-vous d'orienter la sablière de façon que les lignes de repère des poteaux soient face vers le bas. Fixez la semelle au plancher de béton à l'aide d'un pistolet de scellement (en bas) ou à l'aide de vis à maçonnerie en acier trempé. Percez des avant-trous pour les vis au moyen d'un marteau perforateur.

Mesurez la distance entre la sablière et la semelle en différents points le long du mur afin de déterminer la longueur des poteaux. La longueur des poteaux peut varier, selon l'affaissement structural ou l'inégalité du sol. Ajoutez ⅛ po aux longueurs des poteaux, et taillez-les aux longueurs voulues.

Clouez les poteaux en biais. Ajoutez des éléments de charpente autour des fenêtres et posez un pare-feu si le code du bâtiment local l'exige.

Percez des trous dans les poteaux afin de créer un passage pour les fils électriques et les tuyaux. Installez ces systèmes et fixez des plaques protectrices en métal par-dessus ces zones afin d'éviter de percer ou de clouer dans les fils ou les tuyaux par la suite. Faites inspecter vos travaux avant de poser l'isolant et les cloisons sèches.

Insérez de l'isolant en rouleaux dans les cavités entre les poteaux. L'utilisation d'isolant ensaché dans du plastique constitue une bonne mesure préventive contre la moisissure. Sinon, utilisez de l'isolant revêtu de papier kraft.

Agrafez un revêtement de plastique de 6 mil aux poteaux muraux pour créer un pare-vapeur. Percez des trous dans le plastique pour les prises de courant. REMARQUE : le débat est ouvert sur le fait d'installer ou non un pare-vapeur sur un mur de sous-sol, surtout parce que le pare-vapeur peut emprisonner l'eau qui s'infiltre de l'extérieur. Consultez l'inspecteur en bâtiments de votre localité.

Posez le revêtement mural de votre choix. Si vous optez pour les cloisons sèches, recouvrez les joints de pâte à joints et posez le ruban comme d'habitude. Assurez-vous d'utiliser des cloisons sèches résistant à l'humidité pour les murs de sous-sol (certaines nouvelles cloisons sèches résistent également à la moisissure) ; renseignez-vous à votre centre de rénovation.

Menuiserie de base

Boiseries des fenêtres du sous-sol

Les fenêtres du sous-sol laissent pénétrer la lumière du jour qui est bien nécessaire dans les coins sombres, mais même dans les sous-sols aménagés, les boiseries des fenêtres sont parfois négligées. C'est dû en partie au fait que la plupart des murs de fondation ont au moins 8 po d'épaisseur, et souvent plus. Ajoutez-y le fait que les murs de fondation ont un revêtement posé sur fourrures, et la fenêtre commence à ressembler davantage à un tunnel muni d'un panneau de verre à son extrémité. Mais avec des boiseries bien conçues et bien construites, vous pouvez transformer le désavantage de la profondeur en un avantage.

Une ouverture de fenêtre de sous-sol peut être revêtue de panneaux muraux, mais la façon la plus simple de l'encadrer est de fabriquer des montants extra-larges qui s'étendent de la face intérieure du cadre de fenêtre jusqu'à la surface du mur intérieur. Étant donné la plus grande largeur, le contreplaqué constitue un bon choix pour les montants sur mesure. Dans le projet illustré ici, on a utilisé du contreplaqué à plis à placage de chêne. Les montants sont fixés ensemble pour constituer un cadre bien droit, à l'aide d'un assemblage à feuillure dans les coins. Le cadre est chantourné et installé comme une seule pièce, puis revêtu d'un coffrage de chêne. Le coffrage affleure les bords intérieurs de l'ouverture du cadre. Si vous préférez avoir un bord apparent autour du bord intérieur du coffrage, vous devrez ajouter une bande de bois franc au bord du cadre de façon que les plis du contreplaqué ne soient pas visibles.

Outils et matériaux ▸

Crayon
Ruban à mesurer
Scie circulaire à table
Perceuse et mèches
Niveau de 2 pi
Équerre de charpentier
Couteau universel
Règle de précision
Contreplaqué de finition en chêne de ¾ po
Isolant en mousse vaporisée
Cales de cèdre ou de matériau composite
Clous de finition de 1¼ po et de 2 po
Vis pour cloison sèche de 1⅝ po
Colle de charpentier

Parce qu'elles sont installées dans d'épais murs de fondation, les fenêtres de sous-sol posent un certain défi en matière de boiseries. Mais l'épaisseur du mur de fondation crée aussi un appui large et pratique, assez profond pour recevoir des plantes en pot ou même des chats qui lézardent au soleil.

Pose de boiseries autour des fenêtres du sous-sol

Assurez-vous que le cadre de fenêtre et la zone environnante sont secs et exempts de pourriture, de moisissure ou de dommages. Aux quatre coins de la fenêtre, mesurez depuis les bords intérieurs du cadre, jusqu'à la surface du mur. Ajoutez 1 po à la plus longue de ces mesures.

Réglez votre banc de scie pour une coupe longitudinale afin d'obtenir la largeur établie à l'étape 1. Si vous ne disposez pas d'un banc de scie, utilisez une scie circulaire et une règle comme guide de coupe pour tailler des lattes de cette longueur. Avec une lame à panneaux à denture fine, coupez suffisamment de lattes de contreplaqué pour constituer les quatre composantes du chambranle.

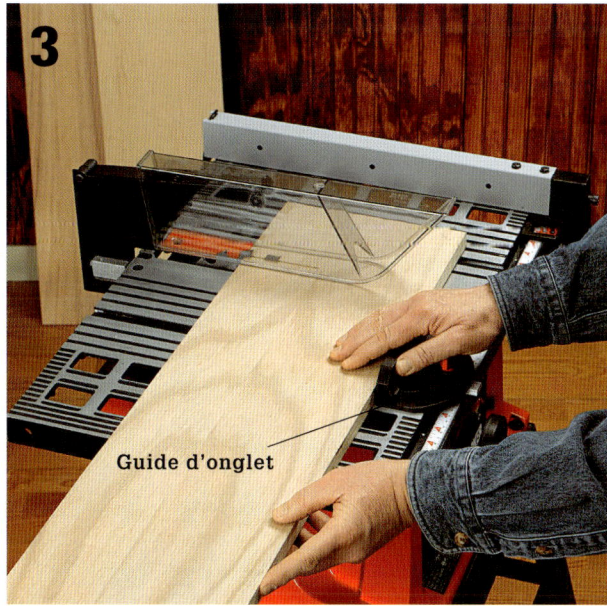

Faites une coupe transversale des lattes de contreplaqué pour corriger la longueur. Dans notre cas, nous avons conçu le chambranle pour que ses dimensions extérieures soient identiques à celles du cadre de fenêtre, étant donné qu'il y avait de l'espace entre le chambranle et l'ouverture brute.

Taillez des feuillures de ⅜ po de profondeur x ¾ po de largeur à chaque extrémité du linteau et de la lisse. Une table à toupie est le meilleur outil pour cette tâche, mais vous pouvez utiliser un banc de scie ou une égoïne et un ciseau. Inspectez d'abord les pièces et taillez les feuillures sur la face qui est dans le meilleur état. Pour assurer l'uniformité, nous avons aparié deux montants (de la même longueur). C'est aussi une bonne idée d'inclure une planche d'appui pour éviter les déchirures.

(suite à la page suivante)

Collez et serrez ensemble les éléments du cadre, en vous assurant de serrer à proximité de chaque extrémité, dans les deux directions. Placez une équerre de charpentier à l'intérieur du cadre pour en vérifier la rectitude.

Avant que la colle ne durcisse, percez soigneusement trois avant-trous fraisés, dans les pièces rainurées, jusque dans les montants latéraux, à chaque coin. Espacez les avant-trous uniformément, les derniers devant se situer à au moins ¾ po de l'extrémité. Enfoncez des vis pour cloison sèche de 1 ⅝ po dans chaque avant-trou, en évitant de trop les enfoncer. Vérifiez que chaque coin est bien droit, en ajustant les serres au besoin.

Laissez la colle sécher au moins une heure (toute une nuit est encore mieux), puis retirez les serres et placez le cadre dans l'ouverture de fenêtre. Ajustez le cadre de façon qu'il soit centré et de niveau dans l'ouverture, et que les bords externes affleurent le cadre de la fenêtre.

En prenant soin de ne pas déplacer le cadre (placez un outil lourd sur l'appui pour le maintenir en place, si vous le désirez), appuyez une règle de métal contre le mur et marquez des points de rognage au point d'intersection de la règle et du montant, sur chaque côté des quatre coins du cadre, à l'aide d'un crayon bien aiguisé.

Retirez le cadre et serrez-le contre une surface plane. Utilisez une règle pour relier les marques aux extrémités de chaque côté du cadre. Réglez la profondeur de coupe de votre scie circulaire à un peu plus de ¾ po. Serrez une règle contre le cadre de façon que la lame de scie suive la ligne de découpe et rognez chaque côté du cadre, l'un après l'autre. (L'avantage d'utiliser une scie circulaire est que toute déchirure causée par la lame se trouvera du côté non visible du cadre.)

Replacez le cadre dans l'ouverture de fenêtre, en lui donnant la même orientation que lorsque vous l'avez marqué, et placez des cales jusqu'à ce qu'il soit de niveau et centré dans l'ouverture. Enfoncez quelques clous de finition (à l'aide d'un marteau à main ou pneumatique) dans les montants latéraux du faux-cadre. Enfoncez aussi quelques clous dans la lisse. La plupart des menuisiers en finition n'enfoncent pas de clous dans le linteau.

Posez de l'isolant entre le cadre et le faux-cadre, en vaporisant de la mousse de polyuréthane. Optez pour de la mousse à expansion minimale étiquetée pour «fenêtres et portes» et n'en vaporisez pas trop. Laissez sécher la mousse pendant environ une demi-heure, puis enlevez-en l'excédent avec un couteau tout usage. CONSEIL : protégez les surfaces de bois près des bords avec de larges bandes de ruban-cache.

Enlevez le ruban-cache et nettoyez les excédents de mousse (il y en a toujours). Posez les moulures. Nous avons eu recours à des techniques d'encadrement pour installer un cadre de chêne assez simple.

Charpentage de soffites et de chasses

Installez des cales d'espacement de 2 po x 4 po entre les solives de plancher pour former un bâti carré autour de l'obstacle. Utilisez des vis pour terrasse de 3 po pour fixer le bâti en place.

Construisez un autre bâti carré sur le plancher, dont les dimensions correspondent à celles du bâti supérieur. Faites celui-ci en bois traité, et fixez-le au béton à l'aide d'un pistolet de scellement ou d'un marteau perforateur et de vis à maçonnerie Suspendez un fil à plomb depuis le bâti supérieur pour situer l'emplacement exact du bâti inférieur, avant de fixer celui-ci.

Clouez en biais quatre poteaux de 2 po x 4 po entre les deux bâtis pour terminer la charpente de la chasse. Recouvrez la chasse de cloisons sèches, d'une baguette d'angle métallique et de pâte à joints.

Si la chasse renferme un tuyau de drainage vertical ou d'autres tuyaux comportant des robinets ou des regards de nettoyage, construisez un panneau d'accès dans la chasse pour garder ces zones accessibles. Utilisez des fourrures ou du contreplaqué derrière deux côtés de l'ouverture pour former des bandes d'appui qui tiendront le panneau d'accès en place. Fixez le panneau à l'aide de vis, et collez une moulure décorative pour dissimuler les bords de la cloison sèche.

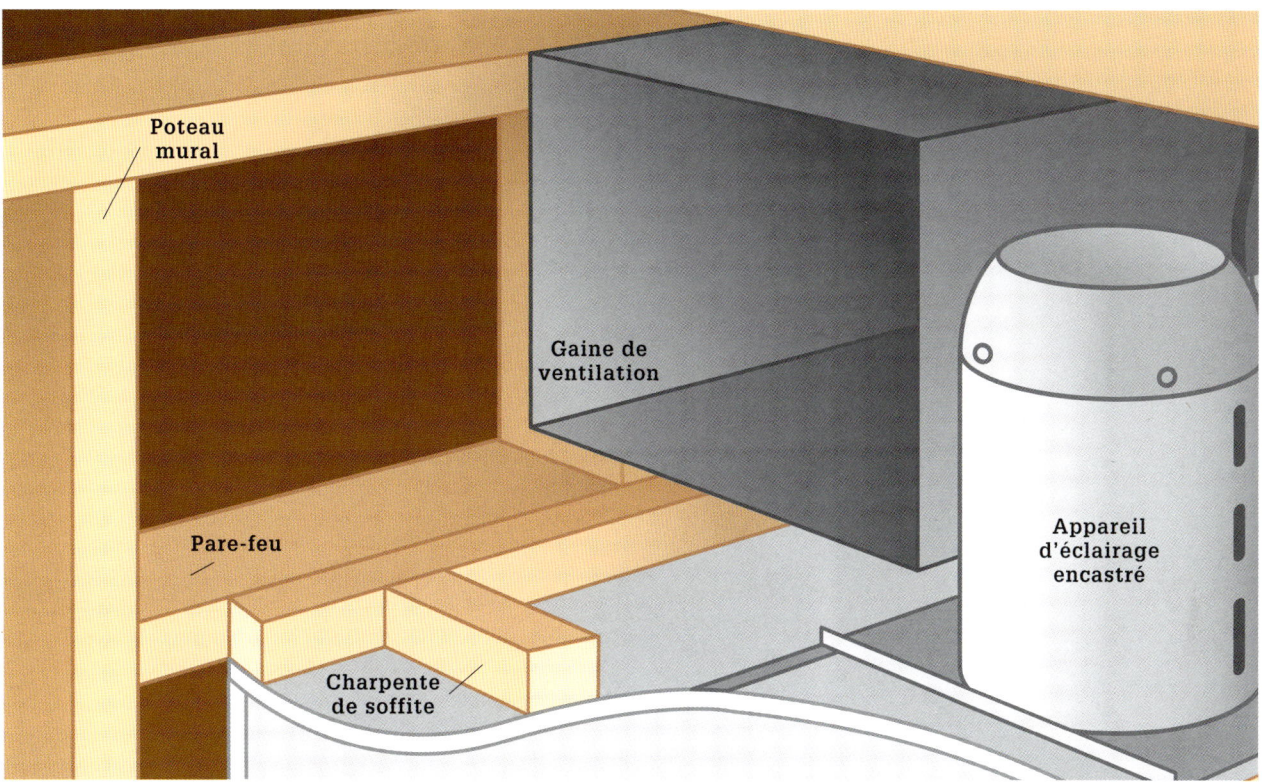

Dissimulez les obstacles permanents dans un soffite construit à l'aide de bois d'œuvre de dimensions courantes et recouvert de cloison sèche ou d'un autre matériau de finition. S'il est suffisamment grand, le soffite peut également abriter les appareils d'éclairage encastrés.

Comment charpenter des conduits d'air chaud

Construisez deux cadres ressemblant à des échelles et dont les dimensions seront adaptées à celles du conduit d'air chaud, en vous servant de pièces de 2 po x 2 po standard. Fixez les pièces ensemble à l'aide de vis pour terrasse de 3 po.

Placez les cadres contre les côtés du conduit d'air chaud et fixez-les aux solives du plancher situé au-dessus à l'aide de vis pour terrasse de 3 po.

Installez des traverses de 2 po x 2 po au milieu des cadres afin de créer des points d'ancrage pour les cloisons sèches sous le conduit. Puis, finissez le soffite avec des cloisons sèches, des baguettes d'angle métalliques et de la pâte à joints.

Menuiserie de base

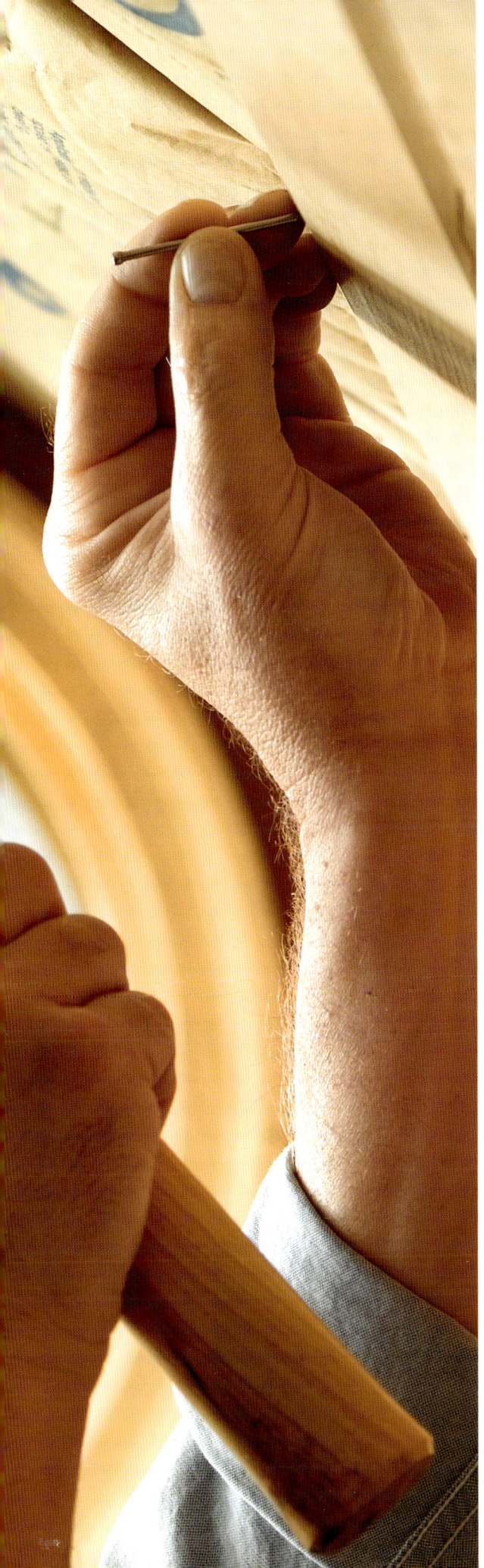

Menuiserie avancée

Après avoir réalisé quelques projets relatifs à des portes et des murs intérieurs, vous devriez disposer des compétences de base pour vous attaquer aux projets plus avancés présentés dans ce livre. Le processus de base de charpentage des structures, de calage des ouvertures brutes et d'enlèvement ou de remplacement des boiseries est essentiellement le même. La différence réside dans le fait que plusieurs des projets avancés proposés ici exigent que vous modifiiez « l'enveloppe » extérieure de votre maison : agrandir ou créer des ouvertures dans les murs pour des portes-fenêtres ou une fenêtre en baie, par exemple. Dans ces situations, vous devrez effectuer d'importants travaux de charpentage et d'installation et suivre les étapes appropriées en matière d'étanchéisation et d'intempérisation.

Dans ce chapitre :
- Élargissement des ouvertures et enlèvement des murs
- Enlèvement des plaques de plâtre
- Enlèvement du plâtre
- Enlèvement du revêtement extérieur
- Enlèvement des portes et des fenêtres
- Enlèvement d'un mur non porteur
- Installation d'une échelle d'accès au grenier
- Charpentage et installation de portes
- Charpentage et installation de fenêtres
- Installation de nouveaux châssis de fenêtres
- Installation d'un lanterneau standard
- Installation d'une fenêtre en baie
- Réparation des revêtements de bois et de stuc
- Réparation des revêtements de sol

Élargissement des ouvertures et enlèvement des murs

De nombreux travaux de menuiserie sont souvent précédés par des travaux de démolition. Dans les projets de rénovation, il est souvent nécessaire de pratiquer ou d'élargir des ouvertures pour pouvoir installer de nouvelles portes ou de nouvelles fenêtres ; parfois, il faut même démolir un mur complet. La procédure à suivre dans ce genre de travail est toujours la même, que vous ayez affaire à des portes et des fenêtres de murs extérieurs ou à la modification de murs intérieurs.

Commencez par déterminer le type d'ossature de votre maison (pages 108 à 111). C'est lui qui vous indiquera la manière de procéder pour pratiquer des ouvertures dans les murs ou démolir complètement ceux-ci. Ensuite, inspectez les murs pour découvrir les pièces mécaniques qu'on y a dissimulées (câblage, plomberie, installations de CVC).

Après avoir dévié les conduites de service, vous êtes prêt à enlever les surfaces des murs intérieurs (pages 188 à 191). Si vous devez remplacer d'anciennes portes et fenêtres, c'est le moment de les enlever (pages 196-197). Si vous le jugez nécessaire, vous pouvez aussi enlever les surfaces des murs extérieurs (pages 192 à 195), mais ne retirez aucun élément d'ossature à ce stade-ci du travail.

L'étape suivante dépend de la nature du projet.

Si vous enlevez un mur porteur ou si vous pratiquez une nouvelle ouverture ou agrandissez une ouverture existante, dans un tel mur, vous devez installer des supports temporaires qui soutiendront le plafond pendant les travaux (pages suivantes). Cette étape est superflue si le mur que vous enlevez n'est pas un mur porteur.

Vous pouvez ensuite enlever les éléments d'ossature (pages 186 à 191), en suivant les directives qui s'appliquent aux murs porteurs ou non porteurs.

Le travail de démolition étant terminé, vous êtes prêt à commencer le travail de construction, c'est-à-dire installer les nouvelles portes et fenêtres.

La démolition est le point de départ de la plupart des projets d'élargissement de portes ou de fenêtres.

Comment installer un mur de soutien temporaire

Fabriquez un mur de poteaux en bois de 2 po x 4 po, qui est 4 pi plus large que l'ouverture prévue et 1¾ po plus court que la distance entre le plancher et le plafond.

Redressez le mur de poteaux et placez-le à 3 pi du mur, centré sur l'ouverture prévue.

Glissez une sablière en bois de 2 po x 4 po entre le haut du mur temporaire et le plafond. Assurez-vous que le mur temporaire est d'aplomb et enfoncez des intercalaires sous les sablières, tous les 12 po, jusqu'à ce que le mur temporaire soit fermement assujetti.

Comment supporter une ossature à plateforme
(solives parallèles au mur)

Fabriquez deux supports transversaux de 4 pi de long, formés chacun de deux morceaux de bois de 2 po x 4 po cloués ensemble. Fixez ces supports transversaux à la double sablière, à 1 pi de ses extrémités, à l'aide de vis tire-fond à tête noyée.

Placez une lisse en bois de 2 po x 4 po juste au-dessus d'une solive de plancher et placez ensuite les vérins sur cette lisse. Pour chaque vérin, fabriquez un poteau plus court de 8 po que la distance entre le vérin et le plafond. Clouez les poteaux à la sablière, à 2 pi de ses extrémités. Recouvrez les supports transversaux de tissu et installez la structure de support sur les vérins.

Réglez la structure de support pour que les poteaux soient parfaitement d'aplomb et actionnez les vérins jusqu'à ce que les supports transversaux commencent juste à soulever le plafond. Ne levez pas trop les vérins, vous risqueriez d'endommager le plancher ou le plafond.

Menuiserie avancée

Enlèvement des plaques de plâtre

Dans la plupart des projets de rénovation, il faut enlever la surface des murs intérieurs avant de travailler à la charpente. Cette surface est le plus souvent constituée de plaques de plâtre. Commencez par couper le courant et inspectez le mur pour découvrir s'il contient des fils électriques ou de la plomberie.

Enlevez une partie suffisante de la surface pour pouvoir installer les nouveaux éléments d'ossature. Si vous devez encadrer une porte ou une fenêtre, enlevez la surface murale du plancher jusqu'au plafond et jusqu'aux premiers poteaux muraux situés de part et d'autre de l'ouverture prévue. Si la plaque de plâtre a été fixée au moyen d'adhésif de construction, nettoyez les éléments d'ossature à l'aide d'une râpe ou d'un vieux ciseau.

REMARQUE : si vos murs sont recouverts de panneaux de bois, enlevez ceux-ci par feuilles entières si vous avez l'intention de les réutiliser, car vous pourriez éprouver des difficultés à trouver des nouveaux panneaux du même type.

Outils et matériaux ▸

Tournevis
Ruban à mesurer
Crayon
Détecteur de poteaux
Cordeau traceur
Scie circulaire équipée d'une lame de rénovation
Couteau universel
Levier
Lunettes de sécurité
Marteau

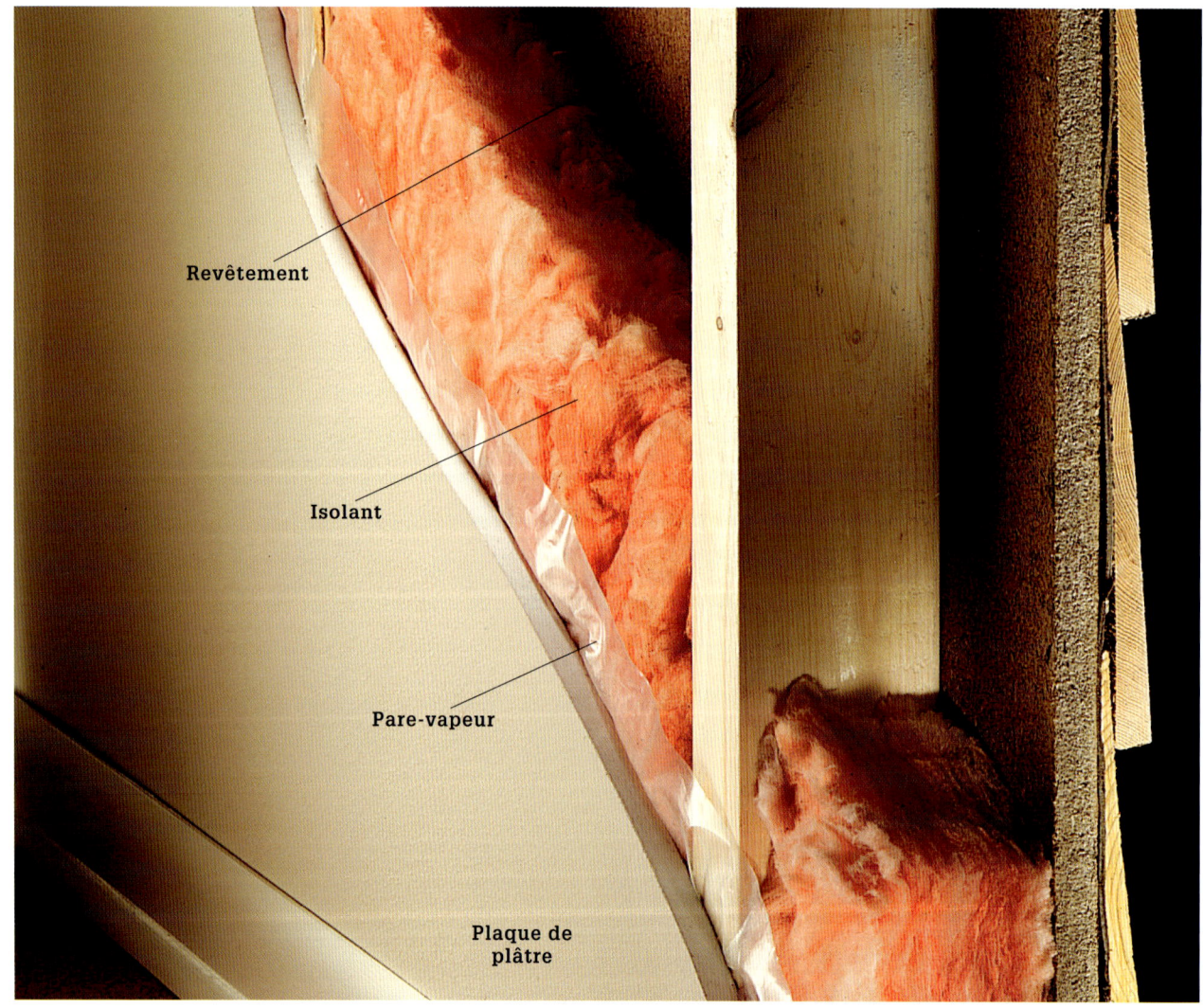

Comment enlever les plaques de plâtre

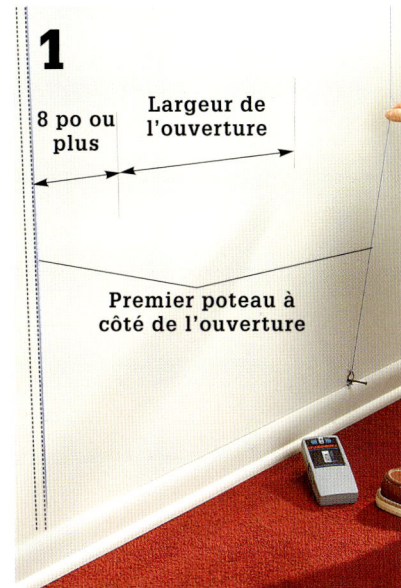

Marquez la largeur de l'ouverture sur le mur et trouvez le premier poteau de chaque côté de celle-ci. Si l'ouverture se trouve à plus de 8 po du poteau, tracez une ligne au moyen du cordeau traceur le long du bord intérieur du poteau.

Enlevez les plinthes et autres garnitures, et préparez la zone de travail (page 115). À l'aide d'une scie circulaire, pratiquez une entaille de ¾ po de profondeur, du plancher au plafond, le long des lignes de coupe. Au moyen d'un couteau universel, finissez les entailles en bas et en haut, et coupez à travers le joint horizontal incliné, à l'endroit où les murs rencontrent le plafond.

Introduisez l'extrémité d'un levier dans l'entaille, près d'un coin de l'ouverture. Appuyez sur le levier jusqu'à ce que la plaque de plâtre cède et arrachez la plaque par morceaux. Veillez à ne pas endommager la plaque de plâtre en dehors des limites de l'ouverture.

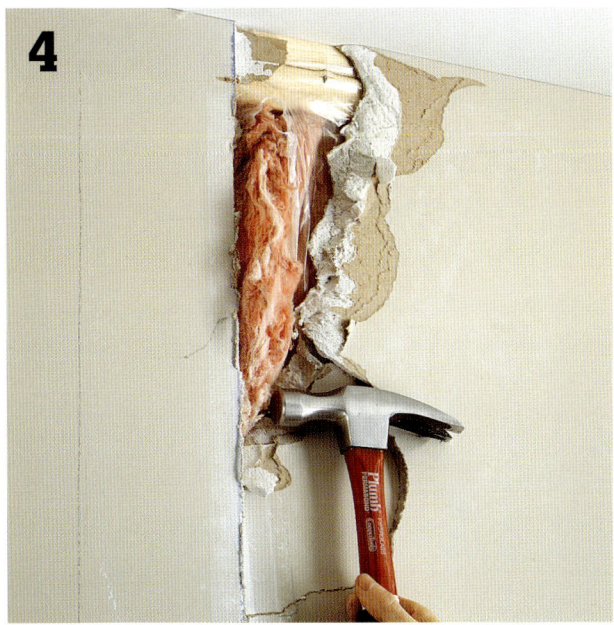

Continuez d'enlever la plaque de plâtre en martelant la surface avec le côté d'un marteau, et arrachez la plaque de plâtre du mur à l'aide du levier ou de vos mains.

À l'aide d'un levier, détachez les clous, les vis et les restants de plaque de plâtre fixés aux éléments d'ossature. Enlevez également le pare-vapeur et l'isolant.

Enlèvement du plâtre

L'enlèvement du plâtre étant un travail qui fait beaucoup de poussière, portez toujours un équipement de protection oculaire et un masque respiratoire pendant la phase de démolition ; utilisez des feuilles de plastique pour recouvrir les meubles et bloquer les ouvertures permanentes des portes. Le plâtre des murs est très fragile, il faut donc éviter de le casser aux endroits inutiles.

Si vous devez enlever le plâtre sur la majeure partie du mur, envisagez d'enlever carrément toute la surface intérieure du mur. Il vous sera plus facile de remplacer un mur complet en plaques de plâtre que d'essayer de refaire la surface autour de la zone de travail, et vous obtiendrez de meilleurs résultats.

Outils et matériaux ▸

Règle rectifiée
Crayon
Cordeau traceur
Couteau universel
Masque respiratoire
Gants de travail
Marteau
Levier

Scie alternative ou scie sauteuse
Cisaille de type aviation
Lunettes de sécurité
Ruban-cache
Morceau de 2 po x 4 po

Comment enlever les murs de plâtre

Coupez le courant et vérifiez si le mur contient des fils électriques ou de la plomberie. Marquez la partie du mur à enlever en suivant les instructions de la page 189. Appliquez une double couche de ruban-cache le long du bord extérieur de chaque ligne de coupe.

À l'aide d'un couteau universel, faites une entaille le long de chaque ligne de coupe, en repassant plusieurs fois avec le couteau et en utilisant une règle rectifiée comme guide. Les entailles doivent avoir une profondeur d'au moins ⅛ po.

Commencez au-dessus et au centre de l'ouverture prévue dans le mur et cassez le plâtre en martelant légèrement le mur avec le côté d'un marteau. Enlevez tout le plâtre, du plancher au plafond, jusqu'à 3 po des entailles.

Cassez le plâtre le long des bords, en appuyant le petit côté d'un morceau de bois de 2 po x 4 po contre l'intérieur de l'entaille et en frappant dessus avec un marteau. Enlevez le restant de plâtre au moyen d'un levier.

À l'aide d'une scie alternative ou d'une scie sauteuse, coupez à travers le lattis, le long des bords du plâtre.

Treillis métallique

Variante : si le mur comporte un treillis métallique posé sur le lattis, utilisez une cisaille de type aviation pour couper le treillis le long du bord. Pressez les bords irréguliers du treillis à plat contre le poteau. Les bords coupés du treillis sont acérés : portez des gants de travail.

Détachez le lattis des poteaux en utilisant un levier. Enlevez les clous, le pare-vapeur et l'isolant qui restent.

Menuiserie avancée

Enlèvement du revêtement extérieur

Pour pratiquer une ouverture en vue d'installer une porte ou une fenêtre, ou pour ajouter une pièce adjacente à un mur extérieur, vous devez enlever le revêtement de la surface extérieure de la maison. S'il s'agit d'un bardage en déclin, il peut être en bois, en vinyle ou en métal. La même méthode de base s'applique dans tous les cas, mais pour couper certains matériaux, vous aurez besoin de lames de scie spéciales, comme une lame de scie à métaux (page 72).

Coupez toujours le courant et déviez les conduites de service, enlevez ensuite les revêtements de surface intérieurs et encadrez la nouvelle ouverture avant d'enlever le revêtement de surface extérieur. Pour protéger les ouvertures murales contre l'humidité, recouvrez la nouvelle ouverture dès que vous avez retiré l'ancien bardage.

Outils et matériaux ▸

Perceuse munie d'une mèche hélicoïdale de 8 po de long et de 3/16 po de diamètre
Marteau
Ruban à mesurer
Cordeau traceur
Scie circulaire équipée d'une lame de rénovation
Scie alternative
Lunettes de sécurité
Clous de 8d à boiserie
Bois droit de 1 po x 4 po

Comment pratiquer une ouverture dans un bardage en déclin

1 **De l'intérieur de la maison,** percez le mur dans les coins du cadre de l'ouverture. Enfoncez des clous à boiserie dans les trous pour indiquer leur emplacement. Si les fenêtres ont le dessus arrondi, percez des trous le long du pourtour courbe (voir variante, page 195).

2 **Mesurez la distance** entre les clous, à l'extérieur de la maison, pour vérifier l'exactitude des dimensions. Marquez les lignes de coupe à la craie en tendant le fil du cordeau traceur entre les clous. Repoussez les clous vers l'intérieur.

3 **Clouez un morceau de bois droit** de 1 po x 4 po le long du bord, à l'intérieur de la ligne de coupe de droite. Enfoncez les têtes des clous au moyen d'un chasse-clou pour qu'elles n'accrochent pas le pied de la scie. Réglez la scie circulaire à la profondeur de coupe maximale.

Posez la scie sur le morceau de bois de 1 po x 4 po et servez-vous du bord du morceau comme guide pour couper le bardage. Arrêtez à 1 po environ des coins, afin de ne pas endommager les éléments d'ossature.

Déplacez le morceau de bois de 1 po x 4 po et découpez l'ouverture en suivant les autres lignes droites. Enfoncez les clous à moins de 1½ po du bord intérieur du morceau, car le bardage sera retiré à cet endroit pour faire place à l'encadrement mural de la porte ou de la fenêtre.

Variante : Lorsque le dessus de la fenêtre est arrondi, utilisez une scie alternative ou une scie sauteuse pour découper le morceau en suivant le contour. Déplacez lentement la scie pour que la coupe soit nette. Utilisez un modèle en carton pour tracer le contour arrondi de la fenêtre.

Achevez de découper le bardage dans les coins au moyen d'une scie alternative ou d'une scie sauteuse.

Enlevez la partie sciée du mur. Si celui-ci est en métal, portez des gants de travail. Séparez le bardage du revêtement si vous comptez le réutiliser.

Menuiserie avancée

Comment pratiquer une ouverture dans un bardage en stuc

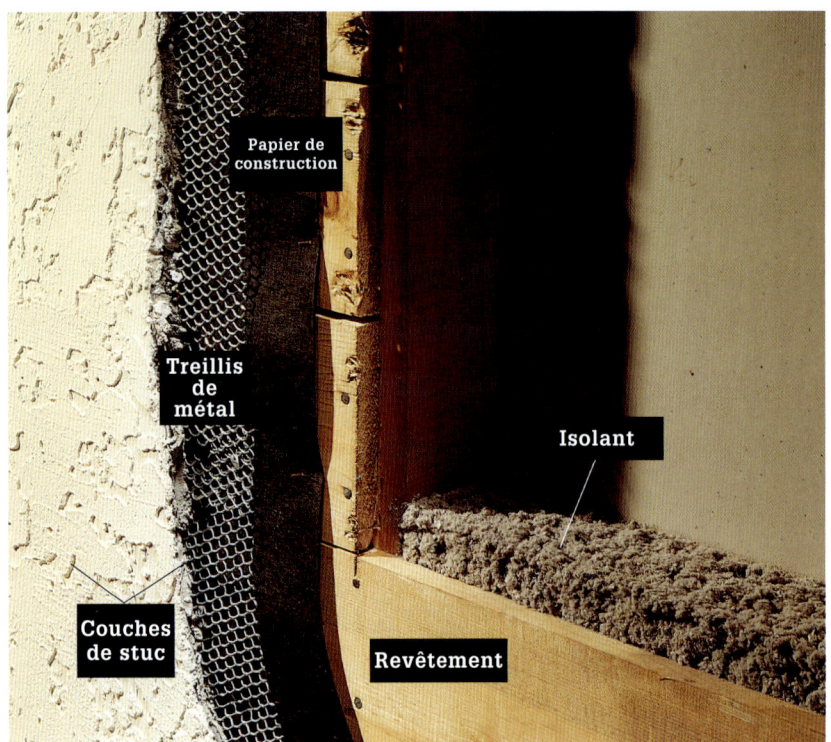

Outils et matériaux ▶

Perceuse équipée de mèches de 8 po de long et de 3/16 po de diamètre (une mèche hélicoïdale et une mèche de maçonnerie)
Ruban à mesurer
Cordeau traceur
Compas
Marteau de maçon
Lunettes de sécurité
Bouche-oreilles
Scie circulaire et lames (de maçonnerie et de rénovation)
Ciseaux de maçon
Levier
Cisaille de type aviation
Clous à boiserie de 8d
Règle rectifiée

Le stuc est un produit à base de ciment multicouches que l'on applique sur un treillis de métal. On crée une barrière étanche en plaçant une épaisseur de papier de construction entre le treillis de métal et le revêtement. Comme il est à base de ciment, le stuc est un produit extrêmement durable. Cependant, si vous l'enlevez sans prendre les précautions nécessaires, il se fissurera facilement à l'extérieur du contour de la nouvelle porte ou de la nouvelle fenêtre.

1 De l'intérieur de la maison, percez le mur dans les coins de l'ouverture dessinée. Utilisez une mèche hélicoïdale pour percer le revêtement et une mèche de maçonnerie pour terminer le travail. Enfoncez des clous à boiserie dans les trous pour indiquer leur emplacement.

2 Mesurez la distance entre les clous, à l'extérieur de la maison, pour vérifier l'exactitude des dimensions. Tracez les lignes de coupe à la craie en tendant le fil du cordeau traceur entre les clous.

3 Écartez les pointes d'un compas d'une distance égale à la largeur du chambranle qui entoure les montants de la porte ou de la fenêtre.

Tracez une ligne de coupe sur le stuc en suivant avec la pointe sèche du compas la ligne marquant le contour de l'ouverture. La découpe suivant ce nouveau contour permettra au chambranle de s'encastrer parfaitement dans l'ouverture, contre le revêtement mural.

Entaillez la surface de stuc le long du contour extérieur, en utilisant un ciseau de maçon et un marteau de maçon. L'entaille doit avoir au moins 1/8 po de profondeur pour guider la lame de la scie circulaire.

Découpez le morceau en suivant le contour à l'aide d'une scie circulaire munie d'une lame à couper la maçonnerie. Repassez plusieurs fois avec la scie, en approfondissant progressivement l'entaille jusqu'à ce que la lame atteigne le treillis en métal, provoquant des étincelles. Arrêtez l'entaille près des coins pour ne pas endommager le stuc à l'extérieur du contour ; utilisez un ciseau de maçon pour achever de découper le contour.

Variante : Si le dessus de la fenêtre est arrondi, tracez le contour sur le stuc, en utilisant un modèle en carton et, à l'aide d'une perceuse munie d'une mèche de maçonnerie, percez une série de trous le long du contour. Achevez de découper le stuc au moyen d'un ciseau de maçon.

À l'aide d'un marteau de maçon ou d'une masse, cassez le stuc, ce qui laisse apparaître le treillis métallique sous-jacent. Servez-vous d'une cisaille de type aviation pour couper le treillis autour de l'ouverture et, à l'aide d'un levier, enlevez le treillis et le stuc qui y est attaché.

Au moyen d'une règle rectifiée, tracez le contour de l'ouverture sur le revêtement. Coupez l'ouverture le long du bord intérieur des éléments d'ossature, en utilisant une scie circulaire ou une scie alternative. Enlevez la partie sciée du revêtement.

Menuiserie avancée

Enlèvement des portes et des fenêtres

Si vos travaux de rénovation vous obligent à enlever des portes et des fenêtres, ne commencez ce travail qu'après avoir terminé les travaux de préparation et après avoir enlevé les garnitures et revêtements muraux intérieurs. Comme vous devrez fermer dès que possible les ouvertures pratiquées dans les murs, assurez-vous de disposer de tous les outils nécessaires, du bois d'ossature et des nouvelles portes et fenêtres avant d'entreprendre les dernières étapes de la démolition.

On utilise les mêmes principes de base pour enlever les portes que pour enlever les fenêtres. Il est souvent possible de les récupérer pour les revendre ou les utiliser autre part : vous avez donc intérêt à les enlever soigneusement.

Outils et matériaux ▸

Couteau universel
Levier plat
Tournevis
Marteau
Scie alternative
Contreplaqué en feuilles
Ruban-cache

Si vous ne pouvez remplir immédiatement les ouvertures, protégez votre maison en recouvrant les ouvertures à l'aide de panneaux de contreplaqué que vous vissez aux éléments d'ossature. Pour prévenir les dommages dus à l'humidité, agrafez des feuilles de plastique autour des ouvertures.

Ruban-cache destiné à empêcher les vitres d'éclater

Comment enlever les portes et les fenêtres

À l'aide d'un levier, enlevez la garniture de la fenêtre.

S'il s'agit d'une fenêtre à guillotine munie de contrepoids, enlevez les contrepoids en coupant les cordons et en retirant les contrepoids de leur logement.

À l'aide d'une scie alternative, coupez les clous qui fixent la fenêtre aux éléments d'ossature.

À l'aide d'un levier, séparez les chambranles des éléments d'ossature.

À l'aide d'un levier, dégagez l'unité de l'ouverture et enlevez-la complètement.

Variante : Si les fenêtres et les portes sont attachées au moyen de bandes de clouage, coupez le bardage ou le chambranle ou écartez-les à l'aide d'un levier, puis enlevez les clous de montage qui fixent l'unité au revêtement.

Menuiserie avancée

Enlèvement d'un mur non porteur

Enlever un mur intérieur existant constitue une façon simple de créer davantage d'espace habitable, sans avoir à engager de dépenses pour construire une rallonge. L'enlèvement d'un mur transforme deux petites pièces en un vaste espace, idéal comme salle familiale. Par contre, l'ajout de murs dans une vaste zone crée un espace intime qui peut servir de salle d'étude ou de chambre à coucher.

Assurez-vous que le mur que vous prévoyez enlever n'est pas porteur, avant d'entreprendre les travaux (voir la page 113). Si vous devez enlever un mur porteur, consultez d'abord un entrepreneur ou un inspecteur en bâtiments. Les murs porteurs soutiennent le poids de la structure qui se trouve au-dessus. Vous devrez installer un mur de soutien temporaire (voir la page 187) à la place du mur porteur que vous enlevez.

Rappelez-vous que les murs renferment également les systèmes mécaniques essentiels de votre maison. Vous devez songer aux conséquences que vos projets auront sur ces systèmes. Communiquez avec un charpentier pour qu'il passe vos plans en revue.

Outils et matériaux ▸

Détecteur de montants
Ruban à mesurer
Couteau universel
Marteau
Leviers
Scie alternative ou scie circulaire
Perceuse

Comment enlever un mur non porteur

1 **Utilisez un couteau universel** pour entailler le point de jonction entre le mur que vous enlevez et le plafond pour éviter d'endommager celui-ci pendant l'enlèvement du mur. Retirez les moulures à l'aide d'un levier et retirez les plaques des prises de courant et des interrupteurs afin de préparer le mur à la démolition.

2 **Utilisez le côté d'un marteau** pour percer un trou de départ dans le panneau mural, puis retirez soigneusement le panneau mural à l'aide d'un levier. Essayez d'en enlever de grands pans à la fois pour soulever le moins de poussière possible. Enlevez tous les clous ou les vis qui restent dans les poteaux muraux.

3 **Réacheminez les prises de courant, les interrupteurs, les tuyaux ou les canalisations.** Faites faire ce travail par des spécialistes si vous n'avez pas d'expérience dans le domaine ou si vous doutez de vos compétences. Ce travail devrait être inspecté, une fois terminé.

Localisez les poteaux permanents les plus proches sur les murs adjacents à l'aide d'un détecteur de montants, et enlevez soigneusement le panneau mural qui recouvre ces poteaux. Entaillez d'abord le panneau mural avec un couteau universel, puis effectuez la coupe à l'aide d'une scie circulaire.

Retirez les poteaux muraux en les coupant en leur milieu à l'aide d'une scie alternative et en arrachant les portions supérieure et inférieure. Enlevez les poteaux d'extrémité, au point de jonction du mur avec un mur adjacent.

Taillez la sablière du mur à l'aide d'une scie circulaire ou d'une scie alternative. Retirez soigneusement les sections de la sablière pour éviter d'endommager le plafond.

Enlevez la semelle comme vous l'avez fait pour la sablière, en la taillant en son centre et en arrachant de longues sections.

Réparez les murs et le plafond à l'aide de sections de panneaux muraux, et réparez le plancher ou posez un nouveau revêtement de sol. (Pour plus de renseignements sur la réparation des revêtements de sol, voir les pages 254-255.)

Menuiserie avancée ■ 199

Installation d'une échelle d'accès au grenier

Inspection du grenier ▶

Avant d'acheter une échelle transformable pour le grenier, examinez la charpente du grenier. Si votre toit est constitué de fermes, assurez-vous d'acheter une échelle qui s'adaptera entre les fermes ; ne coupez ni ne modifiez jamais les fermes.

Conseil ▶

Les toits standard constitués de chevrons et de solives permettent de couper l'une des solives pour installer une échelle plus large. Si vous devez couper une solive, installez des supports temporaires pour soutenir la solive pendant les travaux, puis construisez des chevêtres permanents qui soutiendront les solives coupées (page 201).

Comment installer une échelle d'accès au grenier

Marquez l'emplacement approximatif de l'accès au grenier sur le plafond de la pièce. Percez un trou dans l'un des coins et poussez l'extrémité d'un fil raide dans le grenier. Dans le grenier, localisez le fil et retirez l'isolant de cette zone. En vous servant des dimensions fournies par le fabricant, marquez l'ouverture brute sur les éléments de charpente, en vous servant de l'une des solives en place comme côté de la charpente. Ajoutez 3 po (la largeur exacte de deux pièces de 2 po d'épaisseur) à la longueur de l'ouverture brute pour laisser de la place aux chevêtres.

Si, en raison de la largeur de l'échelle, vous devez couper une solive, construisez des supports temporaires dans la pièce située au-dessous pour soutenir chaque extrémité de la solive coupée afin d'éviter d'endommager votre plafond (page 187). Utilisez une scie alternative pour tailler les solives aux deux extrémités marquées, puis retirez les sections coupées. Attention : ne vous tenez pas sur la solive coupée.

Taillez deux chevêtres qui s'ajusteront entre les solives à l'aide de pièces de 2 po d'épaisseur, de la même taille que vos solives de plafond. Placez les chevêtres perpendiculairement aux solives, en les aboutant aux solives coupées. Assurez-vous que les coins sont droits et fixez les chevêtres à l'aide de vis pour terrasse de 3 po enfoncées dans chaque solive.

Coupez une pièce de bois de 2 po d'épaisseur à la longueur de l'ouverture brute afin de former l'autre côté de la charpente. Équerrez les coins et fixez le côté à chaque chevêtre à l'aide de vis pour terrasse de 3 po.

(suite à la page suivante)

Menuiserie avancée

Taillez l'ouverture brute au plafond, à l'aide d'une scie à cloison sèche. Servez-vous du cadre de l'ouverture brute pour guider la lame de votre scie.

Fixez les bords du panneau mural au cadre de l'ouverture brute à l'aide de vis pour panneaux de 1¼ po espacées de 8 po. Préparez les agrafes du support temporaire de l'échelle selon les instructions du fabricant.

Si votre échelle ne comporte pas d'agrafes, fixez des planches de 1 po x 4 po aux deux extrémités de l'ouverture, en faisant chevaucher légèrement les bords, de façon qu'ils servent de longerons pour soutenir l'échelle pendant que vous la fixez.

En vous faisant aider, hissez l'échelle dans l'ouverture et faites-la reposer sur les longerons. Assurez-vous que l'échelle est d'équerre dans le cadre et que la porte affleure la surface du plafond. Calez l'échelle au besoin. *Remarque: ne vous tenez pas sur l'échelle avant qu'elle ne soit solidement fixée au cadre.*

Fixez l'échelle au cadre brut à l'aide de clous de 10d ou de vis de 2 po enfoncées dans les orifices des supports en cornière et des plaques de charnière. Continuez à fixer l'échelle au cadre, en enfonçant des vis ou des clous dans chaque côté du bâti de l'échelle, jusque dans le cadre brut. Retirez les longerons temporaires ou les agrafes de soutien, une fois le travail terminé.

Étendez l'échelle, en gardant la section inférieure repliée. Placez le ruban à mesurer le long du sommet du montant, et mesurez la distance entre l'extrémité de la section médiane et le plancher, sur les deux montants. Soustrayez 3 po et marquez la distance sur les montants gauche et droit de la troisième section. Utilisez une équerre pour tracer une ligne de coupe sur les montants. Placez un support sous la section inférieure et taillez le long de la ligne de coupe, à l'aide d'une scie à métaux. (Dans le cas d'une échelle de bois, suivez les instructions du fabricant.)

Étendez complètement l'échelle et ajustez les pieds des montants de façon qu'il n'y ait pas d'intervalles dans les charnières et que les pieds reposent bien sur le sol. Percez des trous dans les montants à l'aide d'une mèche de la taille recommandée, et fixez les pieds ajustables avec les boulons, les écrous et les rondelles fournis.

Posez des moulures le long des bords pour couvrir l'intervalle entre les panneaux de plafond et le cadre de l'échelle (page 153). Laissez un dégagement de ⅜ po entre le panneau de la porte et les moulures.

Charpentage et installation de portes

La première étape dans l'installation d'une nouvelle porte consiste à en déterminer les dimensions et le style. Bien que les centres de rénovation aient en stock de nombreux styles de portes, si vous en voulez une sur mesure, vous devrez peut-être la faire commander par le centre de rénovation auprès du fabricant. Le délai de livraison des commandes spéciales est généralement de trois ou quatre semaines.

Pour vous faciliter l'installation, achetez une porte prémontée, déjà fixée dans son jambage. Vous pouvez aussi installer une nouvelle porte dans le jambage en place pour préserver les moulures existantes (voir les pages 144 à 147).

Lorsque vous remplacez une porte existante, choisissez-en une de mêmes dimensions, car vous pourrez vous servir des éléments de charpente déjà en place.

Cette section décrit les opérations suivantes :

- Charpentage de l'ouverture d'une porte extérieure

- Installation d'une porte d'entrée

- Installation d'une porte-fenêtre

Dans les pages qui suivent, vous verrez les techniques d'installation pour une maison à ossature de bois revêtue de bardage à clin. Si le revêtement est de stuc, consultez les pages 194-195. Pour plus de renseignements sur l'installation d'une porte d'intérieur, consultez les pages 140-141.

Au moment de poser les boiseries autour de la porte, vous découvrirez immédiatement si la porte a été installée d'équerre dans l'ouverture.

Charpentage de l'ouverture d'une porte extérieure

L'ouverture brute d'une nouvelle porte extérieure doit être charpentée une fois que la préparation intérieure est terminée, mais avant d'enlever le revêtement mural extérieur. Les méthodes de charpentage de l'ouverture varient en fonction du type de construction de la maison (voir les photos ci-dessous).

Assurez-vous que l'ouverture brute a 1 po de plus en largeur et ½ po de plus en hauteur que les dimensions de la porte à installer, jambage compris, afin de disposer de l'espace nécessaire pour l'ajuster.

Étant donné que les murs extérieurs sont toujours porteurs, le charpentage d'une porte extérieure exige des poteaux jumelés de chaque côté de l'ouverture de la porte, et un linteau de plus grandes dimensions que s'il s'agissait de murs de séparation intérieurs. La construction avec poteaux jumelés atténue les vibrations qui se répercutent dans le mur lorsqu'on ouvre ou on ferme la porte, et assure un soutien adéquat au linteau surdimensionné.

Le code du bâtiment local précise les dimensions minimales pour le linteau, en fonction de l'ouverture brute, mais vous pouvez en faire une estimation en consultant la page 110.

Construisez toujours des supports temporaires pour soutenir le plafond si vous devez couper ou enlever plus d'un poteau dans un mur porteur (page 187).

Lorsque vous avez fini le charpentage, mesurez la largeur de l'ouverture au haut, au milieu et au bas de la porte, pour en vérifier l'uniformité. Si vous constatez des écarts importants, ajustez les poteaux en conséquence.

Outils et matériaux ▸

Ruban à mesurer
Crayon
Niveau
Fil à plomb
Scie alternative
Scie circulaire
Scie à main
Marteau

Levier
Tenaille
Bois d'œuvre de 2 po d'épaisseur
Contreplaqué de ⅜ po d'épaisseur
Clous de 10d

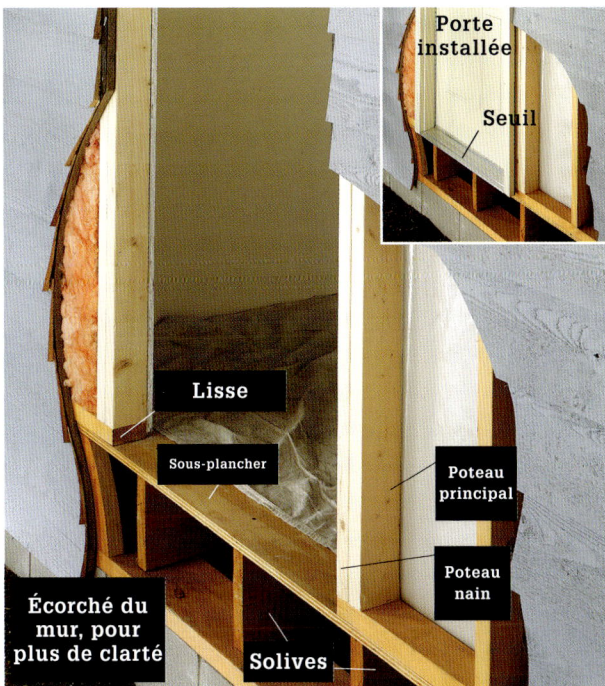

Les poteaux d'une nouvelle ouverture de porte, dans une maison à ossature à plateforme, reposent sur la lisse qui est fixée au sous-plancher. On coupe la lisse entre les poteaux nains de sorte que le seuil puisse reposer directement sur le sous-plancher.

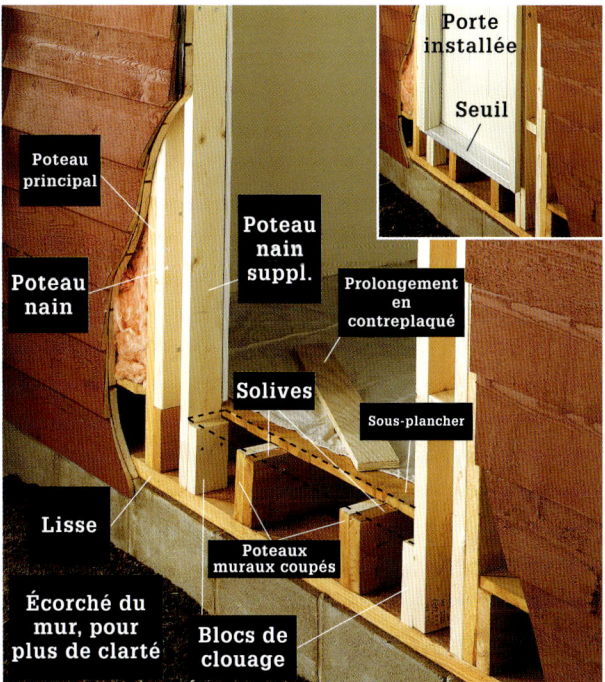

Dans une nouvelle ouverture de porte dans une maison à ossature à claire-voie, les poteaux se prolongent au-delà du sous-plancher, car ils reposent sur la lisse. Les poteaux nains reposent soit sur la lisse, soit sur le dessus des solives. Constituez le seuil de la porte en rallongeant le sous-plancher jusqu'à l'extrémité des solives, au moyen d'une planche en contreplaqué que vous fixerez sur des blocs de clouage.

Comment charpenter l'ouverture d'une porte extérieure
(charpente à plateforme)

Préparez le lieu de travail et enlevez le revêtement du mur intérieur (voir les pages 115 et 188 à 191).

Mesurez la largeur de l'ouverture et marquez-la sur la lisse. Indiquez les emplacements où les poteaux principaux et les poteaux nains reposeront sur la lisse (utilisez autant que possible des poteaux principaux existants).

Si vous devez ajouter des poteaux principaux, sciez-les à la bonne dimension pour qu'ils s'insèrent entre la lisse et la sablière. Placez-les au bon endroit et clouez-les en biais à la lisse, en utilisant des clous de 10d.

À l'aide d'un niveau, vérifiez si les poteaux principaux sont d'aplomb et clouez-les en biais à la sablière, en utilisant des clous de 10d.

Marquez la hauteur de l'ouverture sur un poteau principal, en la mesurant à partir du plancher. Pour la plupart des portes, on recommande que l'ouverture soit de ½ po plus haute que le jambage de la porte. Cette ligne marquera le bas du linteau.

Déterminez la dimension que doit avoir le linteau (page 110) et indiquez sur un poteau principal où arrivera le dessus du linteau. À l'aide d'un niveau, reportez cette hauteur sur tous les poteaux intermédiaires, jusqu'à l'autre poteau principal.

Sciez deux poteaux nains à la longueur voulue pour qu'ils atteignent les repères tracés sur les poteaux principaux. Clouez les poteaux nains aux poteaux principaux à l'aide de clous de 10d, espacés de 12 po. Construisez des supports temporaires (page 187) si le mur est un mur porteur et si vous enlevez plus d'un poteau mural.

Utilisez une scie circulaire réglée à la profondeur de coupe maximale pour entailler les poteaux qu'il faut enlever. Les morceaux de poteaux qui restent serviront de poteaux nains. *REMARQUE : ne sciez pas de poteaux principaux. Entaillez les poteaux 3 po plus bas que les premières entailles et achevez de les scier avec une scie à main.*

Enlevez les morceaux de poteaux de 3 po et arrachez le reste des poteaux au moyen d'un levier. À l'aide d'une tenaille, cisaillez les clous qui dépassent.

Préparez un linteau que vous installerez entre les poteaux principaux et qui reposera sur les poteaux nains. Fabriquez-le à l'aide de contreplaqué de ⅜ po d'épaisseur enserré par deux morceaux de bois de dimension courante de 2 po d'épaisseur (page 137). À l'aide de clous de 10d, fixez le linteau aux poteaux nains, aux poteaux principaux et aux empannons.

À l'aide d'une scie alternative, coupez la lisse près de chaque poteau nain et enlevez le morceau de lisse en utilisant un levier. Utilisez une tenaille pour couper les clous ou les attaches qui dépassent.

Comment charpenter une ouverture de porte
(charpente à claire-voie)

Enlevez le revêtement mural intérieur (pages 188 à 191). Choisissez deux poteaux existants qui vous serviront de poteaux principaux. La distance qui les sépare doit être de 3 po au moins supérieure à la largeur prévue de l'ouverture. Indiquez la hauteur de l'ouverture sur un poteau principal, en la mesurant à partir du plancher.

Déterminez la dimension du linteau (page 110) et marquez sur un poteau principal l'endroit où arrivera le dessus du linteau. Utilisez un niveau pour reporter cette hauteur sur l'autre poteau principal.

À l'aide d'une scie alternative, découpez une ouverture dans le sous-plancher, entre les poteaux, et retirez les pare-feux qui se trouvent dans les cavités entre les poteaux. Vous aurez ainsi accès à la lisse lorsque vous installerez les poteaux nains. Si vous devez enlever plus d'un poteau mural, installez des supports temporaires (page 187).

À l'aide d'une scie circulaire, entaillez les poteaux à une hauteur qui corresponde au dessus du linteau. REMARQUE : ne sciez pas les poteaux principaux. Faites deux entailles supplémentaires sur chaque poteau : la première, 3 po en dessous de la précédente et l'autre, à 6 po du plancher. Achevez de scier les poteaux au moyen d'une scie à main et dégagez les portions de 3 po de long en frappant avec un marteau. Enlevez les poteaux avec un levier.

Sciez deux poteaux nains que vous installerez entre la lisse et la marque de l'ouverture tracée sur les poteaux principaux. Clouez les poteaux nains aux poteaux principaux, en utilisant des clous de 10d, espacés de 12 po.

Préparez un linteau au moyen d'un morceau de contreplaqué de ⅜ po d'épaisseur enserré par deux morceaux de bois de 2 po d'épaisseur : vous l'installerez entre les poteaux principaux de manière qu'il repose sur les poteaux nains (page 137). À l'aide de clous de 10d, fixez le linteau aux poteaux nains, aux poteaux principaux et aux empannons.

Mesurez la largeur de l'ouverture et marquez-la sur le linteau. À l'aide d'un fil à plomb, reportez ces repères sur la lisse (mortaise).

Sciez et installez les poteaux supplémentaires nécessaires, qui formeront les côtés de l'ouverture. Clouez ces poteaux nains en biais au linteau et à la lisse, en utilisant des clous de 10d. *REMARQUE : vous devrez peut-être travailler au sous-sol pour ce faire.*

À l'aide de clous de 10d, installez horizontalement entre les poteaux, de chaque côté de l'ouverture, des étrésillons en bois de 2 po x 4 po, à la hauteur des charnières et de la serrure de la nouvelle porte.

Enlevez le revêtement mural extérieur en suivant les instructions des pages 192 à 195.

À l'aide d'une scie alternative ou d'une scie à main, sciez les extrémités des poteaux exposés, au ras des solives de plancher.

Installez des blocs de clouage en bois de 2 po x 4 po contre les poteaux nains et les solives, au ras des solives de plancher. Remplacez les pare-feux qui ont été retirés précédemment. Recouvrez de contreplaqué la partie du sous-plancher située entre les poteaux nains : cette surface horizontale plane formera le seuil de la porte.

Menuiserie avancée

Installation d'une porte d'entrée

Les principes d'installation sont les mêmes pour tous les styles de portes d'entrée montées. Comme ces portes sont très lourdes, n'essayez pas de les installer tout seul, faites-vous aider.

Pour accélérer le travail, enlevez le revêtement mural intérieur (pages 188 à 191) et préparez l'encadrement (pages 206 à 209) à l'avance. Avant d'installer la porte, vérifiez si vous disposez de toute la quincaillerie nécessaire. Protégez la porte contre les intempéries au moyen de peinture ou de teinture et en ajoutant une contre-porte (pages 150-151).

Outils et matériaux ▸

Cisaille à métaux
Marteau
Niveau
Crayon
Scie circulaire
Ciseau à bois
Chasse-clou
Pistolet à calfeutrer
Agrafeuse
Perceuse et mèches
Scie à main
Papier de construction
Rebord
Intercalaires en bois
Fibre de verre isolante
Clous à boiserie de 10d galvanisés
Pâte à calfeutrer à base de silicone
Porte d'entrée prémontée et accessoires

Comment installer une porte d'entrée

Déballez la porte d'entrée, mais n'enlevez pas les pièces qui la maintiennent fermée. De l'extérieur, enlevez le bardage se trouvant à l'intérieur de l'ouverture prévue pour la porte, en suivant les instructions de la page 197.

Essayez la porte en la centrant dans l'ouverture. Vérifiez si elle est d'aplomb. Apportez les corrections nécessaires en insérant des intercalaires en dessous du jambage, jusqu'à ce que la porte soit d'aplomb et de niveau.

Tracez sur le bardage le contour du chambranle. REMARQUE : si le bardage est en déclin métallique, tracez le contour un peu à l'écart du chambranle pour disposer de l'espace nécessaire pour installer les moulures décoratives requises par ces bardages. Ensuite, enlevez la porte.

À l'aide d'une scie circulaire, sciez le bardage le long du contour tracé, jusqu'au revêtement mural. Arrêtez-vous juste avant les coins afin de ne pas abîmer le bardage qui va rester en place.

Achevez de couper le bardage dans les coins en utilisant un ciseau à bois bien affûté.

Coupez des bandes de papier de construction de 8 po de large et glissez-les entre le bardage et le revêtement, au-dessus et sur les côtés de l'ouverture, afin de protéger les éléments d'ossature de l'humidité. Pliez le papier autour des éléments d'ossature et agrafez-le.

Pour ajouter une protection contre l'humidité, coupez un rebord à la largeur de l'ouverture et glissez-le entre le bardage et le papier de construction, au-dessus de l'ouverture. Ne le clouez pas.

Appliquez plusieurs cordons épais de pâte à calfeutrer à base de silicone sur la base de l'ouverture. Appliquez-en également sur le papier de construction qui recouvre les bords avant des poteaux nains et du linteau.

(suite à la page suivante)

Centrez la porte dans l'ouverture et pressez fermement le chambranle contre le bardage. Demandez à un aide de tenir la porte immobile pendant que vous la clouez en place.

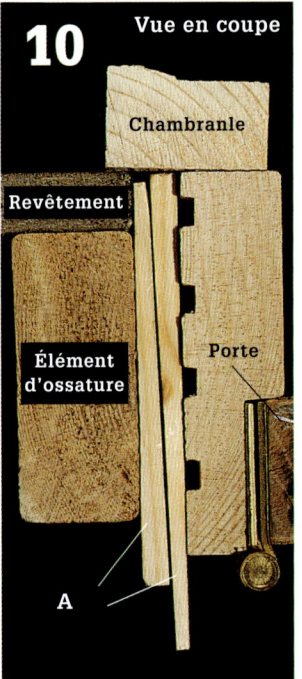

De l'intérieur, placez des intercalaires biseautés (A), réunis par paires, pour former des cales plates et introduisez-les dans les espaces entre les montants de la porte et les éléments d'ossature. Introduisez-les à l'endroit de la serrure et aux endroits des charnières, ainsi que tous les 12 po.

Vérifiez si la porte est d'aplomb. Le cas échéant, réglez les intercalaires pour que la porte soit d'aplomb et de niveau. Ensuite, remplissez de fibre de verre isolante les espaces existant entre le jambage et les éléments d'ossature.

De l'extérieur, à l'endroit de chaque paire d'intercalaires, enfoncez des clous à boiserie de 10d dans les éléments d'ossature, à travers le jambage de la porte. À l'aide d'un chasse-clou, enfoncez les têtes des clous sous la surface du bois.

Enlevez les pièces installées par le fabricant pour maintenir la porte fermée et faites pivoter la porte sur ses gonds pour vous assurer qu'elle fonctionne correctement.

Enlevez deux des vis qui fixent la charnière supérieure et remplacez-les par de longues vis d'ancrage (habituellement fournies par le fabricant). Ces vis renforceront l'installation en pénétrant dans les éléments d'ossature.

Fixez le chambranle aux éléments d'ossature à l'aide de clous de 10d galvanisés, enfoncés tous les 12 po. À l'aide d'un chasse-clou, enfoncez les têtes des clous sous la surface du bois.

Réglez le seuil de la porte pour qu'il forme un joint étanche, en suivant les instructions du fabricant.

À l'aide d'une scie à main, coupez les intercalaires au ras des éléments d'ossature.

Appliquez de la pâte à calfeutrer à base de silicone tout autour de la porte. Si vous comptez peindre l'encadrement, remplissez de pâte à calfeutrer au latex les trous des têtes de clous. Finissez la porte et installez la serrure en suivant les instructions du fabricant.

Menuiserie avancée

Installation d'une porte-fenêtre coulissante

Achetez une porte-fenêtre dont les panneaux sont déjà enchâssés, dans un cadre assemblé ; elles sont plus faciles à installer. Évitez les portes-fenêtres vendues en kit.

Les portes-fenêtres ont des traverses et des appuis très longs, qui peuvent facilement gauchir ou se courber. Pour éviter que cela n'arrive, installez soigneusement la porte-fenêtre, de manière qu'elle soit d'aplomb et de niveau, et solidement attachée aux éléments d'ossature. Vous éviterez le gauchissement des montants causé par l'humidité si vous renouvelez chaque année la pâte à calfeutrer et si vous faites les retouches de peinture qui s'imposent.

Outils et matériaux ▸

Crayon
Marteau
Scie circulaire
Ciseau à bois
Agrafeuse
Pistolet à calfeutrer
Levier
Niveau
Tournevis sans cordon
Scie à main
Perceuse et mèches
Chasse-clou
Intercalaires
Rebord

Papier de construction
Pâte à calfeutrer à base de silicone et à base de latex,
Clous à boiserie de 10d
Vis à bois de 3 po
Barre de seuil
Porte-fenêtre et accessoires
Fibre de verre isolante

Les moustiquaires : Si elles ne sont pas fournies avec la porte, elles peuvent être commandées chez la plupart des fabricants de portes-fenêtres. Elles sont munies de galets montés sur ressorts qui roulent sur un mince rail situé du côté extérieur du seuil de la porte-fenêtre.

Installation d'une porte coulissante

Retirez les lourds panneaux vitrés si vous devez installer la porte-fenêtre sans aide; vous les replacerez après avoir installé le cadre dans l'ouverture et l'avoir cloué aux coins opposés. Pour enlever et remettre les panneaux, retirez le rail d'arrêt qui se trouve le long de la traverse supérieure de la porte.

Réglez les galets inférieurs lorsque l'installation est terminée. Enlevez la cache de la vis de réglage qui se trouve du côté intérieur du rail inférieur. Tournez la vis par petits coups jusqu'à ce que les galets roulent facilement sur le rail lorsque vous ouvrez ou fermez la porte.

Installation d'une porte à deux vantaux

Consolidez les charnières en remplaçant la vis de montage centrale de chaque charnière par une vis à bois de 3 po. Ces longues vis traversent les montants et s'enfoncent profondément dans les éléments d'ossature.

Maintenez un écart constant de 1/8 po entre la porte, les montants et la traverse, pour que la porte glisse facilement, sans caler. Vérifiez fréquemment cet écart pendant que vous installez les intercalaires autour de la porte.

Menuiserie avancée

Comment installer une porte-fenêtre

Préparez le lieu de travail, enlevez le revêtement mural intérieur (pages 188 à 191) et encadrez l'ouverture prévue pour la porte-fenêtre (page 205). Enlevez le revêtement mural extérieur se trouvant à l'intérieur de l'ouverture (page 192).

Essayez la porte en la centrant dans l'ouverture. Vérifiez si elle est d'aplomb et, si nécessaire, introduisez des intercalaires sous le montant le plus bas, jusqu'à ce que la porte soit d'aplomb et de niveau. Demandez à votre aide de tenir la porte en place pendant que vous l'ajustez.

Tracez le contour du chambranle sur le bardage et enlevez la porte. REMARQUE : si le bardage est en métal ou en vinyle, laissez un espace entre le chambranle et le contour pour pouvoir installer les moulures décoratives requises par ce type de bardages.

À l'aide d'une scie circulaire, sciez le bardage le long du contour, jusqu'au revêtement mural. Arrêtez-vous juste avant les coins pour ne pas endommager le bardage qui doit rester. Achevez de couper le bardage dans les coins en utilisant un ciseau à bois bien affûté.

Pour obtenir une barrière supplémentaire contre l'humidité, coupez un morceau de rebord, de la largeur de l'ouverture, et glissez-le entre le bardage et le papier de construction existant, au-dessus de l'ouverture. Ne le clouez pas.

Coupez des bandes de papier de construction de 8 po de large et glissez-les entre le bardage et le revêtement. Pliez le papier autour des éléments d'ossature et agrafez-le en place.

Appliquez plusieurs épais cordons de pâte à calfeutrer à base de silicone sur le sous-plancher, au bas de l'ouverture de la porte.

Appliquez de la pâte à base de silicone sur le bord avant des éléments d'ossature, là où le bardage rencontre le papier de construction.

Centrez la porte-fenêtre dans l'ouverture de manière que le chambranle s'appuie fermement contre le revêtement mural. Demandez à votre aide de tenir la porte de l'extérieur pendant que vous placez les intercalaires et clouez la porte en place.

Vérifiez si le seuil de la porte est de niveau et, le cas échéant, insérez des intercalaires sous le montant le plus bas pour l'ajuster.

(suite à la page suivante)

Menuiserie avancée

Si des espaces subsistent entre le seuil et le sous-plancher, introduisez-y des intercalaires enduits de pâte à calfeutrer, tous les 6 po. Les intercalaires doivent serrer en place, mais pas au point de courber le seuil. Essuyez immédiatement la pâte excédentaire.

Insérez des paires d'intercalaires biseautés formant des intercalaires à faces parallèles tous les 12 po, dans les espaces entre les montants et les poteaux nains. Pour les portes coulissantes, placez des intercalaires derrière la gâche de la serrure.

Insérez des intercalaires tous les 12 po, dans les espaces entre la traverse supérieure et le linteau.

De l'extérieur, enfoncez des clous à boiserie de 10d, tous les 12 po, à travers le chambranle dans les éléments d'ossature. À l'aide d'un chasse-clou, enfoncez les têtes des clous sous la surface du bois.

De l'intérieur, enfoncez des clous à boiserie de 10d à travers les montants de la porte, dans les éléments d'ossature, à l'emplacement de chaque intercalaire. À l'aide d'un chasse-clou, enfoncez les têtes des clous sous la surface du bois.

Enlevez une des vis et sciez les intercalaires au ras du bloc d'arrêt qui se trouve au centre du seuil. Remplacez la vis par une vis à bois de 3 po, enfoncée dans le sous-plancher, pour consolider l'installation.

À l'aide d'une scie à main, sciez les intercalaires au ras des éléments d'ossature. Remplissez de fibre de verre isolante les espaces existant autour des montants de la porte et en dessous du seuil.

Renforcez et scellez le bord du seuil en installant sous celui-ci une barre de seuil, contre le mur. Forez des avant-trous et fixez la barre de seuil à l'aide de clous à boiserie de 10d.

Assurez-vous que le rebord s'appuie contre le chambranle avant d'appliquer de la pâte à calfeutrer à base de silicone le long de la partie supérieure du rebord et le long du bord extérieur du chambranle. Remplissez de pâte à calfeutrer à base de silicone tous les trous laissés par les têtes des clous, mais utilisez de la pâte à calfeutrer à base de latex si l'endroit doit être peint.

Calfeutrez complètement le pourtour de la barre de seuil, en enfonçant avec le doigt la pâte à calfeutrer dans les fissures. Peignez la barre de seuil dès que la pâte à calfeutrer est sèche. Finissez la porte et installez la serrure en suivant les instructions du fabricant. Suivez les instructions des pages 152-153 pour la finition de l'intérieur de la porte.

Charpentage et installation de fenêtres

Il faut souvent commander les fenêtres plusieurs semaines à l'avance. Vous gagnerez du temps en préparant l'encadrement intérieur en attendant que la fenêtre vous soit livrée. Mais pour enlever le revêtement mural extérieur, attendez d'avoir reçu la fenêtre et ses accessoires.

Suivez les instructions du fabricant en ce qui concerne la dimension de l'ouverture, lorsque vous préparez l'encadrement d'une fenêtre. Habituellement, on préconise que l'ouverture ait 1 po de plus en largeur et ½ po de plus en hauteur que les dimensions de la fenêtre. Dans les pages suivantes, on décrit les techniques utilisées dans les maisons à ossature en bois de type à plateforme.

Si votre maison a une charpente à claire-voie (page 109), utilisez la méthode illustrée aux pages 208-209 pour installer un linteau. Consultez un spécialiste pour installer une fenêtre au deuxième étage d'une maison à charpente à claire-voie.

Si les murs de votre maison sont en maçonnerie ou si vous installez des fenêtres revêtues de polymère, vous pourriez fixer vos fenêtres à l'aide d'attaches à maçonnerie, au lieu de clous.

Si l'extérieur de votre maison est revêtu de bardage ou de stuc, consultez les pages 192 à 195 pour obtenir des conseils sur l'enlèvement de ces surfaces et sur la réalisation de l'ouverture.

Outils et matériaux ▸

Ruban à mesurer
Crayon
Équerre combinée
Marteau
Niveau
Scie circulaire
Scie à main
levier
Cisaille
perceuse
Scie alternative
Agrafeuse
Chasse-clou
Pistolet à calfeutrer
Clous ordinaires de 10d

Intercalaires
Bois scié de 2 po d'épaisseur
Contreplaqué de ⅜ po
Papier de construction
Rebord
Clous à boiserie de 10d et 8d
Fibre de verre isolante
Pâte à calfeutrer à base de silicone

Comment charpenter l'ouverture d'une fenêtre

Préparez le lieu de travail et enlevez le revêtement mural intérieur (pages 188 à 191). Mesurez la largeur de l'ouverture et marquez-la sur la lisse. Marquez l'emplacement des poteaux principaux et des poteaux nains sur la lisse. Utilisez si possible les poteaux existants comme poteaux principaux.

Si vous ne pouvez le faire, calculez les mesures des poteaux principaux et sciez-les pour qu'ils s'insèrent entre la lisse et la sablière. Installez-les, puis clouez-les en biais à la lisse, en utilisant des clous de 10d.

À l'aide d'un niveau, vérifiez si les poteaux principaux sont d'aplomb et clouez-les à la sablière, en utilisant des clous de 10d.

En la mesurant à partir du plancher, marquez la hauteur inférieure de l'ouverture sur un des poteaux principaux. Pour la plupart des fenêtres, on recommande que l'ouverture ait une hauteur de ½ po supérieure à la hauteur de l'encadrement de la fenêtre.

Mesurez à quelle hauteur arrivera le dessus du linteau s'appuyant contre le poteau principal et marquez-la sur le poteau. La dimension du linteau dépend de la distance entre les poteaux principaux (page 110). À l'aide d'un niveau, reportez les lignes sur les anciens poteaux, jusqu'à l'autre poteau principal.

À partir de la ligne du linteau, mesurez vers le bas les hauteurs des éléments de l'appui double et tracez les lignes correspondantes sur un poteau principal. À l'aide d'un niveau, reportez ces lignes sur les anciens poteaux, jusqu'à l'autre poteau principal. Si vous enlevez plus d'un poteau, installez des supports temporaires (page 187).

(suite à la page suivante)

Menuiserie avancée

Réglez une scie circulaire à sa profondeur de coupe maximale et entaillez les anciens poteaux à l'endroit des lignes indiquant la hauteur du bas de la traverse inférieure et celle du dessus du linteau. Ne sciez pas les poteaux principaux. Sur chaque poteau, faites une entaille supplémentaire, 3 po au-dessus de la première. Finissez les coupes au moyen d'une scie à main.

Frappez sur les morceaux de poteaux de 3 po de long pour les enlever et, à l'aide d'un levier, retirez les parties des anciens poteaux se trouvant à l'intérieur de l'ouverture. À l'aide d'une cisaille, coupez toutes les parties de clous qui dépassent. Les parties des anciens poteaux qui restent serviront d'empannons à la nouvelle fenêtre.

Sciez deux poteaux nains qui aient une longueur égale à la distance entre le dessus de la lisse et la marque du bas du linteau sur les poteaux principaux. Clouez les poteaux nains aux poteaux principaux, en plantant des clous de 10d tous les 12 po. REMARQUE : dans une maison à ossature à claire-voie, les poteaux nains descendront jusqu'à la lisse, sous le plancher.

Placez le linteau sur les poteaux nains, en utilisant un marteau si nécessaire. À l'aide de clous de 10d, fixez le linteau aux poteaux principaux, aux poteaux nains et aux empannons.

Clouez ensemble deux morceaux de bois d'œuvre de 2 po x 4 po, sciés à la bonne longueur, qui formeront la traverse inférieure reposant sur les empannons, entre les poteaux nains. Clouez la traverse aux poteaux nains et aux empannons en utilisant des clous de 10d.

Comment installer une fenêtre à bande de clouage

Essayez la fenêtre en la centrant dans l'ouverture brute. Du côté intérieur, utilisez des cales reposant sur l'appui pour mettre la fenêtre de niveau et d'aplomb, au besoin. Ne déformez ni l'appui ni les montants en insérant les cales, car elles empêcheraient le bon fonctionnement de la fenêtre. Marquez l'emplacement des cales sur le mur.

Du côté extérieur, tracez plusieurs traits sur le parement, à une distance de la fenêtre égale à la largeur de la moulure à brique que vous poserez. Enlevez la fenêtre et reliez les traits en utilisant une règle de précision. À l'aide d'une scie circulaire, coupez le parement le long de cette ligne (page 216). REMARQUE : consultez les pages 192 à 195 pour savoir comment enlever les différents types de revêtement extérieur.

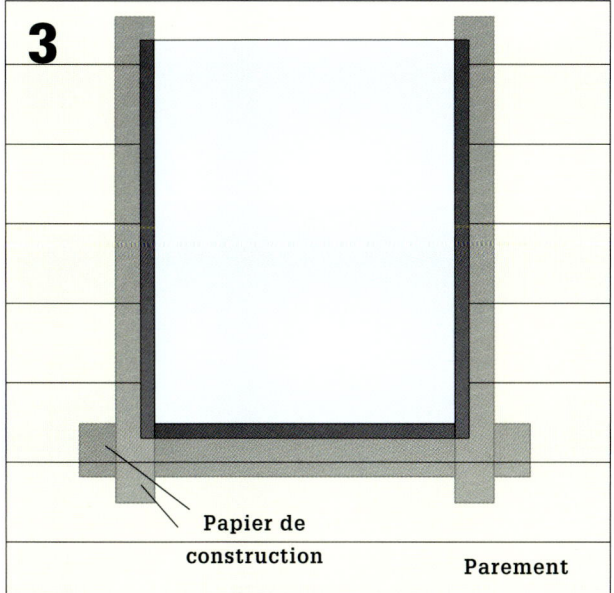

Coupez une bande de papier de construction de 8 po de largeur pour l'appui, assez longue pour dépasser de plusieurs pouces les côtés de l'ouverture brute. Glissez le papier entre le parement et le revêtement intermédiaire, en le repliant vers l'intérieur de l'ouverture, et agrafez-le. Placez également du papier de construction le long des côtés de l'ouverture, de façon qu'il recouvre de quelques pouces le papier de l'appui, et glissez l'extrémité supérieure du papier sous le papier existant, à l'endroit du linteau.

Appliquez un épais cordon de calfeutrant à la silicone autour de l'ouverture brute, à l'extérieur. Placez la fenêtre dans sa position définitive, en la mettant de niveau au moyen de cales, comme à l'étape 1. Du côté extérieur, assurez-vous que l'espace entre le parement et l'encadrement de la fenêtre est de même largeur que la moulure à brique sur tout le contour de la fenêtre. Fixez la fenêtre au linteau à l'aide d'un clou à toiture galvanisé de 5d, enfoncé à une extrémité de la bande de clouage supérieure.

(suite à la page suivante)

Procédez aux derniers ajustements afin que la fenêtre soit de niveau et d'aplomb, puis clouez-la en place à l'aide de clous galvanisés pour toiture de 5d, en commençant par le linteau. Suivez le schéma de clouage conseillé par le fabricant. Avant de fixer les côtés et l'appui, assurez-vous que la fenêtre fonctionne parfaitement et que l'encadrement intérieur n'en gênera pas l'ouverture.

Découpez une bande de papier de construction de 8 po de largeur et placez-la à l'endroit du linteau, en la glissant sous le papier de construction existant et de façon qu'elle recouvre la bande de clouage au sommet de la fenêtre. Assurez-vous qu'elle chevauche aussi de quelques pouces le papier de construction se trouvant sur les côtés de la fenêtre. Agrafez-la.

Posez une bande à larmier en aluminium le long de la partie découpée du parement. Appliquez de l'adhésif de construction sur la bande à larmier et glissez-la sous le parement, au-dessus de la fenêtre. Coupez chaque moulure à brique à la longueur voulue en la biseautant à 45°. Placez les moulures à brique entre les côtés de la fenêtre et le parement. Percez des avant-trous dans la moulure à brique et dans les éléments de charpente.

Fixez les moulures à brique au moyen de clous à boiseries galvanisés de 8d ; utilisez un chasse-clou pour noyer les têtes de clous. Calfeutrez le joint entre les moulures et le parement. Du côté intérieur, remplissez d'isolant en fibre de verre les espaces vides entre l'encadrement de la fenêtre et les éléments de charpente. Voir aux pages 152-153 la méthode de pose de moulures intérieures de fenêtre.

Comment installer une fenêtre avec moulure à brique

Enlevez le revêtement mural extérieur en suivant les instructions données aux pages 192 à 195, puis essayez la fenêtre, en la centrant dans l'ouverture. Soutenez-la au moyen de blocs de bois et d'intercalaires placés sous la traverse de base. Vérifiez si la fenêtre est d'aplomb et de niveau et faites les ajustements nécessaires, le cas échéant.

Tracez le contour du chambranle sur le bardage. REMARQUE : si le bardage est en métal ou en vinyle, agrandissez le contour pour disposer de l'espace nécessaire à l'installation de la moulure en J supplémentaire qu'exigent ces bardages. Enlevez la fenêtre après en avoir tracé le contour.

Sciez le bardage jusqu'au revêtement, en suivant le contour. S'il s'agit d'une fenêtre arrondie, utilisez une scie alternative et inclinez-la à peine. Dans le cas de coupes droites, utilisez une scie circulaire, réglée de manière que la profondeur de coupe égale l'épaisseur du bardage, et achevez de couper celui-ci dans les coins à l'aide d'un ciseau bien affûté (page 211).

Coupez des bandes de papier de construction de 8 po de large et glissez-les entre le bardage et le revêtement, tout autour de l'ouverture de la fenêtre. Pliez le papier autour des éléments d'ossature et agrafez-le.

(suite à la page suivante)

Coupez une longueur de rebord que vous installerez autour de la partie supérieure de la fenêtre en le glissant entre le bardage et le papier de construction. Si la fenêtre est arrondie, utilisez un rebord flexible en vinyle ; dans le cas des fenêtres rectangulaires, utilisez un rebord en métal rigide (mortaise).

Introduisez la fenêtre dans l'ouverture et pressez fermement le chambranle contre le revêtement.

Vérifiez si la fenêtre est de niveau.

Si la fenêtre est parfaitement de niveau, clouez les coins inférieurs du chambranle, en utilisant des clous de 10d. Dans le cas contraire, ne clouez que le coin le plus haut.

De l'extérieur, enfoncez des clous de 10d dans le chambranle et les éléments d'ossature, près des autres coins de la fenêtre.

Ajustez les cales pour qu'elles serrent, sans déformer les jambages. Sur les fenêtres multiples, assurez-vous de placer des cales sous les montants intérieurs.

À l'aide d'une règle rectifiée, vérifiez si les jambages ne sont pas courbés et, dans l'affirmative, apportez les corrections nécessaires en ajustant les cales. Ouvrez et fermez la fenêtre pour vous assurer qu'elle fonctionne correctement.

À l'endroit de chaque paire de cales, forez un avant-trou et plantez-y un clou de 8d qui traverse le jambage et les cales. Prenez garde de ne pas endommager la fenêtre. À l'aide d'un chasse-clou, enfoncez la tête de clou sous la surface du bois.

Remplissez de fibre de verre isolante les espaces existant entre les jambages et les éléments d'ossature. Portez des gants lorsque vous manipulez cet isolant.

Sciez les cales au ras des éléments d'ossature, avec une scie à main.

Appliquez de la pâte à base de silicone tout autour de la fenêtre. Remplissez de pâte les trous des têtes des clous. Finissez les murs et les moulures intérieures de la fenêtre (pages 152-153).

Menuiserie avancée

Installation de nouveaux châssis de fenêtre

Si vous prévoyez remplacer d'anciennes fenêtres à guillotine à un ou deux châssis, songez à utiliser des châssis de remplacement prêts à monter. Vous disposerez ainsi de fenêtres éconergétiques, sans entretien, et sans changer l'apparence extérieure de votre maison ou grever votre budget.

Au lieu de remplacer toute la fenêtre, c'est-à-dire la fenêtre et son encadrement, ou de remplacer une fenêtre dans son logement, c'est-à-dire d'installer une unité complète dans l'encadrement existant, on peut remplacer les châssis tout en conservant les montants de la fenêtre, ce qui évite de modifier les murs et les boiseries, tant à l'intérieur qu'à l'extérieur. Pour installer un châssis prêt à monter, il suffit d'enlever les anciens arrêts et le châssis de la fenêtre, et de poser de nouvelles garnitures de montants en vinyle, ainsi qu'un châssis en vinyle ou en bois. Tout le travail peut s'effectuer depuis l'intérieur de la maison.

La plupart des châssis prêts à monter comportent un dispositif de basculement et autres commodités modernes. Ces ensembles sont offerts en vinyle, en aluminium ou en bois, dans un choix de couleurs et de vitrages ; ils sont éconergétiques, présentent des dispositifs de sécurité et atténuent le bruit.

La plupart des fabricants de fenêtres offrent des ensembles de châssis prêts à monter conçus pour s'ajuster à leurs propres fenêtres. Vous pouvez aussi commander un ensemble sur mesure, aux dimensions de votre fenêtre. Il est essentiel que les nouvelles fenêtres s'ajustent parfaitement afin qu'elles fonctionnent bien. Pour mesurer vos fenêtres existantes, lisez les conseils à la page suivante et suivez les instructions du fabricant pour ajuster vos nouvelles fenêtres.

Remplacez de vieilles fenêtres qui fuient par de nouveaux châssis prêts à monter éconergétiques. Ces ensembles sont offerts en divers styles qui s'agencent à vos fenêtres existantes ou qui ajoutent une note décorative à votre intérieur. La plupart des ensembles présentent une surface intérieure naturelle ou peinte, et sont offerts en divers finis extérieurs.

Outils et matériaux ▸

Fausse équerre à seuil
Levier plat
Ciseau
Tournevis
Chasse-clou
Châssis prêt à monter
Clous à toiture galvanisés de 1 po
Isolant en fibre de verre
Clous de finition
Produits de finition du bois

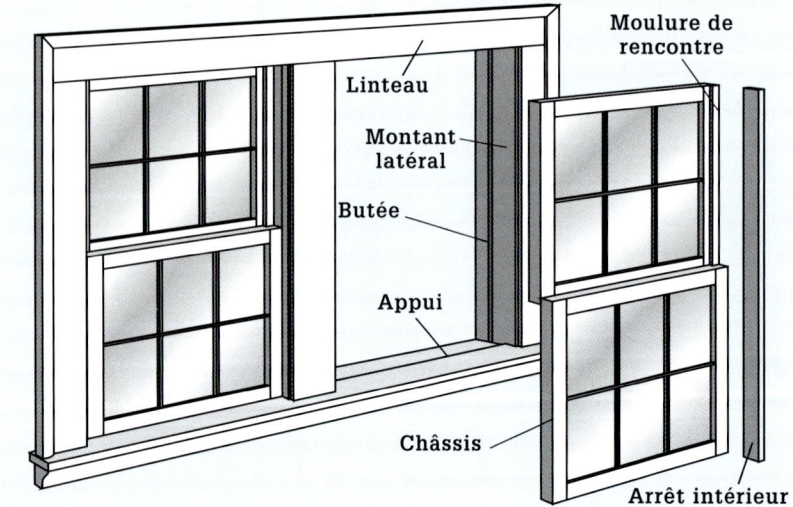

Les fenêtres à guillotine double comportent deux châssis mobiles, contrairement aux fenêtres à guillotine simple, dont un seul châssis est mobile. On installe des arrêts pour séparer les châssis et les maintenir dans les rainures.

Mesure d'un châssis prêt à monter

Mesurez la largeur de la fenêtre existante au sommet, au centre et à la base de l'encadrement. Conservez la plus petite mesure, puis soustrayez-en ⅜ po. Mesurez la hauteur de la fenêtre existante entre le linteau et le point où le rebord extérieur du châssis inférieure touche l'appui. Retranchez ⅜ po de cette mesure. REMARQUE : les spécifications du fabricant concernant la prise des mesures de la fenêtre peuvent être différentes.

Utilisez une fausse équerre à seuil pour déterminer l'inclinaison de l'appui de fenêtre en place. Vous vous assurerez ainsi que le châssis prêt à monter s'ajustera parfaitement dans l'encadrement. Vérifiez également si l'appui, le linteau et les montants sont droits et, au besoin, mettez-les de niveau et d'aplomb. Mesurez l'encadrement en diagonale pour en vérifier la rectitude (si les diagonales sont égales, l'encadrement est d'équerre). Sinon, renseignez-vous auprès du fabricant du châssis : la plupart des châssis prêts à monter permettent certaines variations des dimensions de la fenêtre.

Comment installer un châssis prêt à monter

Enlevez soigneusement les arrêts intérieurs des montants latéraux à l'aide d'un couteau à mastic ou d'un levier plat. Conservez-les pour les réinstaller ultérieurement.

Abaissez le châssis inférieur et coupez le cordon qui supporte les poids, de chaque côté du châssis. Laissez tomber les poids et les bouts de cordon dans leurs cavités murales.

(suite à la page suivante)

Menuiserie avancée

Soulevez le châssis inférieur et enlevez-le. Enlevez les moulures de rencontre du linteau et des montants latéraux (ce sont les bandes de bois qui séparent le châssis supérieur du châssis inférieur). Coupez les cordons du châssis supérieur et soulevez celui-ci pour l'enlever. Dégagez les cordons des poulies. Si c'est possible, retirez les poids de leur cavité, puis remplissez celles-ci d'isolant en fibre de verre. Réparez les pièces des montants latéraux qui sont pourries ou endommagées.

Placez les supports des moulures de montants et fixez-les aux montants à l'aide de clous galvanisés pour toiture de 1 po. Placez un support à environ 4 po du linteau, et un autre, à 4 po de l'appui. Laissez un intervalle de 1/16 po entre la butée et le support de la moulure de montant. Installez les autres supports en les espaçant uniformément le long des montants.

Placez les joints ou les coupe-froid fournis avec les moulures de montants. Installez soigneusement chaque moulure de montant contre ses supports et poussez-la en place. Une fois les moulures installées, placez la nouvelle moulure de rencontre dans la rainure du linteau existant et fixez-la au moyen de petits clous de finition. Posez un arrêt de châssis en vinyle dans la rainure intérieure, au sommet de chaque moulure de montant. Ces arrêts bloqueront l'ouverture du châssis inférieur à la bonne hauteur.

Réglez les dispositifs de contrôle des châssis à l'aide d'un tournevis ordinaire. Glissez-le dans la fente du dispositif, tenez-le fermement et faites glisser le dispositif vers le bas jusqu'à ce qu'il se trouve à environ 9 po de l'appui ; donnez ensuite un tour de tournevis pour verrouiller le dispositif de façon qu'il ne remonte pas sous l'effet de son ressort. N'ôtez pas le tournevis de la fente du dispositif avant d'avoir verrouillé celui-ci. Posez les quatre dispositifs dans les rainures de châssis.

Installez le châssis supérieur entre les moulures des montants. Placez le pivot d'un côté du châssis, dans la rainure du châssis extérieur. Basculez le châssis et placez l'autre pivot dans la rainure du côté opposé. Assurez-vous que les pivots sont placés au-dessus des dispositifs de contrôle du châssis. Tenez le châssis horizontalement et basculez-le vers le haut ; enfoncez ensuite les moulures de montants des deux côtés et placez le châssis en position verticale, entre les moulures de montants. Ensuite, faites glisser le châssis vers le bas jusqu'à ce que les pivots entrent en contact avec les dispositifs de verrouillage en fin de course, ce qui activera les dispositifs de contrôle.

Installez le châssis inférieur entre les moulures de montants, en le plaçant dans les rainures de châssis intérieures. Après l'avoir amené en position verticale, glissez-le vers le bas jusqu'à ce qu'il active les dispositifs de contrôle. Ouvrez et fermez les deux châssis pour vérifier leur bon fonctionnement.

Réinstallez les arrêts que vous avez enlevés à l'étape 1. Fixez-les avec des clous de finition, en utilisant les anciennes cavités des clous, ou en enfonçant les clous dans de nouveaux avant-trous que vous aurez percés.

Vérifiez si le châssis inférieur bascule correctement sans être gêné par les arrêts. Enlevez les étiquettes et nettoyez les vitres. Peignez ou vernissez les nouveaux châssis.

Menuiserie avancée ■ 231

Installation d'un lanterneau standard

Selon le modèle que vous choisirez et l'endroit où vous l'installerez, un lanterneau procurera chaleur en hiver, ventilation rafraîchissante en été et, en toute saison, une vue du ciel ou de la cime des arbres qui entourent votre maison. Et, bien sûr, il vous fournira une lumière naturelle.

Étant donné qu'un lanterneau laisse pénétrer beaucoup de lumière, ses dimensions et son emplacement ont une grande importance. Si le lanterneau est trop grand, la pièce sera rapidement surchauffée, surtout au grenier. Il en va de même si vous installez trop de lanterneaux dans une même pièce. C'est pourquoi il vaut toujours mieux que le lanterneau ne soit pas exposé au plein soleil. Vous pouvez choisir un lanterneau ouvrant, qui permettra d'évacuer l'air chaud de la pièce.

Lorsqu'on installe un lanterneau dans un grenier non fini, il faut construire un puits qui canalisera directement la lumière vers la pièce située en dessous. Pour installer un puits de lanterneau, voir les pages 238 à 241.

Il faut tenir compte d'autres facteurs lorsqu'on installe un lanterneau au-dessus d'une pièce finie. D'abord, il faut enlever la surface du plafond pour mettre les chevrons à nu. Pour enlever la surface des murs et du plafond, consultez les pages 188 à 191.

La charpente d'un lanterneau ressemble à celle d'une fenêtre ordinaire (page 111). Elle comporte un linteau et un appui, comme l'encadrement d'une fenêtre, mais elle est pourvue de chevrons principaux, plutôt que de poteaux principaux. L'ouverture brute est délimitée sur les côtés par des solives d'enchevêtrement plutôt que par un jambage. Consultez les instructions du fabricant afin de déterminer les dimensions de l'ouverture à pratiquer pour y loger le lanterneau que vous avez choisi.

Si l'ossature de la toiture de votre maison est constituée de chevrons, comme c'est le plus souvent le cas, vous pouvez sans risque en couper un ou deux, à condition de supporter en permanence les pièces restantes, en suivant les étapes ci-après. Si l'installation du lanterneau vous oblige à modifier plus de deux chevrons, ou si la toiture est constituée de matériaux lourds, comme des tuiles en terre cuite, consultez un architecte ou un ingénieur avant de vous lancer dans ce projet.

Outils et matériaux ▸

Niveau de 4 pi
Scie circulaire
Perceuse
Équerre combinée
Scie alternative
Levier plat
Cordeau traceur
Agrafeuse
Pistolet à calfeutrer
Couteau universel
Cisaille de ferblantier
Fil à plomb
Scie sauteuse
Outils pour cloisons sèches
Bois scié de 2 po d'épaisseur
Clous ordinaires de 16d et de 10d
Bois scié de 1 po x 4 po
Papier de construction
Colle à toiture
Solins à lanterneau
Clous à toiture de 2 po, 1¼ po et ¾ po
Clous de finition
Isolant en fibre de verre
Cloison sèche de ½ po
Ficelle
Vis pour cloisons sèches
Polyéthylène en feuille de 6 mil
Produits de finition

Comment installer un lanterneau

Prenez comme chevrons principaux les deux chevrons situés de part et d'autre de l'ouverture brute prévue. Après avoir pris les mesures, marquez les endroits où le double linteau et le double seuil s'ajusteront contre les chevrons principaux. Puis, à l'aide d'un niveau tenant lieu de règle de précision, reportez les marques sur le chevron intermédiaire.

Calez le chevron intermédiaire en plaçant deux pièces de bois de 2 po x 4 po entre le chevron et le plancher. Placez respectivement les cales juste au-dessus et en dessous des marques du linteau et du seuil. Fixez-les provisoirement au chevron et au sous-plancher (ou aux solives) au moyen de vis.

Renforcez chaque chevron principal en en clouant un deuxième sur sa face extérieure. Coupez les chevrons doubles dans du bois de mêmes dimensions que les chevrons en place. Mettez les chevrons doubles en place, contre les chevrons principaux, puis clouez-les au moyen de clous ordinaires de 10d, enfoncés par paires, à des intervalles de 12 po.

À l'aide d'une équerre combinée, reportez les marques du linteau et du seuil sur les côtés du chevron intermédiaire et coupez le chevron le long des lignes d'extrémité, avec une scie alternative. N'entamez pas le revêtement intermédiaire de la toiture. Enlevez soigneusement la section coupée, en vous aidant d'un levier plat. Les parties restantes du chevron intermédiaire serviront d'empannons.

(suite à la page suivante)

Menuiserie avancée

Construisez un double linteau et un double seuil de façon qu'ils s'ajustent étroitement entre les chevrons principaux, à l'aide de pièces de 2 po d'épaisseur, de même largeur que les chevrons. Clouez-les ensemble, en enfonçant deux clous de 10d à tous les 6 po.

Posez le linteau et le seuil en les fixant aux chevrons principaux et aux empannons à l'aide de clous ordinaires de 16d. Assurez-vous que les extrémités du linteau et du seuil sont alignées sur les marques correspondantes sur les chevrons principaux.

Si votre lanterneau est plus étroit que l'ouverture entre les poteaux principaux, prenez les mesures et marquez l'emplacement des solives d'enchevêtrure : celles-ci doivent être centrées dans l'ouverture et espacées conformément aux instructions du fabricant. Coupez les solives d'enchevêtrure dans des pièces de bois de 2 po d'épaisseur, comme pour le reste de la charpente, et fixez-les au moyen de clous ordinaires de 10d. Enlevez les cales de 2 po x 4 po.

Marquez l'ouverture à pratiquer dans le toit en enfonçant des vis dans le revêtement intermédiaire, à chaque coin de l'encadrement. Puis, clouez provisoirement des planches de rebut en travers de l'ouverture pour empêcher la découpe de la toiture de tomber et de causer des dommages.

Sur le toit, mesurez la distance entre les vis pour vous assurer que les dimensions de l'ouverture brute sont exactes. Cinglez le cordeau entre les vis pour marquer l'emplacement de l'ouverture brute, puis retirez les vis.

Clouez provisoirement une pièce de 1 po x 4 po sur le toit, en l'alignant sur le bord intérieur d'une des lignes de craie. Assurez-vous que les têtes de clous affleurent la surface de la pièce de bois.

Coupez à travers les bardeaux et le revêtement, le long de la ligne, à l'aide d'une scie circulaire munie d'une lame usagée ou d'une lame de rénovation, en posant le pied de la scie sur la pièce de bois de 1 po x 4 po et en vous servant du bord de la planche comme guide. Déplacez la pièce de 1 po x 4 po et recommencez l'opération pour chacune des lignes. Enlevez la partie de toiture que vous avez découpée.

Enlevez les bardeaux qui entourent l'ouverture brute à l'aide d'un levier plat, afin de mettre à nu au moins 9 po de papier de construction sur tous les côtés de l'ouverture. Enlevez des bardeaux entiers plutôt que de les couper.

Coupez des bandes de papier de construction et glissez-les entre les bardeaux et le papier de construction existant. Pliez le papier pour qu'il recouvre les faces des montants de l'encadrement et agrafez-le.

Étalez une couche de colle à toiture de 5 po de largeur autour de l'ouverture brute. Placez le lanterneau dans l'ouverture de façon que la bride de clouage repose sur le toit. Ajustez le lanterneau pour qu'il soit d'équerre dans l'ouverture.

(suite à la page suivante)

Enfoncez dans la bride de clouage, jusque dans le revêtement intermédiaire et les éléments de charpente, des clous à toiture galvanisés de 2 po, à intervalles de 6 po. *REMARQUE : si le lanterneau est muni de supports en L au lieu d'une bride de clouage, suivez les instructions du fabricant.*

Placez des bardeaux jusqu'au bord inférieur du lanterneau. Fixez les bardeaux au moyen de clous à toiture de 1 ¼ po, enfoncés juste au dessous de la bande adhésive des bardeaux. Au besoin, coupez les bardeaux à l'aide d'un couteau universel afin qu'ils s'ajustent contre le bord inférieur du lanterneau.

Étendez de la colle à toiture sur la face intérieure du solin de seuil et placez le solin autour de la partie inférieure du lanterneau. Fixez le solin à l'aide de clous à toiture galvanisés de ¾ po, enfoncés dans la bride latérale verticale (près du sommet du solin), jusque dans les montants du lanterneau.

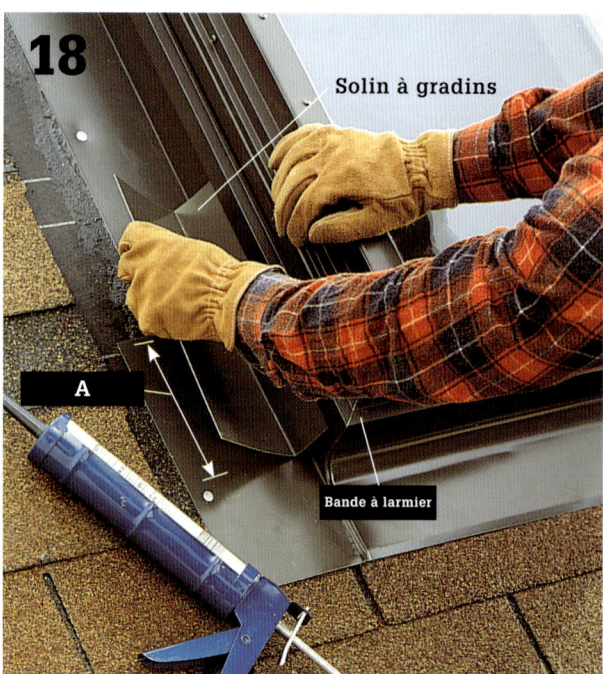

Étendez de la colle à toiture sous une pièce de solin à gradins et glissez celle-ci sous la bande à larmier, d'un côté du lanterneau. Le solin à gradins devrait chevaucher le solin de seuil d'environ 5 po (A). Appuyez sur le solin à gradins pour le faire adhérer et répétez l'opération de l'autre côté du lanterneau.

Fixez la rangée suivante de bardeaux, de chaque côté du lanterneau, en respectant la disposition des bardeaux existants. Enfoncez un clou à toiture de 1 ¼ po dans chaque bardeau et dans le solin à gradins, jusque dans le revêtement intermédiaire. Enfoncez des clous supplémentaires juste au-dessus des encoches des bardeaux.

Continuez de poser en alternance un solin à gradins et des rangées de bardeaux, en utilisant de la colle et des clous à toiture. Chaque pièce de solin devrait chevaucher la précédente sur 5 po.

Au sommet du lanterneau, coupez et pliez la dernière pièce de solin à gradins de chaque côté, de façon que la bride verticale entoure le coin du lanterneau. Posez la rangée de bardeaux suivante.

Étendez de la colle à toiture sous le solin de tête afin qu'il adhère au toit. Placez le solin contre le sommet du lanterneau, de façon que la bride verticale s'ajuste sous la bande à larmier et que la bride horizontale s'ajuste sous les bardeaux situés au-dessus du lanterneau.

Posez le reste des bardeaux, en les coupant au besoin, afin qu'ils s'ajustent bien. Fixez les bardeaux à l'aide de clous à toiture, enfoncés juste au-dessus des encoches.

Étendez un cordon continu de colle à toiture le long du joint, entre les bardeaux et le lanterneau. Procédez à la finition de l'intérieur de l'ouverture brute selon vos goûts.

Menuiserie avancée

Comment construire un puits de lanterneau

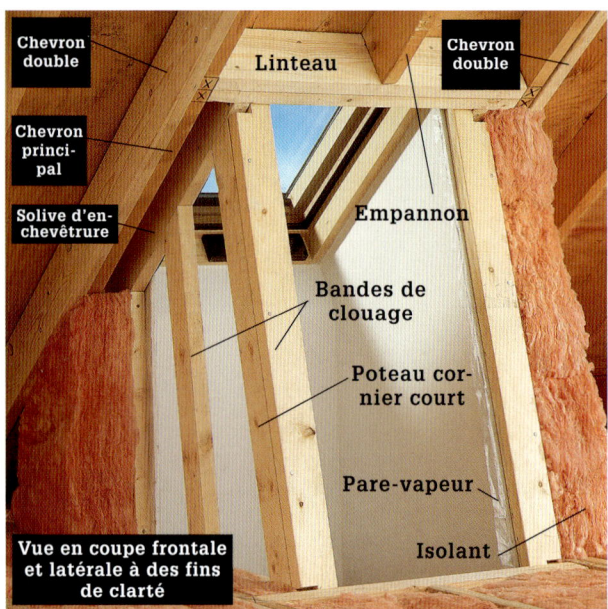

Un puits de lanterneau est constitué de pièces de 2 po x 4 po et de cloisons sèches, et comporte un pare-vapeur ainsi que de l'isolant en fibre de verre. Vous pouvez construire un puits de lanterneau formé de quatre parois verticales ou un puits incliné dont la charpente est plus longue au bas, et dont une ou plusieurs parois sont inclinées. Comme son ouverture au bas est plus grande, le puits incliné laisse pénétrer plus de lumière directe que le puits vertical.

Enlevez l'isolant dans la zone où sera situé le lanterneau ; coupez l'alimentation électrique des circuits et déplacez ceux-ci au besoin. À l'aide d'un fil à plomb, marquez des points de repère sur la surface du plafond, directement sous les coins intérieurs de la charpente du lanterneau.

Si vous installez un puits vertical, utilisez les marques obtenues avec le fil à plomb à l'étape 1 pour déterminer l'emplacement des coins de l'ouverture à pratiquer dans le plafond ; enfoncez un clou de finition dans la surface du plafond, à chaque marque. Si vous installez un puits incliné, prenez les mesures aux marques de fil à plomb et tracez de nouvelles marques pour déterminer les coins de l'ouverture du plafond ; enfoncez des clous de finition sur les nouvelles marques.

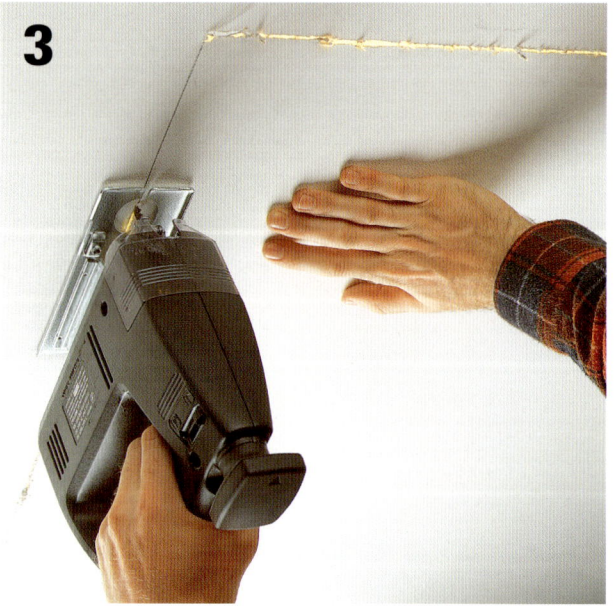

Dans la pièce située au-dessous, tracez des lignes de coupe, puis enlevez la surface du plafond (pages 188 à 191).

Utilisez comme solives principales les premières solives situées de part et d'autre de l'ouverture pratiquée dans le plafond. Prenez les mesures et marquez les endroits où le double linteau et le double seuil s'ajusteront contre les solives principales et où le bord extérieur du linteau et du seuil croiseront une solive intermédiaire.

Si vous devez enlever une section de la solive intermédiaire, renforcez les solives principales en clouant sur leur face extérieure des solives «en double» de même longueur, à l'aide de clous de 10d.

Installez des supports provisoires sous la zone des travaux, pour soutenir la solive intermédiaire des deux côtés de l'ouverture (page 187). Utilisez une équerre combinée pour prolonger les lignes de coupe sur les côtés de la solive intermédiaire, puis coupez la section de solive à l'aide d'une scie alternative. Pour l'enlever, utilisez un levier plat en prenant soin de ne pas endommager la surface du plafond.

Construisez un double linteau et un double seuil qui s'inséreront entre les solives principales, à l'aide de pièces de bois de 2 po d'épaisseur.

(suite à la page suivante)

Posez le double linteau et le double seuil, en les fixant aux solives principales et aux empannons, à l'aide de clous de 10d. Les bords intérieurs du linteau et du seuil devraient être alignés sur les bords de l'ouverture pratiquée dans le plafond.

Achevez l'ouverture dans le plafond en coupant et en fixant, au besoin, les solives d'enchevêtrure le long des côtés de l'ouverture du plafond, entre le linteau et le seuil. Enfoncez en biais des clous de 10d dans les solives d'enchevêtrure, jusque dans le linteau et le seuil.

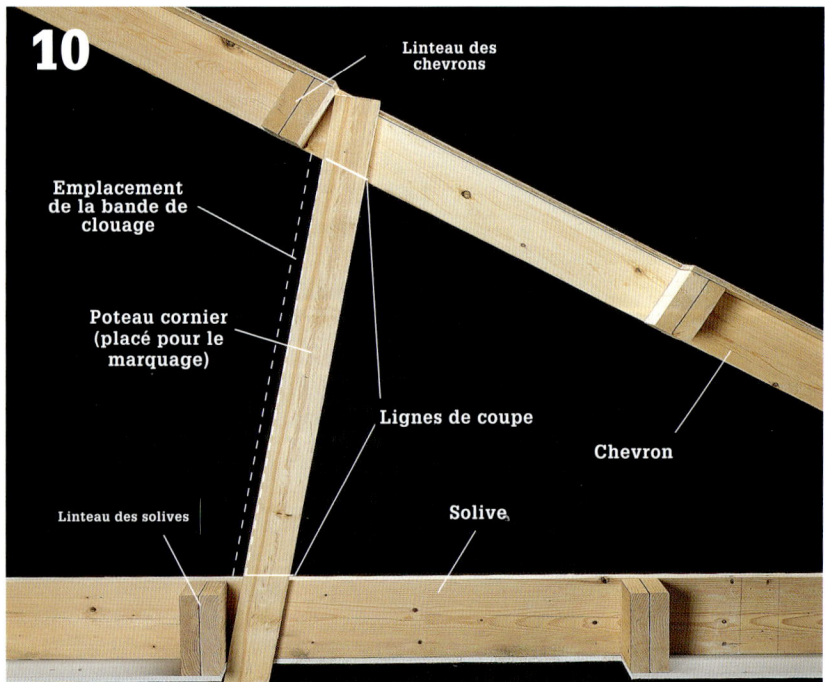

Posez les poteaux corniers de 2 po x 4 po du puits du lanterneau. Pour mesurer les poteaux, prenez une pièce de 2 po x 4 po assez longue pour atteindre le sommet du puits à partir de la base. Tenez-la contre l'intérieur de l'ouverture encadrée, de façon qu'elle affleure le sommet du linteau des chevrons et le bas du linteau des solives (photo de gauche). Tracez des lignes de coupe à l'intersection de cette pièce de bois de 2 po x 4 po et du dessus de la solive, ou de la solive d'enchevêtrure et du dessous du chevron ou du chevron d'enchevêtrure (photo de droite). Taillez la pièce de bois le long des lignes de coupe, puis clouez les poteaux en biais au haut et au bas de la charpente, à l'aide de clous de 10d.

Fixez une bande de clouage de 2 po x 4 po au bord extérieur de chaque poteau cornier, afin de pouvoir y poser une cloison sèche. Faites une encoche aux extrémités de ces bandes de clouage afin de pouvoir les insérer autour des solives d'enchevêtrure ; il n'est pas nécessaire qu'elles s'ajustent parfaitement.

Posez des bandes de clouage supplémentaires de 2 po x 4 po entre les poteaux corniers si ceux-ci sont espacés de plus de 24 po. Biseautez les extrémités supérieures des bandes de clouage afin qu'elles s'ajustent contre les solives d'enchevêtrure des chevrons.

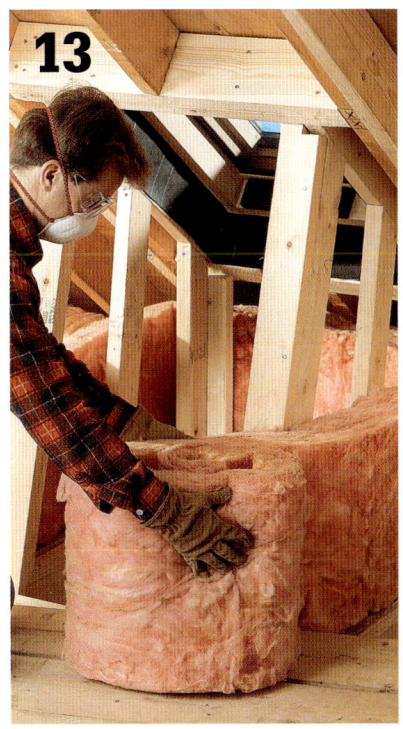

Entourez le puits du lanterneau d'isolant en fibre de verre, que vous maintiendrez en place à l'aide d'une ficelle.

À l'intérieur du puits, agrafez sur l'isolant un pare-vapeur de polyéthylène en feuilles de 6 mil.

Finissez l'intérieur du puits à l'aide de cloisons sèches (pages 128 à 135). Conseil : le puits réfléchira mieux la lumière si vous en revêtez la surface d'une peinture claire, semi-lustre.

Menuiserie avancée

Installation d'une fenêtre en baie

Les fenêtres en baie modernes sont pré-assemblées afin d'en faciliter l'installation, mais il faut quand même quelques jours pour réaliser ce travail. Les fenêtres en baie sont encombrantes et lourdes, et il faut utiliser des techniques spéciales pour les installer. Faites-vous aider par au moins une personne et essayez de réaliser ce projet par beau temps. Vous accélérerez les travaux si vous utilisez des accessoires de fenêtre en baie préfabriqués (voir la page suivante).

Une grande fenêtre en baie peut peser plusieurs centaines de livres. Il faut donc l'ancrer solidement aux éléments de la charpente murale et la soutenir à l'aide d'étrésillons fixés aux éléments de charpente, sous la fenêtre. Certains fabricants de fenêtres fournissent des câbles de soutien qui remplacent les supports métalliques.

Avant d'acheter une fenêtre en baie, vérifiez auprès du service de construction local les exigences du code du bâtiment. Les codes du bâtiment exigent souvent, pour des raisons de sécurité, que les grandes fenêtres et les fenêtres en baie basses soient munies de vitrage en verre trempé.

Outils et matériaux ▶

Règle de précision
Scie circulaire
Ciseau à bois
Levier plat
Perceuse
Niveau
Chasse-clou
Agrafeuse
Cisaille d'aviation
Couteau à toiture
Pistolet à calfeutrer
Couteau universel
Fausse équerre
Fenêtre en baie
Ensemble de charpente de toit préfabriqué
Supports métalliques
Pièces de bois de 2 po d'épaisseur
Clous ordinaires galvanisés de 16d
Clous à boiseries galvanisés de 8d et de 16d
Vis galvanisées de 3 po et de 2 po
Clous à boiseries de 16d
Cales biseautées en bois
Papier de construction
Isolant de fibre de verre
Polyéthylène en feuilles de 6 mil
Bande de larmier
Clous à toiture de 1 po
Solins à gradins
Bardeaux
Solin
Colle à toiture
Pièce de bois de 2 po x 2 po
Rive de 5½ po
Moulures de fenêtre
Contreplaqué d'extérieur de ¾ po
Calfeutrant à la silicone peinturable

A : Revêtement intermédiaire

Matériaux et construction d'une fenêtre en baie

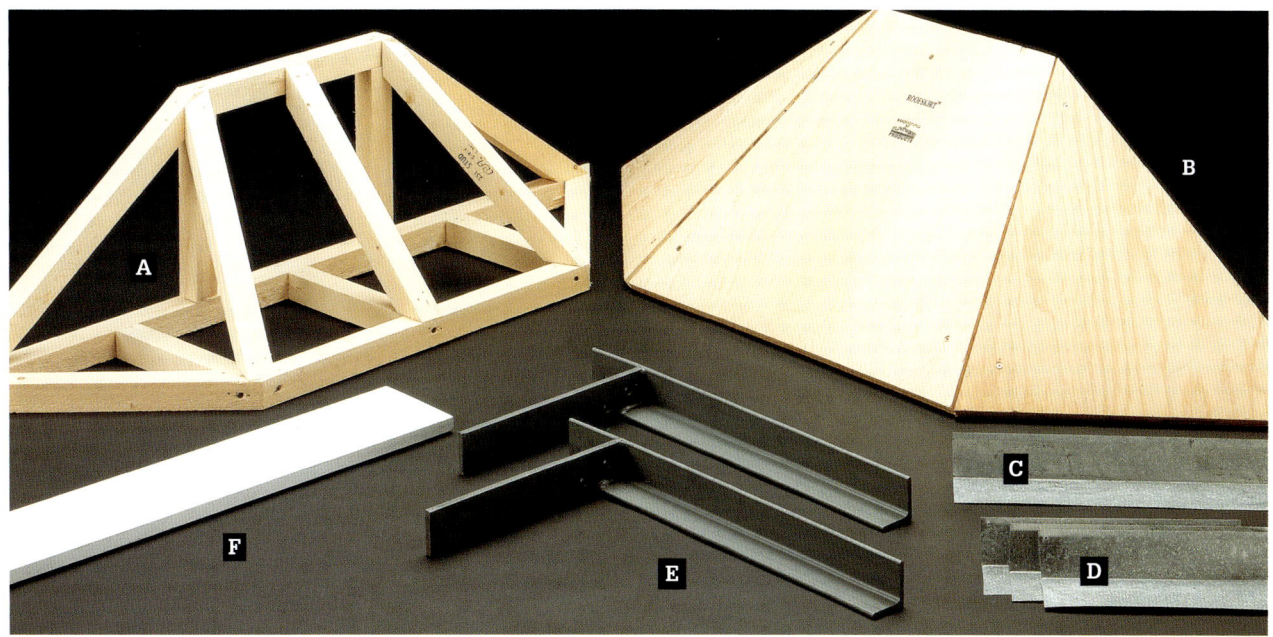

Utilisez des accessoires préfabriqués qui facilitent l'installation d'une fenêtre en baie. La charpente du toit (A) fournie est complète et comprend le revêtement intermédiaire (B), les solins (C) et les solins à gradins (D). Vous pouvez passer une commande spéciale dans la plupart des centres de rénovation. Vous devrez préciser les dimensions exactes de votre fenêtre et la pente du toit. Vous pouvez choisir un revêtement de toit économique, fait de papier de construction et de bardeaux, ou commander une toiture en cuivre ou en aluminium. Si les supports métalliques (E) et les rives (F) ne sont pas fournis avec la fenêtre, vous pouvez les commander au centre de rénovation de votre choix. Prévoyez deux supports pour les fenêtres en baie d'une largeur de 5 pi ou moins, et trois supports pour les fenêtres plus larges. On recouvre les rives d'aluminium de vinyle et on peut les couper à l'aide d'une scie circulaire ou d'une scie à onglets.

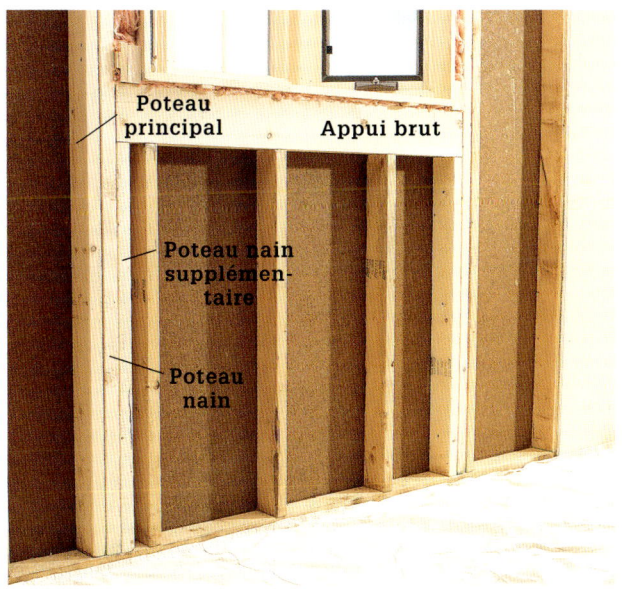

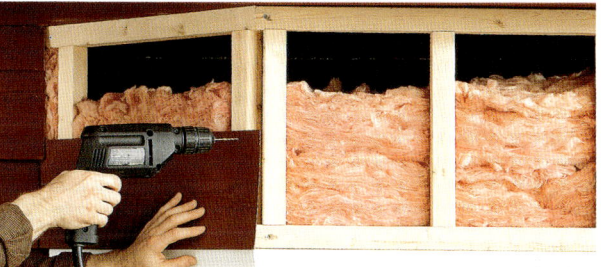

Construisez un encadrement de fenêtre semblable à celui d'une fenêtre standard (voir la page 111), mais utilisez un appui fait de contreplaqué de ½ po, inséré entre deux planches de 2 po x 6 po (page 137). Installez des poteaux nains supplémentaires sous les extrémités de l'appui pour renforcer celui-ci et l'aider à supporter le poids de la fenêtre en baie.

Construisez une enceinte au-dessus de la fenêtre en baie, si le soffite de la toiture surplombe la fenêtre. Fabriquez-la à l'aide d'une pièce de bois de 2 po x 2 po (en haut), en respectant les angles de la fenêtre en baie, et fixez solidement cette enceinte au mur et au soffite. Posez un pare-vapeur et de l'isolant (page 247) et recouvrez l'enceinte du même type de revêtement que celui du parement de la maison.

Menuiserie avancée

Comment installer une fenêtre en baie

Préparez les lieux : enlevez la surface murale intérieure (pages 188 à 191) et charpentez l'ouverture brute. Enlevez la surface murale extérieure en suivant les instructions des pages 192 à 195. Pour enlever la section du parement située directement sous l'ouverture, tracez-en le contour ; sa largeur doit être la même que celle de la fenêtre, et sa hauteur doit être égale à celle de la rive.

Réglez la lame de la scie circulaire de manière à n'entamer que le parement et sciez celui-ci le long la ligne que vous avez tracée. Arrêtez-vous juste avant les coins pour ne pas endommager le parement à l'extérieur du contour tracé. Achevez la coupe, dans les coins, au moyen d'un ciseau bien affûté. Enlevez la section de parement située à l'extérieur du contour.

Placez les supports le long de l'appui brut, là où la baie sera la plus profonde, et au-dessus des endroits où se trouvent des poteaux nains. Ajoutez des poteaux nains à l'endroit des supports, au besoin. Tracez les contours des supports sur le dessus de l'appui. À l'aide d'un ciseau ou d'une scie circulaire, taillez dans l'appui des encoches d'une profondeur égale à l'épaisseur du bras supérieur des supports.

Glissez les supports vers le bas, entre le parement et le revêtement mural intermédiaire. Vous pouvez agrandir l'espace en écartant légèrement le parement du revêtement intermédiaire, à l'aide d'un levier plat. *REMARQUE : si le revêtement extérieur est en stuc, vous devrez tailler des encoches de la dimension des supports que vous devez installer.*

Fixez les supports à l'appui brut à l'aide de clous ordinaires galvanisés de 16d. Pour éviter toute torsion des supports, fixez-les à l'avant à l'appui brut, au moyen de vis ordinaires de 3 po.

Soulevez la fenêtre en baie, placez-la sur les supports et glissez-la dans l'ouverture brute. Centrez la fenêtre dans l'ouverture.

Vérifiez si la fenêtre est de niveau. Au besoin, enfoncez des cales sous le côté le plus bas de la fenêtre pour la mettre de niveau. Soutenez provisoirement le bord inférieur externe de la fenêtre à l'aide de pièces de 2 po x 4 po pour éviter qu'elle ne bouge sur les supports.

Déposez la charpente du toit sur la fenêtre, et fixez temporairement le revêtement en place. Sur le parement, tracez le contour de la fenêtre et celui du toit, en laissant un intervalle d'environ ½ po le long du toit, en prévision de la pose de solins et de bardeaux.

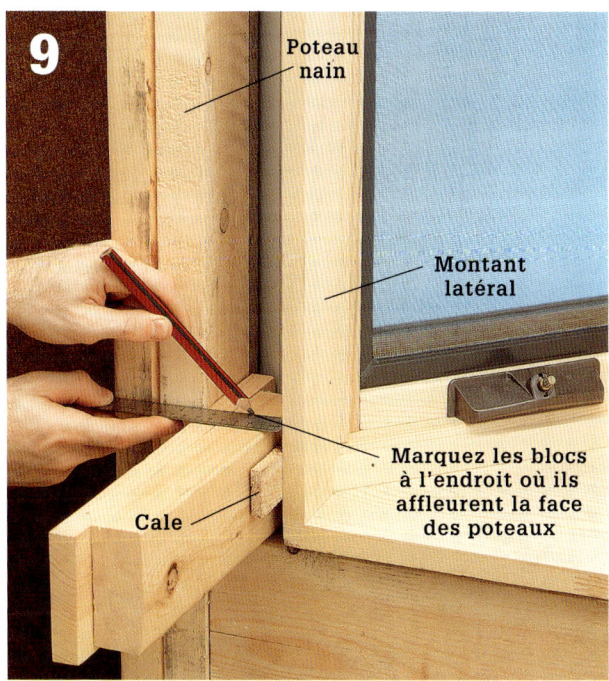

Si la largeur de l'intervalle entre les montants latéraux et les poteaux nains est supérieure à 1 po, insérez des blocs de bois pour combler ce vide (les intervalles plus petits ne requièrent pas de bloc). Enlevez la fenêtre, puis fixez des blocs à tous les 12 po, le long des poteaux.

(suite à la page suivante)

Menuiserie avancée

Coupez le parement jusqu'au revêtement intermédiaire, à l'aide d'une scie circulaire, en suivant le tracé du contour. Arrêtez la scie juste avant les coins et terminez les coins au moyen d'un ciseau à bois. Écartez légèrement le parement du revêtement intermédiaire, le long du contour du toit, pour faciliter l'installation du solin métallique. Recouvrez le revêtement intermédiaire mis à nu de bandes de papier de construction de 8 po de largeur (étape 4, page 225).

Placez la fenêtre sur les supports et glissez-la dans l'ouverture brute jusqu'à ce que les moulures de brique soient bien ajustées contre le revêtement intermédiaire. Insérez des cales entre l'extrémité extérieure des supports métalliques et la tablette (mortaise). Vérifiez si la fenêtre est de niveau et ajustez les cales, au besoin.

Fixez la fenêtre en perçant des avant-trous et en enfonçant des clous à boiseries galvanisés de 16d dans la moulure à brique, jusque dans les éléments de charpente. Espacez les clous de 12 po et utilisez un chasse-clou pour noyer les têtes de clous.

Enfoncez des cales de bois entre les montants latéraux et l'étai ou les poteaux nains, et entre la tête de dormant et le linteau, en les espaçant de 12 po. Remplissez les intervalles autour de la fenêtre d'isolant en fibre de verre non compacté. À l'emplacement de chaque cale, enfoncez un clou à boiseries de 16d dans les montants et les cales, jusque dans les éléments de charpente. Coupez les cales pour qu'elles affleurent les éléments de charpente, à l'aide d'une scie à main ou d'un couteau universel. Utilisez un chasse-clou pour noyer les têtes de clous. Au besoin, percez des avant-trous pour éviter que le bois ne se fende.

Agrafez au sommet de la fenêtre une feuille de plastique qui servira de pare-vapeur. Découpez-en les bords autour du sommet de la fenêtre à l'aide d'un couteau universel.

Enlevez les morceaux de revêtement intermédiaire placés temporairement sur la charpente du toit et placez la charpente du toit au sommet de la fenêtre. Fixez la charpente du toit à la fenêtre et au mur à l'emplacement des poteaux, à l'aide de vis ordinaires de 3 po.

Remplissez le vide dans la charpente de la toiture d'isolant en fibre de verre non compacté. Fixez le revêtement intermédiaire à la charpente du toit à l'aide de vis ordinaires de 2 po

Agrafez du papier de construction asphalté au revêtement intermédiaire du toit. Assurez-vous que chaque bande de papier de construction chevauche celle du dessous d'au moins 5 po.

Coupez les bandes à larmier à l'aide d'une cisaille d'aviation, puis fixez-les avec des clous pour toiture autour du bord du revêtement intermédiaire du toit.

(suite à la page suivante)

Menuiserie avancée

Taillez et mettez en place un morceau de solin à gradins de chaque côté de la charpente du toit. Ajustez le solin de façon qu'il dépasse la bande à larmier de ¼ po (mortaise). Le solin aide à prévenir les dommages causés par l'eau. Coupez l'extrémité du solin parallèlement à la bande à larmier. Clouez le solin au revêtement intermédiaire à l'aide de clous à toiture.

Taillez des bardeaux en bandes de 6 po de largeur pour la rangée de départ. Utilisez des clous à toiture pour fixer la première rangée de bardeaux de façon qu'elle dépasse la bande à larmier d'environ ½ po. Taillez les bardeaux le long des arêtes de toit à l'aide d'une règle de précision et d'un couteau à toiture.

Clouez une rangée complète de bardeaux au-dessus de la rangée de départ, en alignant les bords inférieurs avec ceux des bardeaux de la rangée de départ. Assurez-vous que les encoches des bardeaux entiers sont décalées.

Posez un deuxième solin à gradins de chaque côté du toit, de façon qu'il chevauche le premier d'environ 5 po. Taillez et posez une autre rangée de bardeaux complets. Les bords inférieurs devraient chevaucher le sommet des encoches de la rangée précédente d'environ ½ po. Fixez les bardeaux à l'aide de clous à toiture enfoncés juste au-dessus des encoches.

Poursuivez l'installation des solins à gradins et des bardeaux jusqu'au sommet du toit. Pliez les derniers morceaux de solin à gradins afin qu'ils s'ajustent aux arêtes du toit.

Une fois que le revêtement intermédiaire est recouvert de bardeaux, posez le solin supérieur. Taillez-le et pliez-en les extrémités par-dessus les arêtes du toit et fixez-le à l'aide de clous à toiture. Clouez les dernières rangées de bardeau par-dessus le solin supérieur.

Déterminez la hauteur de la dernière rangée de bardeaux en mesurant la distance entre l'extrémité supérieure du toit et un point situé à ½ po sous le sommet des encoches du dernier bardeau posé. Taillez les bardeaux selon ces dimensions. Fixez la dernière rangée de bardeaux à l'aide d'un épais cordon de colle à toiture, et non de clous. Appuyez fermement sur les bardeaux pour qu'ils adhèrent bien.

Fabriquez le faîtage sur les arêtes du toit en taillant des bardeaux en sections de 1 pi de longueur. Utilisez un couteau à toiture pour biseauter les coins supérieurs de chaque morceau. Posez le faîtage par-dessus les arêtes du toit, en commençant au bas du toit. Taillez les bords des morceaux inférieurs de façon qu'ils épousent le contour du toit. Conservez le même chevauchement pour les différentes couches de faîtage.

(suite à la page suivante)

Menuiserie avancée

Au sommet des arêtes du toit, taillez les bardeaux afin qu'ils affleurent le mur, à l'aide d'un couteau à toiture. Fixez les bardeaux avec de la colle à toiture. N'utilisez pas de clous.

Agrafez une feuille de plastique sur le bord inférieur de la fenêtre afin qu'elle serve de pare-vapeur. Taillez le plastique qui dépasse.

Taillez et fixez la charpente de la rive faite d'une pièce de 2 po x 2 po, au bord inférieur de la fenêtre, à l'aide de vis galvanisées de 3 po. Fixez la charpente à environ 1 po en retrait du bord de la fenêtre.

Taillez les planches de la rive de façon qu'elles épousent la base de la fenêtre, en biseautant les extrémités pour qu'elles s'ajustent bien. Mettez en place les pièces de la rive pour vous assurer qu'elles s'adaptent bien au bas de la fenêtre.

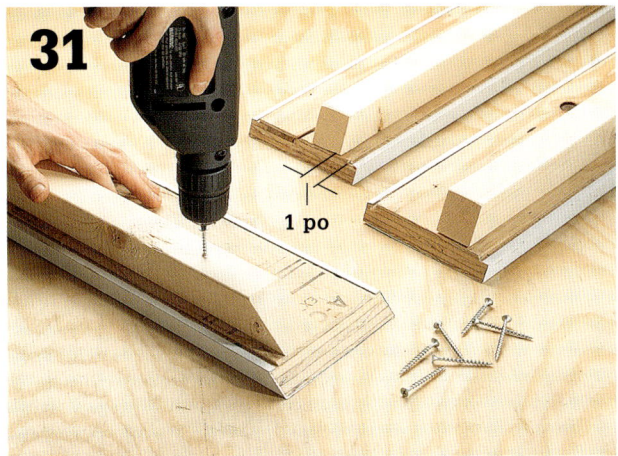

Taillez une fourrure de 2 po x 2 po pour chaque planche de rive. Fixez les fourrures au dos des planches de la rive, à 1 po des bords inférieurs à l'aide de vis galvanisées de 2 po.

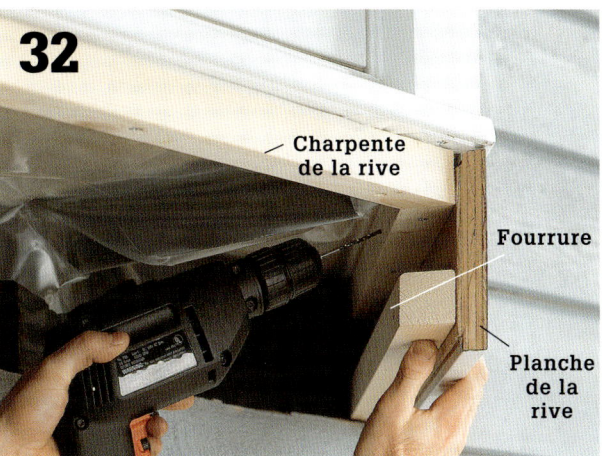

Fixez les planches de la rive à la charpente de la rive. Percez des avant-trous de ⅛ po à tous les 6 po à l'arrière de la charpente de la rive, jusque dans les planches de la rive, puis fixez les planches de la rive à l'aide de vis galvanisées de 2 po.

Mesurez l'espace vide sous les planches de la rive ; utilisez une fausse équerre pour reproduire les angles. Taillez le fond de la rive dans un panneau de contreplaqué d'extérieur de ¾ po.

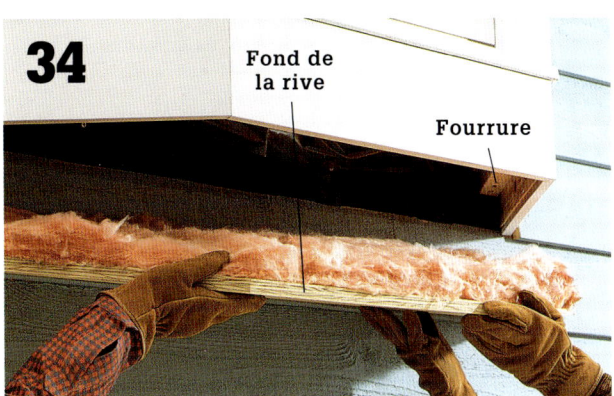

Déposez de l'isolant de fibre de verre sur le fond de la rive. Placez le fond de la rive contre les fourrures et fixez-le en enfonçant des vis galvanisées de 2 po à tous les 6 po dans le fond, jusque dans les fourrures.

Posez toute garniture supplémentaire (mortaise) recommandée par le fabricant, à l'aide de clous à boiseries de 8d. Étanchéifiez les bords du toit à l'aide de colle à toiture et calfeutrez le reste du pourtour de la fenêtre avec du calfeutrant à la silicone peinturable. Voir les pages 152, 153 et 156 à 159 concernant les garnitures à l'intérieur de la fenêtre en baie.

Menuiserie avancée

Réparation des revêtements de bois et de stuc

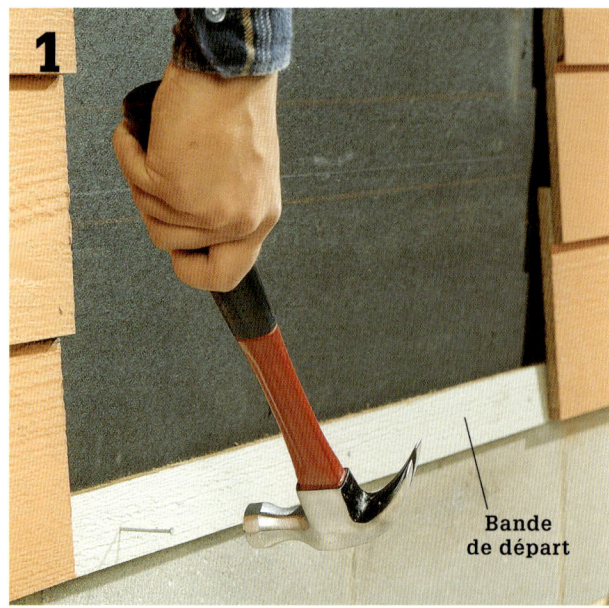

Recouvrez la zone à réparer de revêtement intermédiaire et de papier de construction, s'il n'y en a pas déjà. S'il manque la rangée du bas de panneaux de parement, clouez une bande de départ taillée dans une pièce de parement, le long du bas de la zone à réparer, à l'aide de clous à parement de 6d. Laissez un intervalle de ¼ po à chaque joint pour permettre la dilatation de la bande de départ.

Utilisez un levier plat pour enlever des sections de parement à clin des deux côtés de la zone à réparer, de manière à pouvoir décaler les joints d'une rangée à l'autre, ce qui permettra de mieux dissimuler la réparation.

Taillez la pièce du bas du parement afin qu'elle recouvre toute l'ouverture, et placez-la sur la bande de départ. Prévoyez un joint de dilatation de ¼ po à chaque extrémité. Fixez le parement au moyen de clous à parement de 6d, à l'emplacement de chaque poteau.

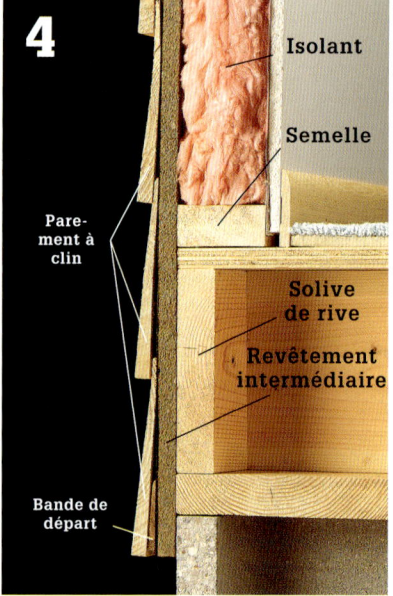

Taillez et posez des rangées successives de parement, en ne clouant qu'à proximité du sommet du parement, à l'emplacement des poteaux. Progressez de bas en haut afin de créer le chevauchement approprié.

Remplissez les joints verticaux entre les panneaux de calfeutrant à la silicone peinturable. Repeignez toute la surface murale dès que le calfeutrant est sec, afin de protéger le nouveau parement des intempéries.

Comment réparer du stuc

Pour les petits travaux, utilisez du stuc prémélangé, offert dans les centres de rénovation. Afin d'obtenir de meilleurs résultats, appliquez le stuc en deux ou trois couches, en laissant chaque couche sécher complètement entre les applications. Le stuc prémélangé peut également être utilisé sur de plus grandes surfaces, mais cela vous coûtera plus cher que si vous mélangez les ingrédients vous-même.

Taillez une autofourrure et fixez-la au revêtement intermédiaire à l'aide de clous à toiture. Les lattes devraient se chevaucher de 2 po. *REMARQUE* : si la zone à réparer s'étend jusqu'au bas du mur de stuc, fixez une moulure d'arrêt métallique au bas de l'ouverture pour empêcher le stuc de se répandre.

Mélangez la première couche de stuc, composée de 3 parties de sable, 2 parties de ciment Portland, 1 partie de ciment à maçonnerie et de l'eau. Le mélange devrait être juste assez humide pour conserver la forme qu'on lui donne.

Utilisez une truelle pour appliquer la première couche de stuc, d'une épaisseur de ¾ po, directement sur l'autofourrure. Faites des rainures horizontales sur la surface humide du stuc. Laissez le stuc sécher pendant deux jours, en l'aspergeant d'eau à intervalles de quelques heures, afin qu'il sèche uniformément.

Mélangez et appliquez une deuxième couche lisse de stuc, de façon que la zone à réparer se situe à ¼ po de la surface du mur. Laissez sécher la deuxième couche pendant deux jours, en l'humectant à intervalles de quelques heures. Mélangez une couche de finition faite de 1 partie de chaux, 3 parties de sable, 6 parties de ciment blanc et d'eau.

Humectez le mur, puis appliquez la couche de finition jusqu'à ce qu'elle affleure la surface originale. La couche de finition ci-dessus a été obtenue en appliquant le stuc par petits coups avec une balayette, puis en le lissant avec une truelle. Gardez la couche de finition humide pendant une semaine, et laissez-la sécher encore plusieurs jours si vous prévoyez peindre la surface.

Réparation des revêtements de sol

Lorsque vous enlevez un mur ou une portion de mur, au cours de travaux de rénovation, vous devez remplir les intervalles dans le sol, à l'emplacement du mur original. Plusieurs options s'offrent à vous pour réparer le plancher, selon votre budget et votre niveau de compétence en bricolage.

Si le revêtement existant montre des signes d'usure, songez à en remplacer toute la surface. Bien que ce soit coûteux, un nouveau revêtement de sol dissimulera toute brèche dans le plancher et conférera une touche d'élégance à votre projet de rénovation.

Si vous décidez de réparer le revêtement en place, sachez qu'il est difficile de dissimuler complètement les zones réparées, particulièrement si le revêtement présente un motif ou un fini exclusif. Vous pourriez opter pour une solution inédite : réparer intentionnellement le plancher à l'aide de matériaux qui contrastent avec le reste du revêtement.

Voici une solution rapide et peu coûteuse : poser des moulures en T pour combler un vide dans un parquet à lames de bois. Les moulures en T sont particulièrement utiles lorsque les lames environnantes sont parallèles à l'intervalle. Les moulures en T sont offertes en différentes largeurs et peuvent être teintes aux couleurs du parquet.

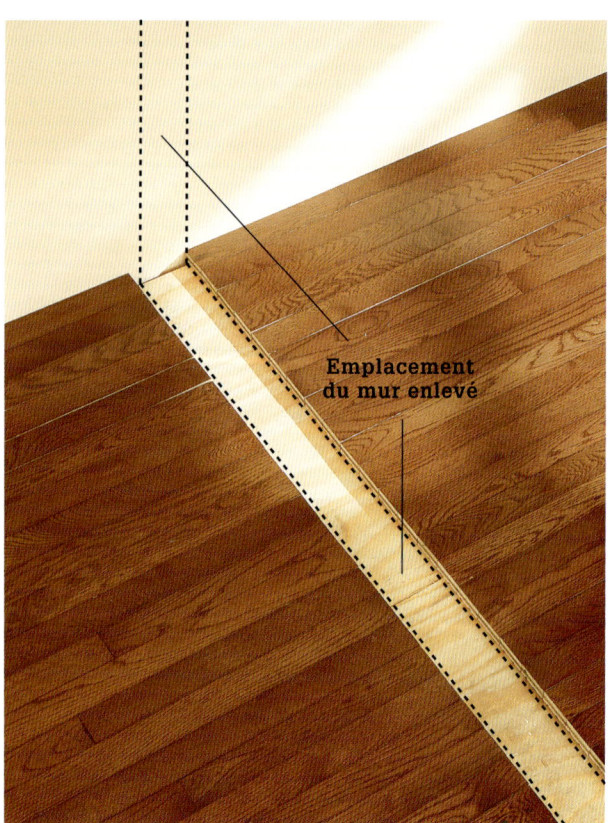

Lorsque vous réparez un parquet à lames de bois, enlevez toutes les lames qui aboutent l'intervalle à l'aide d'un levier plat, et remplacez-les par des lames taillées aux bonnes dimensions. Cela peut nécessiter que vous tailliez la languette des parquets assemblés à rainure et languette. Poncez et vernissez la totalité du revêtement de façon que les nouvelles lames se marient aux anciennes.

Comment utiliser des matériaux contrastants dans un revêtement de sol

Remplissez les interstices dans le sol de matériaux de couleur et de motif contrastants. Dans le cas de parquets, le parquet mosaïque constitue une solution facile et peu coûteuse. Vous devrez peut-être élargir l'intervalle à l'aide d'une scie circulaire afin de créer de la place pour les carreaux contrastants. Pour améliorer l'effet, taillez une bordure autour de la pièce et remplissez cette cavité avec le même matériau (mortaise). Posez un faux-plancher dans la zone à réparer, en plaçant des couches de contreplaqué mince et du papier de construction.

Réparation de la moquette

Réparez une moquette en plaçant un carré de moquette par-dessus la zone à réparer, puis en coupant à travers les deux couches de moquette. Une fois la bande de vieille moquette enlevée, la nouvelle s'ajustera parfaitement. Si la moquette comporte un motif, assurez-vous que les motifs sont bien alignés avant de tailler la pièce.

Réparez une moquette à l'aide d'un ruban à tapis thermocollant et d'un fer à joints de tapis que vous louerez. Les restes de la moquette originale sont idéaux pour les réparations. Il est rare que la moquette neuve, même si elle est de même marque, style et couleur, se marie parfaitement bien avec l'ancienne moquette.

Armoires et revêtements de comptoir

Cette section présente un survol complet de l'enlèvement et de l'installation d'armoires, de l'installation de nouveaux revêtements de comptoir, et même de la construction d'un revêtement de comptoir en stratifié sur mesure. Ne vous laissez pas intimider par ce défi. L'installation d'armoires procède davantage d'une planification soigneuse et d'une disposition exacte que de la maîtrise de nouveaux outils et techniques. Prenez votre temps, s'il s'agit d'un vaste projet d'installation d'armoires ou de revêtement de comptoir à partir de plans détaillés, et vous devriez réussir. De nombreux centres de rénovation peuvent vous aider à concevoir le plan de votre cuisine et à le dessiner en CAO (conception assistée par ordinateur) pour vous faciliter le processus.

Certains projets abordés ici nécessitent de soulever de lourdes charges. Faites-vous aider par une ou deux personnes pour mettre des armoires murales en place ou pour placer de longues sections de revêtement de comptoir.

Dans ce chapitre :

- Enlèvement de boiseries et de vieilles armoires
- Préparation à l'installation de nouvelles armoires
- Installation d'armoires
- Installation de revêtements de comptoir
- Construction d'un revêtement de comptoir en stratifié sur mesure

Enlèvement de boiseries et de vieilles armoires

Les anciennes armoires peuvent facilement être récupérées s'il s'agit d'éléments modulaires fixés avec des vis, et certaines armoires encastrées sur mesure peuvent être enlevées d'une seule pièce. Si vous ne prévoyez pas récupérer les armoires (elles peuvent être données à des organismes charitables qui traitent les matériaux de construction), vous devriez les défaire en morceaux ou les démolir pour vous en débarrasser. Si vous démolissez vos anciennes armoires, le principal danger est d'endommager la pièce, particulièrement la plomberie ; procédez donc avec soin.

Outils et matériaux ◂

Levier plat
Couteau à mastic
Tournevis sans fil
Scie alternative
Marteau
Lunettes de sécurité

Enlevez les plinthes et autres moulures à l'aide d'un levier plat. Protégez la surface des murs avec du bois de rebut. Étiquetez les moulures au dos afin de pouvoir les remettre en place correctement.

Enlevez les bandeaux au-dessus des armoires. Certains bandeaux sont fixés aux armoires ou aux soffites par des vis. D'autres sont cloués et doivent être enlevés avec un levier.

Enlevez les moulures entourant les armoires, à l'aide d'un levier plat ou d'un couteau à mastic.

Enlevez les quarts de rond à la base des armoires, si la moulure est fixée au sol.

Comment enlever des armoires

Enlevez les portes et les tiroirs pour faciliter l'accès à l'intérieur des armoires. Vous devrez peut-être gratter l'ancienne peinture pour dénuder les vis des charnières.

Détachez les armoires l'une de l'autre en enlevant les vis qui retiennent la face avant de la charpente.

Enlevez les vis qui retiennent l'armoire contre le mur. Vous pouvez enlever un groupe d'armoires ou les enlever en pièces.

Les revêtements de comptoir ne sont habituellement pas récupérables. À l'aide d'une scie alternative, taillez-les en pièces que vous pourrez facilement enlever, ou défaites-les avec un marteau et un levier plat.

Préparation à l'installation de nouvelles armoires

Il est plus facile d'installer de nouvelles armoires si la cuisine est complètement vide. Débranchez les tuyaux et les fils électriques et enlevez les électroménagers. Pour retirer les anciennes armoires et les revêtements de comptoir, voir les pages 258-259. Si le plan de la nouvelle cuisine exige des modifications à la plomberie ou à l'électricité, c'est le moment ou jamais de le faire. Si le revêtement de sol doit être changé, faites-le avant d'entreprendre l'installation des armoires.

Les armoires doivent être installées de niveau et d'équerre. À l'aide d'une équerre comme guide, tracez des lignes de référence sur les murs pour indiquer l'emplacement des armoires. Si le sol de la cuisine est inégal, trouvez le point le plus haut du plancher qui sera recouvert d'armoires. Mesurez à partir de ce point pour tracer des lignes de référence.

◂ Outils et matériaux ▸

Détecteur de montants
Levier plat
Truelle
Couteau à mastic
Tournevis
Règle de précision
Niveau
Crayon marqueur
Ruban à mesurer

Planches de 1 po x 3 po
Pièce de bois droite de 2 po x 4 po, de 6 à 8 pi de longueur
Composé à joints
Vis pour cloisons sèches de 2½ po

La première étape, dans l'installation d'armoires, consiste à tracer des lignes de référence pour marquer la hauteur des armoires et l'emplacement des poteaux.

Comment préparer les murs

1 **Repérez les creux et les bosses** sur la surface des murs, à l'aide d'une longue pièce de 2 po x 4 po. Poncez les endroits bombés.

2 **Remplissez les creux** de composé à joints à l'aide d'un couteau à joints. Laissez sécher le composé, puis poncez-le légèrement.

3 **Repérez l'emplacement des poteaux muraux** à l'aide d'un détecteur de montants électronique. Habituellement, les armoires sont retenues par des vis enfoncées dans les poteaux, à travers le dos des armoires.

4 **Trouvez le point le plus haut** du plancher qui sera recouvert d'armoires. Placez un niveau sur une longue pièce de 2 po x 4 po, puis déplacez la pièce de bois sur le sol pour déterminer si le plancher est inégal. Faites une marque sur le mur au point le plus haut.

À partir de la ligne de référence des armoires murales, mesurez 30 po vers le bas et tracez une autre ligne de référence qui indiquera la hauteur du bas des armoires. Des lisses temporaires seront posées sur cette ligne.

Posez des lisses temporaires de 1 po x 3 po, leur bord supérieur affleurant les lignes de référence. Fixez les lisses à l'aide de vis pour cloisons sèches de 2½ po, enfoncées dans un poteau sur deux. Marquez l'emplacement des poteaux sur la lisse. Les armoires reposeront temporairement sur les lisses pendant l'installation (cependant, les lisses ne les soutiendront pas à elles seules).

Mesurez 34½ po à partir de la marque du point le plus haut (pour des armoires standard). Utilisez un niveau (un laser est idéal) pour tracer une ligne de référence sur les murs. Les armoires sur plancher seront installées de façon que leur bord supérieur affleure cette ligne.

Mesurez 84 po à partir de la marque du point le plus haut, et tracez une deuxième ligne de référence. Les armoires murales seront installées de façon que leur bord supérieur affleure cette ligne.

Installation d'armoires

Les armoires doivent être fermement ancrées aux poteaux muraux, et être de niveau et d'aplomb. La meilleure façon de s'en assurer est de fixer une lisse au mur pour faciliter l'installation. En général, on installe d'abord les armoires supérieures, parce que l'accès n'en est pas gêné par les armoires de plancher. (Même si certains spécialistes préfèrent installer d'abord les armoires de plancher afin de s'en servir pour soutenir les armoires supérieures pendant l'installation.) De plus, il vaut toujours mieux débuter dans un coin.

Outils et matériaux

Serres
Niveau
Marteau
Couteau universel
Chasse-clou
Escabeau
Perceuse
Mèche à chambrer
Tournevis sans fil
Scie sauteuse
Armoires
Moulures
Coup-de-pied

Languettes
Bandeau
Clous de finition de 6d
Rondelles de finition
Vis à bois à tête cylindrique bombée
Vis de 2½ po de calibre 8
Vis pour cloisons sèches de 3 po

Les armoires préfabriquées se vendent en boîtes et sont appariées à des ensembles de portes et de tiroirs vendus séparément). Il est important d'en être conscient au moment d'estimer le coût des travaux, au centre de rénovation (souvent, un ensemble de portes coûte autant, sinon plus, que les armoires). Prévoyez en outre suffisamment de temps pour assembler les armoires. Il peut falloir plus d'une heure pour assembler des armoires dont le plan est complexe.

Comment ajuster une armoire de coin

Avant l'installation, essayez de placer les armoires de coin et les armoires adjacentes afin de vous assurer que les portes et les poignées ne se nuisent pas. Au besoin, augmentez le dégagement en éloignant l'armoire de coin du mur latéral d'au plus 4 po. Pour maintenir un espace égal entre les bords des portes et le coin de l'armoire, taillez une languette que vous fixerez à l'armoire de coin ou à l'armoire adjacente. Ces languettes devraient être faites d'un matériau qui se marie aux portes des armoires et à la face de la charpente.

Comment installer des armoires murales

Placez une armoire de coin supérieure sur la lisse (page 263) et maintenez-la en place, en vous assurant qu'elle repose bien sur la lisse. Percez des avant-trous de 3/16 po dans les poteaux muraux, à travers les bandes de fixation situées au sommet arrière de l'armoire. Fixez l'armoire au mur à l'aide de vis de 2½ po. Ne serrez pas complètement les vis tant que toutes les armoires ne sont pas installées.

Fixez une fourrure sur le bord avant de l'armoire, au besoin (page précédente). Serrez la fourrure en place et percez des avant-trous chambrés à l'avant de la charpente de l'armoire, près de l'emplacement des charnières. Fixez la fourrure à l'armoire à l'aide de vis pour cloisons sèches de 2½ po ou des vis à bois à tête plate.

Placez l'armoire contiguë sur la lisse, et ajustez-la contre l'armoire de coin ou la fourrure. Pressez l'armoire de coin et l'armoire contiguë ensemble à l'aide d'une serre au haut et au bas des armoires. Les serres n'endommageront pas l'avant de la charpente des armoires.

Vérifiez si les bords avant des armoires ou l'avant de la charpente sont d'aplomb. Percez des avant-trous de 3/16 po dans les poteaux muraux, à travers les fourrures, à l'arrière des armoires. Fixez les armoires à l'aide de vis de 2½ po. Ne serrez pas entièrement les vis avant que toutes les armoires ne soient installées.

(suite à la page suivante)

Armoires et revêtements de comptoir ■ 265

266 ■ LA MENUISERIE

Assemblez les armoires sans cadre à l'aide de vis à bois à tête cylindrique bombée de 1¼ po et de calibre 8, ou de vis à bois munies de rondelles décoratives. Chaque paire d'armoires devrait être assemblée à l'aide d'au moins quatre vis.

Remplissez les interstices entre l'armoire et le mur à l'aide d'une fourrure. Taillez la fourrure aux dimensions de l'interstice, puis placez des cales de bois entre la fourrure et le mur pour la maintenir en place temporairement. Percez des avant-trous chambrés dans le côté de l'armoire (ou le bord avant de la charpente) et fixez la fourrure à l'aide de vis.

Fixez l'armoire de coin à l'armoire contiguë. Depuis l'intérieur de l'armoire de coin, percez des avant-trous dans l'avant de la charpente. Assemblez les armoires à l'aide de vis à bois à tête cylindrique bombée.

Placez et fixez les autres armoires. À l'aide de serres, maintenez la charpente des armoires ensemble, et percez des avant-trous chambrés dans le côté de la charpente. Assemblez les armoires à l'aide de vis à bois. Percez des avant-trous de ³⁄₁₆ po dans les fourrures, et fixez l'armoire aux poteaux à l'aide de vis à bois.

Armoires et revêtements de comptoir

9

Enlevez la lisse temporaire. Vérifiez si l'armoire est d'aplomb et ajustez-la au besoin, en plaçant des cales de bois derrière l'armoire, près de l'emplacement des poteaux. Serrez complètement les vis murales. Coupez les cales qui dépassent à l'aide d'un couteau universel.

10

Utilisez des moulures pour recouvrir tout interstice entre les armoires et les murs. Teignez les moulures d'une teinte assortie à celle des armoires.

11

Fixez un bandeau décoratif au-dessus de l'évier. Serrez le bandeau contre le bord de la charpente des armoires, et percez des avant-trous chambrés dans la charpente des armoires, jusque dans l'extrémité du bandeau. Fixez-le à l'aide de vis à bois à tête cylindrique bombée.

12

Posez les portes des armoires. Au besoin, ajustez les charnières de façon que les portes soient droites et d'aplomb.

Comment installer des armoires sur plancher

Commencez par installer une armoire de coin. Tracez des lignes qui croisent la ligne de référence située à 34½ po de hauteur (à partir du point le plus haut du plancher ; voir à la page 263), à l'emplacement des côtés de l'armoire.

Placez une armoire dans le coin. Assurez-vous que l'armoire est d'aplomb et de niveau. Au besoin, ajustez-la en glissant des cales de bois au-dessous. Prenez soin de ne pas endommager le revêtement de sol. Percez des avant-trous de ⁳⁄₁₆ po dans la fourrure, jusque dans les poteaux muraux. Fixez l'armoire au mur à l'aide de vis à bois ou de vis pour cloisons sèches.

Maintenez ensemble l'armoire de coin et l'armoire contiguë à l'aide de serres. Assurez-vous que l'armoire est d'aplomb, puis percez des avant-trous chambrés dans les côtés de l'armoire ou l'avant de la charpente et la fourrure. Vissez les armoires ensemble. Percez des avant-trous de ⁳⁄₁₆ po dans les lisses, jusque dans les poteaux muraux. Fixez les armoires aux poteaux muraux à l'aide de vis à bois ou de vis pour cloisons sèches que vous ne serrerez pas complètement.

Utilisez une scie sauteuse pour pratiquer les ouvertures nécessaires à l'arrière des armoires (par exemple, à la base de l'évier, ci-dessus, pour laisser passer la plomberie ou des fils électriques).

Utilisez des moulures pour recouvrir les interstices entre les armoires et le mur ou le sol. La zone du coup-de-pied est souvent recouverte d'une bande de bois dont la finition se marie à celle des armoires, ou que l'on peint en noir.

Posez les portes d'armoires et les devants de tiroirs, puis assurez-vous que les tiroirs se ferment en douceur et que les portes sont égales. Les charnières à ressort (les plus populaires de nos jours) comportent des vis qui permettent de faire de petits ajustements pour corriger tout problème.

Placez et fixez les autres armoires, en vous assurant que leur charpente est alignée et que leur sommet est de niveau. Serrez les armoires ensemble, puis fixez la charpente avant ou les côtés des armoires à l'aide de vis à bois à tête cylindrique bombée enfoncées dans des avant-trous. Fixez les armoires aux poteaux muraux, mais ne serrez pas trop les vis; vous aurez peut-être à faire des ajustements, une fois que toutes les armoires seront installées.

Assurez-vous que toutes les armoires sont de niveau. Au besoin, ajustez-les en glissant des cales en dessous. Placez les cales derrière les armoires, près de l'emplacement des poteaux, pour combler tout interstice. Serrez les vis murales. Coupez les cales qui dépassent avec un couteau universel.

Installation de revêtements de comptoir

Si vous installez un revêtement de comptoir sur de nouvelles armoires, la meilleure façon de réussir votre projet est d'installer les armoires correctement. Si elles sont de niveau, la moitié du travail de pose de revêtement de comptoir est déjà faite. Si vous ne remplacez que le revêtement de comptoir, le succès de l'opération repose sur deux éléments cruciaux : l'enlèvement du vieux revêtement de comptoir sans endommager les armoires, et la prise de mesures exactes des armoires de façon à pouvoir commander un nouveau revêtement qui s'ajuste parfaitement.

Si vous remplacez votre ancien revêtement de comptoir par le même type de matériau, il vaut la peine de prendre le temps de bien mesurer l'ancien revêtement avant de l'enlever. Par contre, rien ne garantit que l'ancien revêtement de comptoir était de la bonne dimension ou que le comptoir et les armoires n'ont pas bougé depuis leur installation. La méthode la plus sûre consiste à vous fier aux armoires pour la prise de mesures. Mais avant d'y procéder, effectuez toutes les réparations mineures et mettez les armoires de niveau, au besoin. Puis, prenez les mesures des matériaux à commander.

◢ Outils et matériaux

Scie circulaire
Marteau à panne ronde
Gants
Lunettes de sécurité
Pince multiprise
Scie alternative
Levier plat
Couteau universel
Ciseau à maçonnerie

Prenez soigneusement les mesures de vos armoires avant de commander le revêtement de comptoir. Prenez les mesures le long du mur et sur le bord avant des armoires. Si elles ne correspondent pas, prenez la mesure la plus petite si le revêtement de comptoir aboutera un mur ou un électroménager à chaque extrémité. Utilisez la mesure la plus grande si l'armoire est ouverte à une, ou aux deux extrémités. Assurez-vous d'ajouter la longueur d'un surplomb sur les revêtements de comptoir aux extrémités ouvertes (généralement, un surplomb de 1 po par extrémité). Si le revêtement de comptoir doit abouter un électroménager, ne prévoyez pas de longueur pour un surplomb (en fait, certains installateurs recommandent de soustraire 1/16 po pour empêcher le contact entre le revêtement de comptoir et l'appareil électroménager).

Comment enlever un vieux revêtement de comptoir

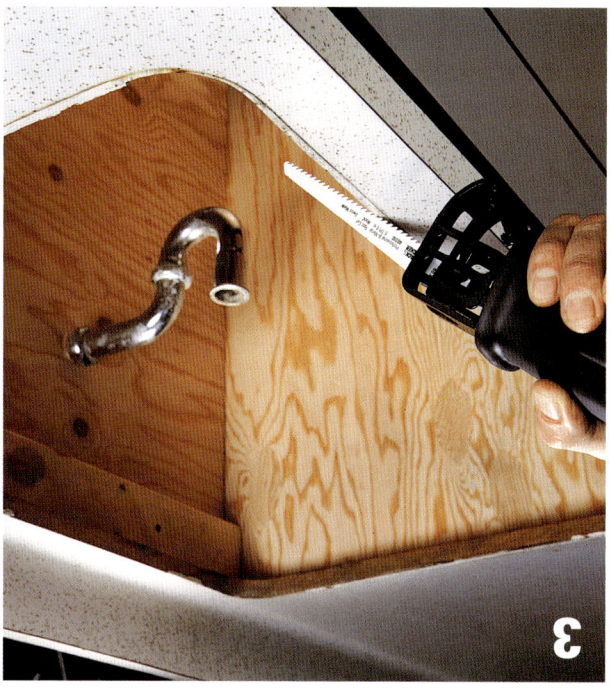

1 **Coupez l'alimentation en eau.** Débranchez et enlevez les accessoires de plomberie et les électroménagers. Enlevez les vis et les attaches qui retiennent le revêtement de comptoir aux armoires. Dévissez les boulons de tension dans les coins des revêtements de comptoir biseautés.

Si vous ne pouvez pas soulever le comptoir en une pièce, utilisez une scie alternative ou une scie sauteuse munie d'une lame à grosses dents pour tailler le revêtement de comptoir en pièces avant de l'enlever. Veillez à ne pas entamer les armoires.

2 **Utilisez un couteau universel** pour couper les cordons de calfeutrant le long du dosseret et du bord du revêtement de comptoir. Enlevez les moulures. À l'aide d'un levier plat, soulevez le revêtement de comptoir pour l'écarter des armoires sur plancher.

Variante : portez des lunettes de sécurité pour enlever un revêtement de comptoir fait de carreaux de céramique. Enlevez les carreaux à l'aide d'un ciseau à maçonnerie pour créer quelques lignes de coupe exemptes de carreaux. Utilisez une scie circulaire munie d'une lame de rénovation pour tailler le revêtement de comptoir et le fond, puis enlever.

Installation d'un revêtement de comptoir postformé

Les revêtements de comptoir stratifiés postformés sont offerts en couleurs de série ou personnalisées. Il se vend des sections déjà biseautées pour les comptoirs en deux ou trois parties qui continuent dans les coins. Si le revêtement de comptoir comporte une extrémité visible, vous devrez prévoir un ensemble de garniture de bout, comprenant une bande préformée en stratifié assorti. Les revêtements de comptoir comportent soit des bords semi-arrondis, soit un bord antigouttes. Les revêtements de comptoir sont offerts en couleurs standard, en longueurs à extrémités droites de 4, 6, 8, 10 et 12 pi, ou en longueurs biseautées de 6 et 8 pi.

Les matériaux et les outils nécessaires pour installer un revêtement de comptoir postformé comprennent : des cales en bois (A), des boulons de tension pour réunir les bords biseautés (B), un fer à repasser (C), des garnitures de bout en stratifié assorties au revêtement de comptoir (D), des couvre-joints d'extrémité (E), une lime (F), une clé anglaise (G), des blocs de bois (H), un compas (I), des attaches (J), du calfeutrant à la silicone et du scellant (K).

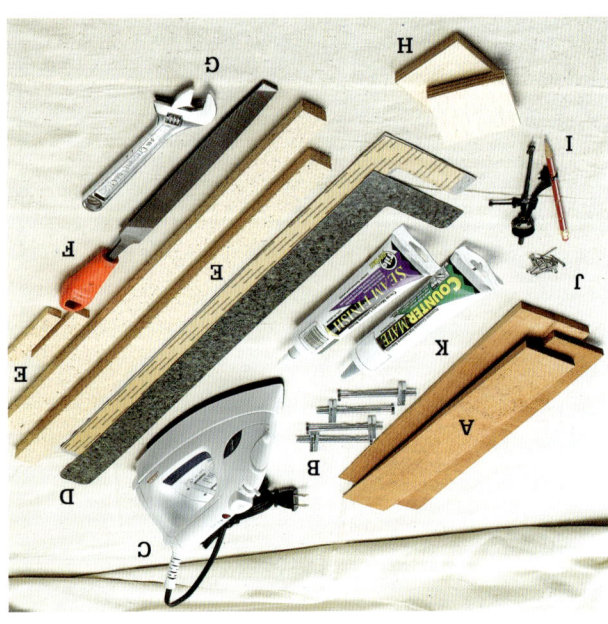

Les revêtements de comptoir postformés sont parmi les plus faciles et les moins coûteux à installer. Il s'agit d'un bon choix pour les bricoleurs débutants, mais l'éventail de modèles et de couleurs offert est assez limité.

Comment installer un revêtement de comptoir postformé

‹ Outils et matériaux ›

Ruban à mesurer
Équerre de charpentier
Crayon
Règle de précision
Serres en C
Marteau
Niveau
Pistolet à calfeutrer
Scie sauteuse
Compas
Clé anglaise
Ponceuse à courroie
Perceuse et mèche à trois pointes
Tournevis sans fil
Revêtement de comptoir postformé
Cales en bois
Boulons de tension
Vis pour cloisons sèches
Clous de finition
Garnitures de bout en stratifié
Calfeutrant à la silicone
Colle à bois

Utilisez une équerre de charpentier pour tracer une ligne de coupe sur l'envers du revêtement de comptoir. Taillez le revêtement à l'aide d'une scie sauteuse, en vous servant d'une règle de précision fixée par une serre comme guide. Lissez toutes les inégalités à l'aide d'une ponceuse à courroie.

OPTION : utilisez une scie sauteuse munie d'une lame à course descendante pour tailler le revêtement si le pied de la scie doit reposer sur la bonne surface du revêtement. Si vous ne trouvez pas de lame à course descendante, vous pouvez essayer d'appliquer du ruban sur les lignes de coupe et régler la scie de façon qu'elle n'ait pas de mouvement orbital. Certaines scies comportent cette caractéristique.

Fixez les couvre-joints contenus dans la trousse de la garniture de bout au bord du revêtement de comptoir, en vous servant de colle de menuisier et de petits clous de finition.

(suite à la page suivante)

Étant donné que la surface des murs est habituellement inégale, utilisez un compas pour reproduire le profil du mur sur le dosseret. Réglez les branches du compas sur la distance maximale entre le dosseret et le mur, puis déplacez le compas le long du mur pour en transposer le profil sur le sommet du dosseret. Appliquez du ruban-cache sur le bord supérieur du dosseret, en suivant la ligne du compas (en mortaise).

Enlevez le revêtement de comptoir. Utilisez une ponceuse à courroie pour poncer le dosseret jusqu'à la ligne tracée sur le bord.

Tenez la garniture de bout en stratifié contre l'extrémité, en la laissant légèrement dépasser les bords. Pressez la garniture en place à l'aide d'un fer à repasser réglé à température moyenne qui ramollira l'adhésif. Refroidissez-la ensuite à l'aide d'un chiffon mouillé, puis limez-en les bords pour qu'ils affleurent le revêtement de comptoir.

Placez le revêtement de comptoir sur les armoires. Assurez-vous que le bord avant est parallèle à la face avant des armoires. Vérifiez si le revêtement est de niveau. Assurez-vous que les tiroirs et les portes s'ouvrent et se ferment aisément. Au besoin, redressez le revêtement à l'aide de cales en bois.

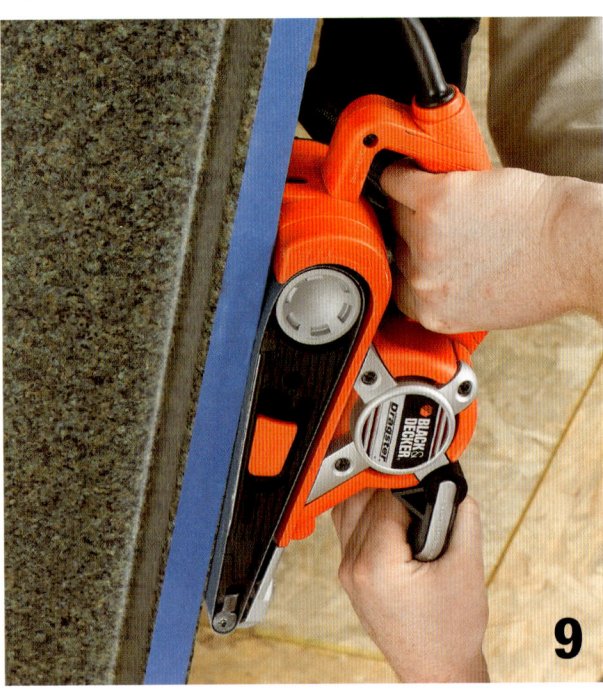

De l'intérieur de l'armoire, posez et serrez les boulons de tension. Placez le revêtement de comptoir contre le mur et fixez-le aux armoires en enfonçant des vis pour cloisons sèches dans les supports de montage, jusque dans le revêtement de comptoir. Les vis devraient être assez longues pour bien ancrer le revêtement de comptoir, mais pas assez pour percer la surface de stratifié.

Étendez un cordon de calfeutrant à la silicone entre le dosseret et le mur. Lissez le cordon en y passant un doigt humecté. Essuyez l'excédent de calfeutrant.

Tracez la découpe d'un évier encastré. Placez l'évier à l'envers sur le comptoir et tracez-en le contour. Enlevez l'évier et tracez une ligne de coupe à ⅝ po à l'intérieur du contour de l'évier.

Percez un avant-trou juste à l'intérieur de la ligne de coupe. Découpez l'ouverture à l'aide d'une scie sauteuse. Soutenez la zone découpée par en dessous, afin qu'elle n'abîme pas l'armoire en tombant.

Appliquez un cordon de calfeutrant à la silicone sur les bords biseautés du revêtement. Pressez fermement les surfaces l'une contre l'autre.

Construction d'un revêtement de comptoir en stratifié sur mesure

Construire votre propre revêtement de comptoir à l'aide de feuilles de stratifié de plastique et de panneaux de particules présente deux avantages : votre revêtement de comptoir vous reviendra moins cher qu'un revêtement sur mesure, et il vous donnera davantage de latitude au chapitre des couleurs et du traitement des bords. De plus, un revêtement de comptoir en stratifié peut être adapté à n'importe quel espace, contrairement aux revêtements préfabriqués de largeur standard (habituellement, 25 po).

Le stratifié se vend ordinairement en feuilles de 8 pi ou de 12 pi, d'environ 1/20 po d'épaisseur. Leur largeur varie de 30 po à 48 po. Les feuilles de 30 po sont fabriquées spécialement pour les revêtements de comptoir, ce qui permet d'installer un revêtement de 25 po de largeur, une garniture avant de 1 1/2 po de largeur et un court dosseret. Le stratifié de plastique est collé à un panneau de particules ou à un panneau MDF à l'aide de colle de contact (bien que la plupart des installateurs professionnels utilisent des produits qui ne sont pas offerts au grand public).

La colle de contact à base d'eau est ininflammable et non toxique, mais la colle de contact à base de solvant (qui exige le port d'un respirateur et est très inflammable) crée une adhérence beaucoup plus solide et durable.

Outils et matériaux ▸

Ruban à mesurer
Équerre de charpentier
Règle de précision
Outil à entailler
Rouleau à peinture
Serres
Pistolet à calfeutrer
Rouleau en J
Scie à onglet
Compas
Scie circulaire
Tournevis
Ponceuse à courroie
Lime
Toupie
Panneau de particules de 3/4 po
Feuilles de stratifié
Colle contact et diluant
Colle à bois
Vis pour cloisons sèches

La construction de votre propre revêtement de comptoir à partir de panneaux de particules et de stratifié de plastique n'est pas exactement un projet de bricolage facile, mais les options sont illimitées et les résultats peuvent être très satisfaisants.

276 ■ LA MENUISERIE

Travailler avec du stratifié

Déterminez les dimensions du revêtement de comptoir en prenant les mesures le long du dessus des armoires sur le plancher. Si les coins des murs ne sont pas d'équerre, utilisez une équerre de charpentier pour tracer une ligne de référence (R) près du milieu des armoires sur le plancher, perpendiculairement au devant de celles-ci. Prenez quatre mesures (A, B, C, D) depuis la ligne de référence jusqu'aux extrémités des armoires. Ajoutez un surplomb de 1 po à la longueur de chaque extrémité visible, et 1 po à la largeur (E).

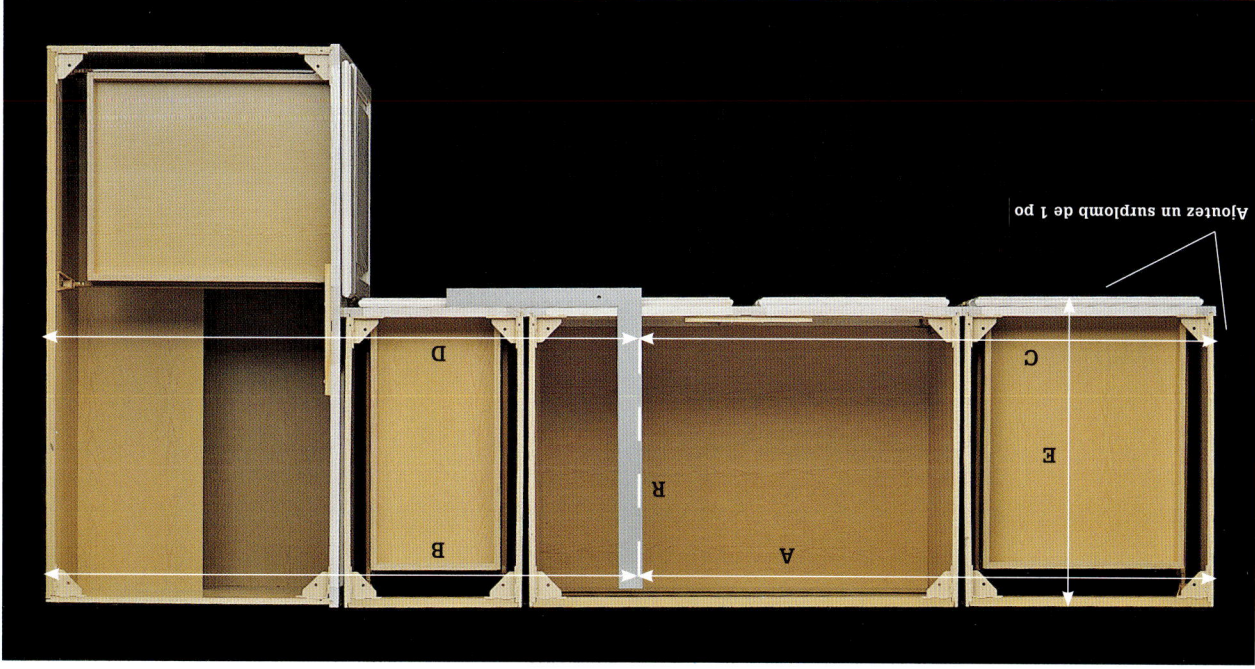

Tracez des lignes de coupe sur le panneau de particules de façon que vous puissiez scier le substrat et les bandes rapportées aux dimensions voulues, en vous servant d'une équerre de charpentier pour marquer une ligne de référence. Taillez le panneau à l'aide d'une scie circulaire à laquelle vous aurez serré une règle de précision pour vous servir de guide. Taillez des bandes de 4 po qui formeront le dosseret et les couvre-joints, aux points de jonction des parties de revêtement de comptoir. Taillez des bandes de 3 po qui serviront de bandes rapportées.

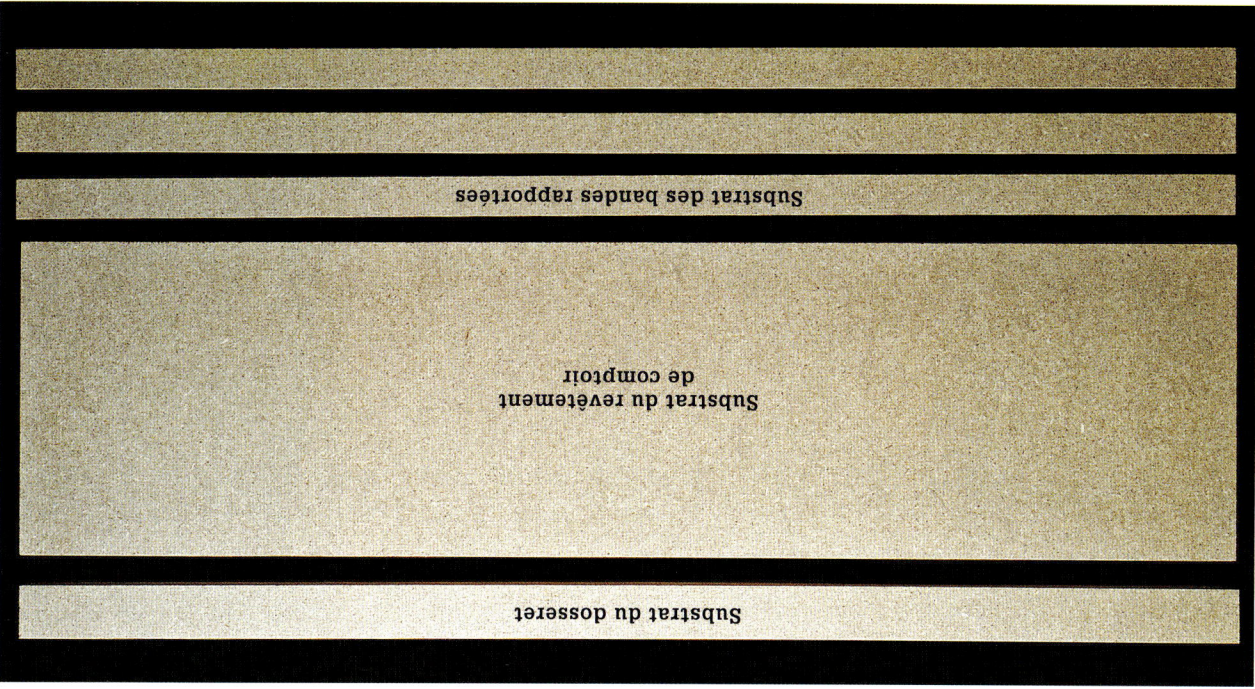

Comment construire un revêtement de comptoir en stratifié sur mesure

Assemblez les pièces du substrat au dos du revêtement de comptoir. Fixez un couvre-joint en panneau de particules de 4 po sur le joint, à l'aide de colle de menuisier et de vis pour cloisons sèches de 1¼ po.

Fixez des bandes rapportées de 3 po de largeur sur l'envers du revêtement de comptoir, à l'aide de vis pour cloisons sèches de 1¼ po. Remplissez les interstices sur les bords extérieurs de pâte de bois au latex, puis poncez les bords à l'aide d'une ponceuse à courroie.

Pour déterminer les dimensions du stratifié, mesurez le substrat du revêtement de comptoir. Les joints du stratifié ne devraient pas chevaucher les joints du substrat. Ajoutez une marge de rognage de ½ po à la largeur et à la longueur de chaque pièce. Mesurez le stratifié nécessaire pour le devant et les bords du dosseret et pour les bords visibles du substrat du revêtement de comptoir. Ajoutez ½ po à chaque mesure.

Coupez le stratifié en l'entaillant et en le cassant. Tracez une ligne de coupe et entaillez ensuite la surface à l'aide d'un outil à entailler, en utilisant une règle de précision comme guide. Après deux passages de l'outil, le stratifié devrait se casser nettement.

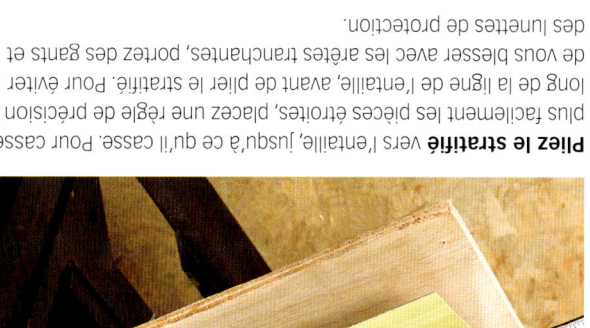

Pliez le stratifié vers l'entaille, jusqu'à ce qu'il casse. Pour casser plus facilement les pièces étroites, placez une règle de précision le long de la ligne de l'entaille, avant de plier le stratifié. Pour éviter de vous blesser avec les arêtes tranchantes, portez des gants et des lunettes de protection.

Créez des joints serrés dans le stratifié de plastique en utilisant une toupie munie d'une fraise droite pour rogner les bords qui abouteront. Mesurez la distance entre l'arête coupante de la fraise et le bord de la plaque de base de la toupie (A). Placez le stratifié sur du bois de rebut et alignez les bords. Pour guider la toupie, serrez une règle de précision sur le stratifié à la distance de A, plus ¼ po du bord du stratifié, et rognez celui-ci.

(suite à la page suivante)

OPTION : certains poseurs de stratifié préfèrent tailler ce matériau à l'aide d'une cisaille spéciale qui ressemble à une cisaille d'aviation. Offerte par les fournisseurs de stratifié, cette cisaille permet de travailler plus rapidement qu'en entaillant et en cassant le stratifié, et elle risque moins de causer des fissures ou des craquelures dans le matériau. Vous devrez tout de même rectifier les bords à l'aide d'une ébouteuse ou d'une toupie.

Essayez le revêtement de stratifié sur le substrat du comptoir. Vérifiez si le stratifié surplombe tous les bords. À l'emplacement des joints, tracez une ligne de référence, à l'endroit où les bords du stratifié abouteront. Enlevez le stratifié. Assurez-vous que toutes les surfaces sont exemptes de poussière, puis appliquez une couche de colle contact au dos du stratifié, et deux couches sur le substrat. Placez des lattes d'espacement faites de pièces de bois de rebut de ¼ po d'épaisseur, à intervalles de 6 po sur le revêtement de comptoir. Comme la colle contact prend instantanément, les lattes d'espacement permettent de bien positionner le stratifié sur le comptoir, avant de le coller. Alignez le stratifié avec la ligne de référence du joint. En commençant à une extrémité, enlevez les lattes d'espacement et pressez le stratifié contre le dessus du comptoir.

Appliquez des bandes de stratifié en commençant par les côtés du revêtement de comptoir. À l'aide d'un rouleau à peinture, appliquez deux couches de colle contact sur le bord du revêtement de comptoir, et une couche au dos de la bande de stratifié. Laissez sécher l'adhésif selon les instructions du fabricant. Mettez la bande de stratifié soigneusement en place, puis pressez-la contre le bord du revêtement de comptoir. Faites adhérer le stratifié au substrat en passant dessus un rouleau en J.

Utilisez une toupie munie d'une fraise à coupe droite pour rogner les bords supérieur et inférieur de la bande de stratifié, afin qu'elle affleure la surface du revêtement de comptoir. Aux endroits que la toupie ne peut atteindre, rognez l'excédent de stratifié à l'aide d'une lime. Appliquez des bandes de stratifié sur les autres bords et rognez-les avec la toupie.

Appliquez de la colle contact sur le substrat qui reste et la pièce de stratifié suivante. Laissez sécher la colle, puis positionnez le stratifié sur les lattes d'espacement, et alignez soigneusement le stratifié sur le joint. En commençant à l'emplacement du joint, enlevez les lattes d'espacement et pressez le stratifié contre le substrat du comptoir.

À l'aide d'un rouleau en J, appuyez sur toute la surface du stratifié pour qu'il adhère au substrat. Essuyez tout excédent de colle contact à l'aide d'un chiffon doux imbibé d'essence minérale.

Enlevez l'excédent de stratifié à l'aide d'une toupie munie d'une fraise à coupe droite. Sur les bords que la toupie ne peut atteindre, rognez l'excédent de stratifié avec une lime. Le revêtement de comptoir est maintenant prêt pour le rognage final en biseau.

(suite à la page suivante)

Effectuez le rognage des bords à l'aide d'une toupie. Réglez la profondeur de coupe de façon à ne biseauter que la couche supérieure du stratifié. La fraise ne doit pas entailler la surface verticale du stratifié.

Taillez de bandes de contreplaqué de 1 ¼ po pour former un surplomb sur le dosseret. Fixez-les au sommet et sur les côtés du substrat du dosseret, avec de la colle et des vis pour cloisons sèches. Taillez des pièces de stratifié et appliquez-les sur les côtés visibles, le dessus et l'avant du dosseret. Rognez chaque pièce.

Essayez le revêtement de comptoir et le dosseret. Comme la surface des murs est souvent inégale, utilisez un compas pour tracer le contour du mur sur le bord du dosseret. À l'aide d'une ponceuse à courroie, poncez le dosseret jusqu'à la ligne de référence (page 274).

◀ Conseil

Limez tous les bords et les arêtes pour qu'ils soient parfaitement lisses. Donnez des coups de lime vers le bas, pour éviter de faire éclater le stratifié.

Armoires et revêtements de comptoir ■ 283

Enfoncez des vis pour cloisons sèches de 2 po dans le revêtement de comptoir, jusque dans le dosseret. Assurez-vous que les têtes des vis sont entièrement noyées afin que le revêtement de comptoir adhère bien à l'armoire sur plancher. Installez les revêtements de comptoir.

Appliquez un cordon de calfeutrant à base de silicone sur le bord inférieur du dosseret.

Positionnez le dosseret sur le revêtement de comptoir, et maintenez-le en place à l'aide de serres à barre. Essuyez l'excédent de calfeutrant, et laissez sécher complètement.

Glossaire

Assemblage à contre-profil: joint entre deux pièces d'une moulure, dont l'une est taillée de manière à épouser le profil de l'autre.

Bande à larmier: pièce de moulure placée au-dessus d'une ouverture extérieure de manière que l'eau s'écoule à l'écart de l'ouverture.

Bois traité: bois imprégné de produits chimiques qui le rendent résistant aux parasites et à la pourriture.

Cale: mince coin en bois utilisé pour faire de petits ajustements lorsqu'on installe des portes ou des fenêtres.

Centre à centre: distance entre le centre d'un élément de charpente au centre du suivant.

Charpente à claire-voie: type de charpente dans laquelle une seule pièce va de la semelle à la charpente du toit. Utilisée couramment dans les maisons construites avant 1930.

Charpente à plateforme: type de charpente dans laquelle les poteaux ne s'étendent à la verticale que sur un seul étage, chaque plancher servant de plateforme pour l'étage supérieur. Méthode de construction la plus courante des maisons modernes.

Clou à boiserie: clou ressemblant à un clou de finition, mais dont la tête, en forme de cône, est plus large, ce qui améliore sa résistance à l'arrachement.

Clou d'emballage: clou ressemblant à un clou ordinaire, mais à tige plus mince. Utilisé dans les travaux de construction légers et avec des matériaux qui se fendent facilement.

Clou de finition: clou à petite tête en forme de cône, utilisé pour assembler les boiseries et autres petites pièces.

Clou ordinaire: clou à tige robuste, utilisé principalement en charpenterie et dans les travaux de coffrage, offert en tailles de 2d à 60d.

Clouage de consolidation: renforcement d'un joint à onglet dans un cadre de fenêtre ou de porte, au moyen de clous enfoncés latéralement, du bord du cadre, au milieu du joint. Cette technique est également utilisée dans l'encadrement de tableaux.

Clouage de face: assemblage de deux planches parallèles en enfonçant des clous dans la face des deux planches.

Clouage dissimulé: technique de clouage utilisée dans l'assemblage de panneaux à rainure et languette, selon laquelle les têtes des clous sont dissimulées par la rainure du panneau suivant.

Clouage en biais: assemblage de deux planches à angle droit, selon lequel on enfonce des clous à un angle de 45° dans le côté d'une planche, jusque dans la face de l'autre planche.

Clouage en extrémité: assemblage de deux planches à angle droit, en enfonçant des clous dans la face de l'une, et dans l'extrémité de l'autre.

Cordeau traceur: utilisé pour tracer de longues lignes droites, ou comme fil à plomb.

Coupe à onglet: coupe en biseau, à 45°, pratiquée à l'extrémité d'une moulure ou d'un élément de charpente.

Coupe en biais: coupe en angle dans la largeur ou l'épaisseur d'une planche ou de toute autre pièce de bois.

Coupe en plongée: coupe qui débute dans la surface d'une planche ou d'un panneau de contreplaqué et selon laquelle la lame pivote lentement dans le bois.

Coupe transversale: coupe perpendiculaire à la longueur d'une pièce de bois.

Encadrement: moulure entourant une fenêtre, une porte ou toute autre ouverture.

Étai: pièce de bois employée entre les éléments de charpente pour les renforcer et utilisée comme bande de clouage dans la pose de matériaux de finition.

Feuille entière, demi-feuille et quart de feuille: taille d'un matériau en feuilles, par rapport à une feuille de 4 pi x 8 pi. Une demi-feuille mesure 4 pi x 4 pi, et un quart de feuille, 2 pi x 4 pi.

Fil à plomb: instrument formé d'une pesée pointue au bout d'une corde, utilisé pour déterminer la verticalité d'une surface ou pour transposer des marques sur un plan vertical.

Fourrure: bande de bois, habituellement de 2 po x 2 po ou de 1 po x 2 po, utilisée pour uniformiser un mur ou pour le préparer à recevoir des cloisons sèches.

ITS (indice de transmission du son): système de mesure de la capacité d'une construction à atténuer le son. Habituellement, les murs ITS ont un ITS de 32.

Jambage: montants verticaux faisant partie de l'encadrement d'une porte ou d'une fenêtre.

Joint en biseau: joint obtenu en taillant obliquement les extrémités de deux pièces de bois ou de moulure et en les clouant ensemble de façon que le joint ne soit pas visible.

Lamellé-collé: bois d'ingénierie créé spécialement pour les poutres ou linteaux, constitué de couches de bois collées pour former un tout massif.

Linteau: pièce de bois utilisée comme poutre au-dessus de l'ouverture d'une porte ou d'une fenêtre.

Lisse: pièce de bois de dimensions courantes (habituellement de 2 po x 4 po) qui soutient les poteaux d'un mur.

Lisse: pièce de bois de dimensions courantes utilisée pour installer des armoires et d'autres éléments sur un mur.

Mandrin: mèche de perceuse au centre d'une scie-cloche, utilisé pour tailler l'ouverture destinée à recevoir une poignée, dans une porte.

Microlam®: matériau de construction constitué de minces couches de bois collées l'une sur l'autre, utilisé pour fabriquer des solives ou des poutres.

Moulure à brique: moulure utilisée entre la surface extérieure d'une maison et le cadre d'une porte ou d'une fenêtre.

Mur de séparation: mur intérieur, non porteur.

Mur porteur: tout mur (intérieur ou extérieur) qui supporte une partie de la charge structurale d'une maison. Tous les murs extérieurs sont porteurs.

Ouverture brute: ouverture de la charpente brute d'une fenêtre ou d'une porte.

Panneau à rainure et languette: type de bois usiné comportant une languette d'un côté, et une rainure de l'autre, de façon que la languette d'une planche s'emboîte bien dans la rainure de la planche suivante.

Panneau mural: aussi appelé « cloison sèche »; panneau plat offert en différentes dimensions, fait de gypse recouvert de papier résistant, utilisé pour finir la plupart des murs intérieurs et des plafonds.

Penny: mesure utilisée pour désigner la longueur d'un clou, habituellement abrégée par la lettre « d ».

Pied-de-biche: type de levier utilisé dans la démolition et qui sert également à arracher les clous.

Pistolet de scellement: fixateur utilisé pour enfoncer des clous en acier trempé dans du béton et de l'acier, à l'aide de poudre à feu.

Poteau d'allège: court élément de charpente habituellement situé au-dessus ou au-dessous de l'ouverture d'une fenêtre ou d'une porte.

Poteau nain: élément de charpente utilisé pour soutenir un linteau dans l'ouverture d'une porte ou d'une fenêtre.

Poteau: élément vertical de charpente d'une maison ou d'un immeuble.

Poteau: pièce de bois verticale utilisée pour soutenir tout élément de charpente, comme un chevron ou un linteau.

Tableaux de conversion

Poteaux principaux: les premiers poteaux situés de part et d'autre d'une ouverture charpentée, et qui s'étendent de la lisse à la sablière.

Poutre: terme qui s'applique à toute pièce de bois horizontale, comme une solive ou un linteau.

Prise à disjoncteur de fuite à la terre: prise de courant munie d'un disjoncteur différentiel. Utilisée aussi avec certaines rallonges pour réduire le risque de choc électrique lorsqu'on se sert d'un appareil électroménager ou d'un outil électrique.

Quart de rond: moulure clouée au bas d'une plinthe, au niveau du plancher, pour dissimuler les espaces vides et ajouter une note décorative.

Raidisseur: poutre de soutien temporaire utilisée dans la modification des charpentes à claire-voie.

Refendre: scier du bois dans le sens des fibres du bois.

Sablière: pièce de bois de dimensions courantes (habituellement de 2 po x 4 po), qui repose au sommet des poteaux d'un mur et qui soutient les extrémités des chevrons.

Scie à chantourner: scie à main, à lame flexible et à petites dents, pour couper du bois suivant des courbes et des tracés compliqués.

Scie alternative: type de scie électrique qui coupe dans un mouvement de va-et-vient, le bois, le métal et le plastique.

Soffites et chasses: caissons faits de bois de dimensions courantes et de contre-plaqué ou de cloisons sèches destinés à dissimuler des systèmes mécaniques ou d'autres obstructions.

Solive: pièce de bois de dimensions courantes utilisée pour soutenir un plafond ou un plancher.

Solive en double: pièce de bois de dimensions courantes fixée le long d'une solive existante pour la renforcer.

Sortie: distance à laquelle on peut dérouler un ruban à mesurer avant qu'il ne plie sous son propre poids.

Trait de scie: entaille faite à la scie dans du bois. L'écartement latéral des dents détermine la largeur du trait de scie.

VVR (vitesse variable réversible): fonction offerte sur la plupart des perceuses actuelles, permettant de contrôler le sens et la vitesse de rotation de l'outil.

Dimensions du bois d'œuvre

Nominales - É.-U.	Réelles - É.-U. (en po)	Métriques
1 × 2	¾ po × 1 ½ po	19 × 38 mm
1 × 3	¾ po × 2 ½ po	19 × 64 mm
1 × 4	¾ po × 3 ½ po	19 × 89 mm
1 × 5	¾ po × 4 ½ po	19 × 114 mm
1 × 6	¾ po × 5 ½ po	19 × 140 mm
1 × 7	¾ po × 6 ¼ po	19 × 159 mm
1 × 8	¾ po × 7 ¼ po	19 × 184 mm
1 × 10	¾ po × 9 ¼ po	19 × 235 mm
1 × 12	¾ po × 11 ¼ po	19 × 286 mm
1 ¼ × 4	1 po × 3 ½ po	25 × 89 mm
1 ¼ × 6	1 po × 5 ½ po	25 × 140 mm
1 ¼ × 8	1 po × 7 ¼ po	25 × 184 mm
1 ¼ × 10	1 po × 9 ¼ po	25 × 235 mm
1 ¼ × 12	1 po × 11 ¼ po	25 × 286 mm

Nominales - É.-U.	Réelles - É.-U. (en po)	Métriques
1 ½ × 4	1 ¼ po × 3 ½ po	32 × 89 mm
1 ½ × 6	1 ¼ po × 5 ½ po	32 × 140 mm
1 ½ × 8	1 ¼ po × 7 ¼ po	32 × 184 mm
1 ½ × 10	1 ¼ po × 9 ¼ po	32 × 235 mm
1 ½ × 12	1 ¼ po × 11 ¼ po	32 × 286 mm
2 × 4	1 ½ po × 3 ½ po	38 × 89 mm
2 × 6	1 ½ po × 5 ½ po	38 × 140 mm
2 × 8	1 ½ po × 7 ¼ po	38 × 184 mm
2 × 10	1 ½ po × 9 ¼ po	38 × 235 mm
2 × 12	1 ½ po × 11 ¼ po	38 × 286 mm
3 × 6	2 ½ po × 5 ½ po	64 × 140 mm
4 × 4	3 ½ po × 3 ½ po	89 × 89 mm
4 × 6	3 ½ po × 5 ½ po	89 × 140 mm

Tableau de conversion au système métrique

Pour Convertir:	En:	Multipliez par:
Pouces	Millimètres	25,4
Pouces	Centimètres	2,54
Pieds	Mètres	0,305
Verges	Mètres	0,914
Pouces carrés	Centimètres carrés	6,45
Pieds carrés	Mètres carrés	0,093
Verges carrées	Mètres carrés	0,836
Onces	Millilitres	30,0
Chopines (U.S.)	Litres	0,473 (Imp. 0,568)
Pintes (U.S.)	Litres	0,946 (Imp. 1,136)
Gallons (U.S.)	Litres	3,785 (Imp. 4,546)
Onces	Grammes	28,4
Livres	Kilogrammes	0,454

Pour Convertir:	En:	Multipliez par:
Millimètres	Pouces	0,039
Centimètres	Pouces	0,394
Mètres	Pieds	3,28
Mètres	Verges	1,09
Centimètres carrés	Pouces carrés	0,155
Mètres carrés	Pieds carrés	10,8
Mètres carrés	Verges carrées	1,2
Millilitres	Onces	0,033
Litres	Chopines (U.S.)	2,114 (Imp. 1,76)
Litres	Gallons (U.S.)	1,057 (Imp. 0,88)
Litres	Gallons (U.S.)	0,264 (Imp. 0,22)
Grammes	Onces	0,035
Kilogrammes	Livres	2,2

Index

A
Adhésifs, 34-35
Alimentation électrique
découpe des ouvertures pour les prises, 172
évaluer la capacité de votre atelier, 10, 11
préparation de la zone de travail, 115
prises à DDFT, 9
protection, 33
rallonges, 64-67
repérage des fils, 7
tailler une ouverture de prise de courant dans une cloison sèche, 130-131
vérification, 9
Amiante, 9
Anatomie de la charpente d'une maison
ouvertures des portes et des fenêtres, 110-111
planchers et plafonds, 112
types de charpente, 108-109
Ancrages de maçonnerie, 33
Ancrages muraux, 33
Armoires
enlèvement des anciennes, 259
installation de nouvelles armoires ajustement dans un coin, 264 murales, 264-267
préparation des murs, 260-263
sur plancher, 268-269
Arrache-clou, 41
Ateliers
construction d'un chevalet, 16-17
construction d'un établi, 12-15
éléments nécessaires, 10-11

B
Bande de clouage, installation autour des fenêtres, 223-224
Bardage en déclin, pratiquer une ouverture dans un, 192-193
Baguettes en bois dur, 29
Bois d'œuvre
classification, 20-21
d'extérieur, 20
sélection, 22-23
teneur en humidité, 20
transport, 24-25
Bois durs, 22
Bois tendres, 22
Bois traité, 20, 22
Bouleau, 22

C
Câblage électrique. *Voir* Alimentation électrique
Caféiéutrants, 34
Cèdre, 22
Charpentage
en métal, 120-121
équerres et charnières, 33
murs de fondation du sous-sol, 176-177
portes
aperçu, 110-111
contre-portes, 150
d'intérieur dans les murs
d'extérieur, 204-209
d'intérieur, pliantes et coulissantes, 139
d'intérieur prémontées, 136-138
soffites et chasses, 182-183
soutenir une charpente à plateforme, 187

Charpente à claire-voie
anatomie d'une maison, 109
ouvertures de portes, 208-209
Charpente à plateforme
anatomie d'une maison, 108
portes extérieures, 206-207
soutien, 187
Charpente d'acier
description, 20
Chasses et soffites, charpentage, 182-183
Chêne, 22
Chevalets, construction, 16-17
Ciseaux, 59-61
Cloisons sèches. *Voir* Panneaux muraux
Cloueuses
pistolets de scellement, 102-103
pneumatiques, 100-101
Clous
à boiserie, 30
à plancher, 30
à tête perdue, 30
d'emballage, 30
de finition, 30
galvanisés, 30
ordinaires, 30
enlèvement des, 55
estimation de la quantité, 31
taille, 31
Code du bâtiment, exigences
équerres et charnières
métalliques, 33
fenêtres en baie, 242
murs de fondation, 174
portes extérieures, 110, 205
sous-sol, 174
Coins
ajustement des armoires, 264
finition après la pose des cloisons sèches, 135
lambrissage, 170-171
Colles, 34-35
Conduits d'air chaud
charpentage, 183
Conduits de gaz, emplacement, 7
Contreplaqué
de finition, 26
de revêtement, 26-27
types, 26-27
Cordeau traceur, 44, 45
Coupe de refente
à l'aide d'une scie circulaire, 75
à l'aide d'une scie circulaire à table, 89
Coupe en biais, à l'aide d'une scie circulaire, 76
Coupe en biseau au moyen d'une scie à onglet combinée, 85
Coupe en plongée, à l'aide d'une scie circulaire, 74
Coupe longitudinale à l'aide d'une scie circulaire à table, 91
Coupe de planches très larges, à l'aide d'une scie circulaire, 83
Coupes transversales
à l'aide d'une scie à onglet électrique, 82
à l'aide d'une scie circulaire, 74
à l'aide d'une scie circulaire à table, 90

D
Détecteurs de montants, 44, 45
Doubles portes pliantes
installation, 148-149

E
Échelle d'accès au grenier, installation, 200-203
Échasses, 132
Électroménagers, puissance nominale, 11
Embout à chambrer, 95
Encadrements autour des portes et des fenêtres, 152-155
Encadrements biseautés, installation, 154
Encadrements de portes aboutés, 152-153
Encadrements, installation autour des portes et des fenêtres, 152-155
Équerre, 48-49
Établis, construction, 12-15
Étaux, 58
Érable, 22

F
Fenêtre en baie, installation, 242-252
Fenêtres
boiseries des fenêtres du sous-sol, 178-181
charpentage, 110-111, 220-222
enlèvement, 196-197
en baie, 242-252
encadrements, 152-153, 155
lambrissage autour, 173
nouveaux châssis, 228-231
rebord et moulure d'allège, 160-163
plinthes, 156-159
fenêtre, 156-159
Fil à plomb, 44, 45
Fourrures
description, 23
installation sur un mur de maçonnerie, 174, 175

G
Gorges, 29
Greniers
installation d'une échelle d'accès, 200-203
lambrissage du plafond, 164-167

I
Insonorisation des murs et des plafonds, 126-127
Inspection des bâtiments, 19

J
Joints en biseau, réaliser à l'aide d'une scie à onglet électrique, 84

L
Lambris bouveté, 168
Lambrissage, 168-173
du plafond du grenier, 164-167
Lamellé-collé, 23
Lames
affûtage, 60-61
de rabot électrique, 80
de scie à onglet électrique, 80
de scie circulaire
changer, 73
régler la profondeur, 73
tailles et types, 70, 72

LA MENUISERIE

de scie circulaire à table, 86, 88
refroidissement, 61
Lanterneaux
construction d'un puits de lanterneau, 238-241
installation d'un lanterneau standard, 232-237
Lève-panneau, 105
Levier, 40, 41

M
Maillets, 52, 53
Marteaux
types, 52-53
utilisation, 54-55
Masse, 52, 53
Matériaux
listes, 7
quantité à acheter, 31, 164
Matériaux en feuilles
types, 26-27
coupe longitudinale à l'aide d'une scie circulaire à table, 91
Matières enlevées par le trait de scie, 7
Mèche hélicoïdale, 94
Mélèze, 22
Micro-lam®, 23
Mortaises, creusage, 59
Moulures à brique, pose de fenêtre avec, 225-227
Moulures couronnées, 29
Moulures de garniture aperçu, 28-29
Moulures de bords de porte, 29
Moulures d'encadrements coupe, 84
fabrication à l'aide d'une scie à onglet électrique, 84
rebord et moulure d'allège, 156-159
plinthes, 160-163
fenêtre, 156-159
nouveaux châssis, 228-231
encadrements, 152-153, 155
lambrissage autour, 173
installation au plafond du grenier, 167
sol, 178-181
Fenêtres
boiseries des fenêtres du sous-sol, 178-181
charpentage, 110-111, 220-222
enlèvement, 196-197
en baie, 242-252
encadrements, 152-153, 155
fixer, 101
installation
Moulures de plinthes, 29
Moulures de tablette, 29
Moulures ornementales, 29
Murs
anatomie, 113
charpentage de portes intérieures dans un mur porteur, 139
charpentage des fondations du sous-sol, 176-177
construction d'un mur nain, 122-125
construction d'un mur non porteur, 118-120
enlèvement
insonorisation, 126-127
non porteurs, 198-199
plâtre, 190-191
panneaux muraux, 188-189
porteurs, 186-187
pose de panneaux muraux, 133
pose d'un soutien temporaire, 187
préparation pour de nouvelles armoires, 260-263
revêtement d'un mur de fondation/maçonnerie, 174-175
surfaces extérieures, 192-195
types, 108, 109

Index

M
Murs de fondation
 charpentage du sous-sol, 176-177
 comment les couvrir, 174-177
Murs de maçonnerie, revêtement, 174-175
Murs de séparation
 construction, 118-120
 dans une maison à charpente à chicane, 127
 dans une maison à charpente à claire-voie, 109
Murs nains, construction, 122-125
Murs non porteurs
 construction, 118-120
 enlèvement, 198-199
Murs porteurs
 charpentage des portes, 139
 dans une maison à charpente à claire-voie, 109
 dans une maison à charpente à plateforme, 108
 description, 113
 enlèvement, 186-187

N
Niveaux, 46, 47
 à laser, 46, 47
 numérique, 47
 torpille, 46
 de charpentier, 46
Noyer, 22

O
Outils
 entretien, 9
 location, 104
 manuel du propriétaire, 8
 puissance nominale, 11
 transport, 38-39
 Voir aussi chaque outil en particulier
Outils de marquage et de mesurage
 cordeaux traceurs, 44, 45
 détecteurs de montants, 44, 45
 équerres, 48-49
 fils à plomb, 44, 45
 niveaux, 46-47
 rubans à mesurer, 42-43

P
Panneau de particules, 26, 27
Panneau dur, 27
Panneau isolant en mousse, 27
Panneau OSB, 26, 27
Panneau perforé, 27
Panneaux à rainure et languette, 23, 164
Panneaux de grandes particules, 26, 27
Panneaux de gypse
 enlèvement, 190-191
 Voir aussi panneaux muraux
Panneaux muraux
 clous, 30
 description, 27
 enlèvement, 188-189
 installation
 coupe, 130-131
 finition des coins, 135
 jointoiement, 134
 planification et préparation, 128-129
 pose de panneaux muraux sur un plafond plat, 132
 pratiquer des ouvertures pour les prises dans les panneaux muraux, 130-131
 prises à DDFT, 9
 rallonges, 64-67
 Profilés d'acier souples, 27
 Poussoirs, utilisation, 88
 Poussoirs chevauchants, utilisation, 88
Papier de verre, 99
Parement
 charpentage de portes extérieures, 204-209
 pratiquer une ouverture dans un bardage à clin, 192-193
 réparation d'un parement de bois, 252
Penny, 31
Perceuse
 à cordon, 93
 à percussion, 93, 104
 et mèches, 92-95
 sans fil, 92-93
Permis de construction, 6
Perpendicularité, vérification, 43
Pieds-de-biche, 41
Pin, 22
Pinces monseigneur, 41
Pistolets de scellement, 102-103
Plafond
 anatomie, 112
 insonorisation, 126-127
 lambrissage du grenier, 164-167
 pose de panneaux muraux sur un plafond plat, 132
Planche d'appui, 95
Planchers
 anatomie, 112
 réparation, 254-255
Planches de finition, 23
Plans/diagrammes, 6, 7
Plinthes
 fabrication à l'aide d'une scie à onglet électrique, 84
 Voir aussi Moulures
Plinthes, installation, 160-163
Plomberie, 7, 33
Ponceuses, 96-99
Portes
 aperçu, 110-111
 contre-portes, 150
 d'extérieur, 204-209
 d'intérieur dans les murs porteurs, 139
 d'intérieur, plantées ou coulissantes, 139
 d'intérieur, prémontées, 136-138
 doubles, 148-149
 encadrements, 152-155
 enlèvement, 196-197
 installation
 contre-porte, 150-151
 d'extérieur, dans un ancien jambage, 144-147
 d'intérieur prémontées, 140-141
 porte-fenêtre, 214-219
 raccourcir une porte à âme creuse, 142-143
 Portes-fenêtres de style français, installation, 214-219
Portes-fenêtres, installation, 214-219
Portes d'intérieur à âme creuse, 142-143
Portes coulissantes
 charpentage de l'ouverture, 139
Portes pliantes, charpentage de l'ouverture, 139

Q
Quart de rond, 29
Quincaillerie, 32-33

R
Rabot, 62-63
 électrique, 62-63
Rainures, avec une scie circulaire, 76
Rallonges, 64-67
Rallonges à DDFT, fabrication, 66-67
Rebord et moulure d'allège, installation, 156-159
Refroidissement des lames, 61
Règles-guides, 77
Réparation de la moquette, 255
Revêtement de comptoir
 aperçu, 270
 installation d'un nouveau en stratifié sur mesure, 271
 enlèvement de l'ancien, 271
 stratifié postformé, 276-283
Rubans à mesurer, 42-43

S
Sapin, 22
Séquoia, 22
Scie à chantourner, 51
Scie à dosseret, 50, 51
Scie à main, 50-51
Scie à onglet électrique
 aperçu, 78
 lames pour, 80
 réglage, 81
 types, 79
 utilisation, 82-85
Scie à onglet électrique combinée, 79
Scie à onglet et chariot coulissant
 description, 79
 utilisation, 83
Scie circulaire
 effectuer une coupe, 74-76
 fabrication d'une règle-guide, 77
 lames
 changement, 73
 matière enlevée par le trait de scie, 7
 protège-lame, 8
 pièces, 71
 réglage de la profondeur, 73
 tailles et types, 70, 72
Scie à main, 50-51
Scie sauteuses, 68-69
Scie à table
 aperçu, 86-87
 réglage, 87
 utilisation, 88-91
Scie à tronçonner, 50, 51
Serres, 58
Services publics
 alimentation électrique
 emplacement des fils et des tuyaux, 7, 115
 évaluer la capacité de votre atelier, 10, 11

T
Toit, anatomie, 113
Tournevis, 56-57
 à percussion, 105
Tuyaux
 emplacement, 7
 protection, 33

V
Vis, 32
 à plancher, 32
 enlèvement d'une vis cassée, 95
Visseuse combinée, 105
Visseuse sans fil, 105

Z
Zone de travail, préparation, 114-117

Achevé d'imprimer en Chine